Die Kolbenpumpe

Die Kolbenpumpe

Ein Lehr- und Handbuch für Studierende
und angehende Konstrukteure

von

A. DAHME
Dipl.=Ing.

Mit 234 Textabbildungen und 2 lithographischen Tafeln

München und **Berlin**
Druck und Verlag von R. Oldenbourg
1908

Vorwort.

Die überraschend schnelle Entwicklung der Zentrifugalpumpe hat in den letzten Jahren auf dem Gebiete des Pumpenbaues eine ähnliche Situation geschaffen wie das Aufkommen der Dampfturbine im Dampfmaschinenbau. Hier wie dort schien es anfangs, als solle Altes durch Neues verdrängt werden; inzwischen aber hat sich die Lage geklärt, und es zeigt sich, daß die Entwicklung vielmehr einer reinlichen Scheidung in den Verwendungsgebieten beider Maschinengattungen zustrebt. Jeder von beiden weist sie diejenigen Aufgaben zu, denen ihre Eigenart am besten gewachsen ist und in deren Erfüllung sie durch die andere nicht vollwertig ersetzt werden kann. So ist denn auch die Entwicklung der Kolbenpumpe in stetem, wenn auch langsamem Fortschreiten geblieben, und neben die Lehrbuchliteratur, welche um die Turbinenpumpe entstand, darf ergänzend die Monographie über die Kolbenpumpe treten. Diese versucht das vorliegende Buch zu geben. Es wendet sich in erster Linie an den Studierenden, dem es die Kenntnis der physikalischen Grundlagen, der Berechnung und des konstruktiven Aufbaues der Kolbenpumpe zu vermitteln bemüht ist, zur Festigung und wohl meist auch in Erweiterung der gehörten Vorträge, sowie zum Gebrauch in den Übungen. Doch auch dem in die Praxis tretenden, jungen Ingenieur, der zu eingehenderer Beschäftigung mit dem Gegenstande dieses Buches Veranlassung findet, hofft es sich nützlich zu erweisen. Zur Unterstützung dieser Absicht bedient es sich vieler Abbildungen, die, soweit sie Konstruktives zeigen, nach Werkzeichnungen bekannter Firmen sorgfältig ausgewählt und neu hergestellt wurden. Große Aufmerksamkeit wurde namentlich den Abschnitten über die Ventile, ihre Bewegungsgesetze und ihre Berechnung zugewendet. Die neueren Forschungen, welche in dieses noch in mehr als einem

Punkte der Aufklärung harrende Gebiet Licht zu tragen suchen
(v. Bach, Westphal, Otto H. Mueller, Berg, Klein u. a.), fanden eingehende Berücksichtigung. Auf den in der Literatur sonst üblichen
Versuch einer Einteilung der Kolbenpumpen nach ihrer Aufstellung,
Verwendung und ihrem Antrieb wurde verzichtet. Namentlich der
letztere fand nur insoweit Beachtung, als durch ihn die physikalischen Grundlagen, sowie das Ventilspiel und die Ventilberechnung
beeinflußt werden, während z. B. die Behandlung der Dampfseite
direktwirkender Dampfpumpen und deren Steuerung nach des Verfassers Ansicht nicht Gegenstand des vorliegenden Buches ist.
Häufige Literaturnachweise erleichtern dem Weiterstrebenden das
Zurückgehen auf die Quellen. In dem Bestreben, den Umfang des
Buches nach Möglichkeit zu beschränken, wurden vielfach Hinweise
auf das Taschenbuch der »Hütte« der platzraubenden Wiedergabe
dort zu findender Tabellen usw. vorgezogen. Alle derartigen
Hinweise beziehen sich auf die 19. Auflage.

Gegenüber der schwer begreiflichen Zurückhaltung mancher
Fabriken sei denjenigen Firmen, welche im Interesse der Sache dem
Verfasser mit Material an die Hand gingen, auch an dieser Stelle
verbindlichst gedankt. Ebenso gebührt des Verfassers Dank Herrn
Prof. Berg für die gütige Erlaubnis der Mitbenutzung seiner Abhandlung über die Wirkungsweise federbelasteter Pumpenventile
sowie Herrn Geheimrat Riedler für Überlassung einiger Werkzeichnungen seiner Konstruktionen, endlich aber auch der Verlags-
buchhandlung für die der äußeren Ausstattung des Buches gewidmete
Sorgfalt. Inwieweit das Buch tauglich ist zur Erfüllung des beabsichtigten Zweckes oder in welcher Hinsicht es verbesserungs-
fähig ist — das hofft der Verfasser wohlwollender Kritik entnehmen
zu können.

Magdeburg, den 9. März 1908.

A. Dahme

Inhaltsverzeichnis.

I. Die Bauarten der Kolbenpumpen und ihre Wirkungsweise. Der Lieferungsgrad.

Die unmittelbare Aufgabe der Kolbenpumpen besteht in der Förderung flüssiger Stoffe aus Räumen niederen in Räume höheren Druckes. Der Gegendruck kann jedoch in der Hauptsache (d. h. wenn von den stets vorhandenen Einflüssen der Strömungswiderstände und des Massendruckes abgesehen wird) auf verschiedene Weise erzeugt sein, nämlich entweder durch das Gewicht einer Wassersäule, in welchem Falle es sich um eine Hebung der Flüssigkeit handelt (Wasserhaltungen der Bergwerke, Wasserwerkspumpen, Brunnenpumpen usw.), oder durch gespannte Gase oder Dämpfe (Preßpumpenanlagen mit Druckwasserwindkessel oder Druckluftakkumulator, Dampfkesselspeisepumpen), oder endlich durch das Gewicht eines belasteten Kolbens (Preßpumpenanlagen mit Gewichtsakkumulator). Die Nebeneinflüsse können jedoch auch zur Hauptsache werden, z. B. bei Kanalisationspumpen, deren Gegendruck häufig fast allein durch die Strömungswiderstände in der nahezu steigungslosen Druckleitung hervorgerufen wird, oder bei Spritzen, die im wesentlichen nur den Trägheitswiderstand der zu beschleunigenden Wassermasse zu überwinden haben.

Zur Erfüllung dieses Zweckes sind eine Anzahl allen Kolbenpumpen gemeinsamer Elemente erforderlich. Diese sind: Der Zylinder oder Pumpenkörper; der in diesem bewegliche Kolben, durch dessen hin und her gehende Bewegung abwechselnd Flüssigkeit in den Zylinder gesaugt und wieder aus demselben verdrängt wird; die Ventile, welche der Flüssigkeit den Durchtritt nur in der Richtung vom Raum niederen Druckes (Saugraum) zum Raum höheren Druckes (Druckraum) gestatten und deren mindestens zwei, ein Saugventil und ein Druckventil, vorhanden sein müssen; ferner zwischen Pumpe und Saugbehälter die Saugleitung, hinter der Pumpe bis zum Druckraum oder Hochbehälter die Druck- oder Steigleitung, beide in unmittelbarer Nähe der Pumpe meist mit je einem Windkessel versehen (Saugwindkessel und Druckwindkessel); am unteren Ende der Saugleitung ein Saugkorb zum Abhalten grober Verunreinigungen, vielfach mit einem besonderen Ventil, dem sog. Fußventil, ausgerüstet; dann eine Anzahl feinerer Armaturen am Zylinder und den Windkesseln und endlich, bei den hier hauptsächlich behandelten Kolbenpumpen mit Kurbelantrieb, der Kurbelmechanismus mit Welle und Schwungrad, Riemenscheibe oder Zahnrädervorgelege.

In der Anordnung und konstruktiven Durchbildung aller dieser Teile herrscht nun aber die denkbar größte Mannigfaltigkeit, je nach dem besonderen Zweck, den die Pumpe zu erfüllen hat, nach der Art ihrer Aufstellung und des Antriebes, der Beschaffenheit der zu fördernden Flüssigkeit usw.; ja selbst für völlig übereinstimmende Betriebsverhältnisse wird man mehr oder weniger voneinander abweichende Ausführungen finden.

Die im folgenden gegebene Beschreibung verschiedener Bauarten will deshalb nicht den Anspruch der Vollständigkeit erheben. Es soll vielmehr nur unter Bezugnahme auf moderne Ausführungen bekannter Firmen und mit Fortlassung nebensächlicher Einzelheiten eine Reihe von Grundformen gezeigt werden, auf welche alle vorkommenden Bauarten sich zurückführen lassen.

Eine Klasse für sich bilden die Pumpen mit durchbrochenem Kolben oder **Hubpumpen.**

Der mit einem oder mehreren selbsttätigen Ventilen oder Klappen versehene Scheibenkolben bewegt sich in einem ausgebohrten, vertikalen Zylinder, welcher bei besseren Ausführungen und größeren Förderhöhen am oberen Ende als Druckwindkessel ausgebildet ist. (Fig. 1.) Während der Aufwärtsbewegung des Kolbens tritt das Saugwasser durch das am unteren Zylinderende befindliche Saugventil in den Zylinder, gleichzeitig wird das über dem Kolben befindliche Wasser in die Steigleitung gehoben. Beim Niedergang öffnet sich das Kolbenventil und läßt das zwischen Kolben und Saugventil befindliche Wasser hindurchtreten, während gleichzeitig eine der Verdrängung der Kolbenstange entsprechende Wassermenge in die Steigleitung gedrückt wird.

Bezeichnet F den Kolbenquerschnitt, f den Querschnitt der Kolbenstange in qm, s den Hub in m, so ist demnach die **Förder menge während eines Doppelhubes** in **cbm** unter der Annahme, daß der ganze vom Kolben frei gegebene Raum mit Wasser gefüllt wird,

$$Q' = (F - f)\,s + fs = Fs. \quad . \quad . \quad . \quad . \quad . \quad 1)$$

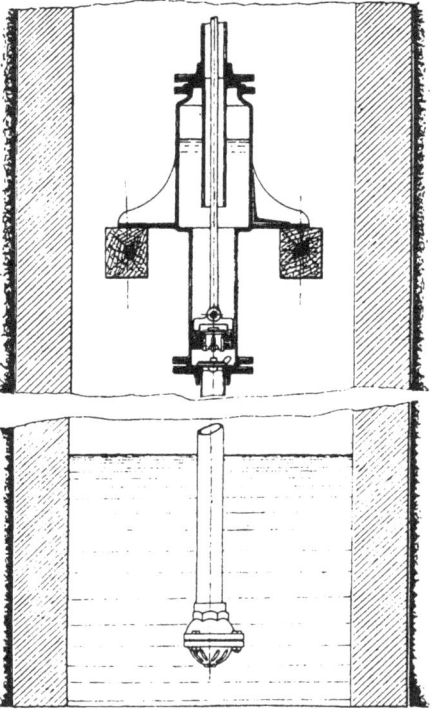

Fig. 1.
Fig. 1 bis 7 nach Ausführungen der Garvenswerke, Wülfel vor Hannover.

Bei n Doppelhüben in der Minute beträgt also die **mittlere sekundliche Fördermenge**

$$Q = Q'\frac{n}{60} = Fs\frac{n}{60}. \quad . \quad . \quad . \quad . \quad . \quad 2)$$

In Wahrheit wirken jedoch verschiedene Ursachen darauf hin, daß der Pumpenzylinder beim Ansaugen nicht völlig mit Wasser erfüllt wird. Es scheidet sich nämlich beim Ansaugen infolge der damit verbundenen Druckabnahme je nach der Saughöhe und dem natürlichen Luftgehalt des Saugwassers aus dem letzteren

stets mehr oder weniger Luft ab, auch kann durch geringe Undichtheiten der Saugleitung direkt Luft mit angesaugt werden; ferner kann
durch Undichtheit oder verspäteten Schluß des Saugventils etwas
Wasser in das Saugrohr zurückgedrückt werden und endlich während
der Hubperiode durch Undichtheiten des Kolbens oder Kolben-
ventils sowie durch Schlußverspätung des letzteren Wasser auf die
Saugseite zurückgelangen. Je nach dem Zustande der Pumpe wird
also die tatsächliche Fördermenge mehr oder weniger hinter der oben
ermittelten theoretischen zurückstehen.

Man nennt das Verhältnis λ der wirklichen zur theoretischen
Fördermenge einer Pumpe ihren v o l u m e t r i s c h e n W i r k u n g s -
grad oder ihren **Lieferungsgrad.** Demnach ist für die betrachtete
H u b p u m p e

$$Q = \lambda\, Fs\frac{n}{60}. \qquad\ldots\ldots\ldots\quad 3)$$

Bei den meist für untergeordnete Zwecke hergestellten billigen und
kleinen Hubpumpen dürfen an den volumetrischen Wirkungsgrad in
der Regel keine sehr hohen Ansprüche gestellt werden. Man tut gut,
beim Entwurf nicht mehr als 90 % in die Rechnung einzuführen.

Anders bei den weiter unten beschriebenen D r u c k p u m p e n.
Hier dürfen bei mittleren Fördermengen Werte nicht unter 95 %
erwartet werden, während bei größten Pumpen bester Ausführung
98 % und darüber häufig sind. Gebr. Körting, Körtingsdorf bei
Hannover, g a r a n t i e r e n z. B. für ihre Wasserwerkspumpe (Fig. 22
bis 24) einen Lieferungsgrad von 95 %, haben jedoch bei einer Reihe
von Wasserwerken 97 % bis 99 % erreicht. Im übrigen hängt der
volumetrische Wirkungsgrad bei ein und derselben Pumpe auch in
gewissem Grade von der minutlichen Umlaufzahl ab, indem er mit
derselben größer und kleiner wird. Dies erklärt sich daraus, daß bei
schnellerem Gang die Luft nicht genügend Zeit findet, sich aus dem
Saugwasser auszuscheiden oder durch die vorhandenen Undichtheiten in den Pumpenraum einzudringen.

Der volumetrische Wirkungsgrad der H u b p u m p e n hängt hauptsächlich von dem Zustand der Kolbendichtung ab, die meist durch
Ledermanschetten gebildet wird und der Abnutzung in um so höherem
Grade unterliegt, je größer der auf dem Kolben ruhende, abzudich-
tende Druck ist. Da andererseits die Kolben schwer zugänglich sind, so
muß man die Abnutzung und infolgedessen die Druckhöhe in gewissen
Grenzen halten. Die G a r v e n s w e r k e (Wülfel vor Hannover) führen
solche Pumpen als Tiefbrunnenpumpen bis zu 80 m Brunnentiefe aus.

Zu Schachtpumpen eignen sich die Hubpumpen in der wenig Raum beanspruchenden einachsigen Bauart ganz besonders. Ist genügend Platz vorhanden, so können auch mehrere von ihnen zu Zwillings- oder Drillingsanordnung gekuppelt werden (Fig. 2 bis 6).

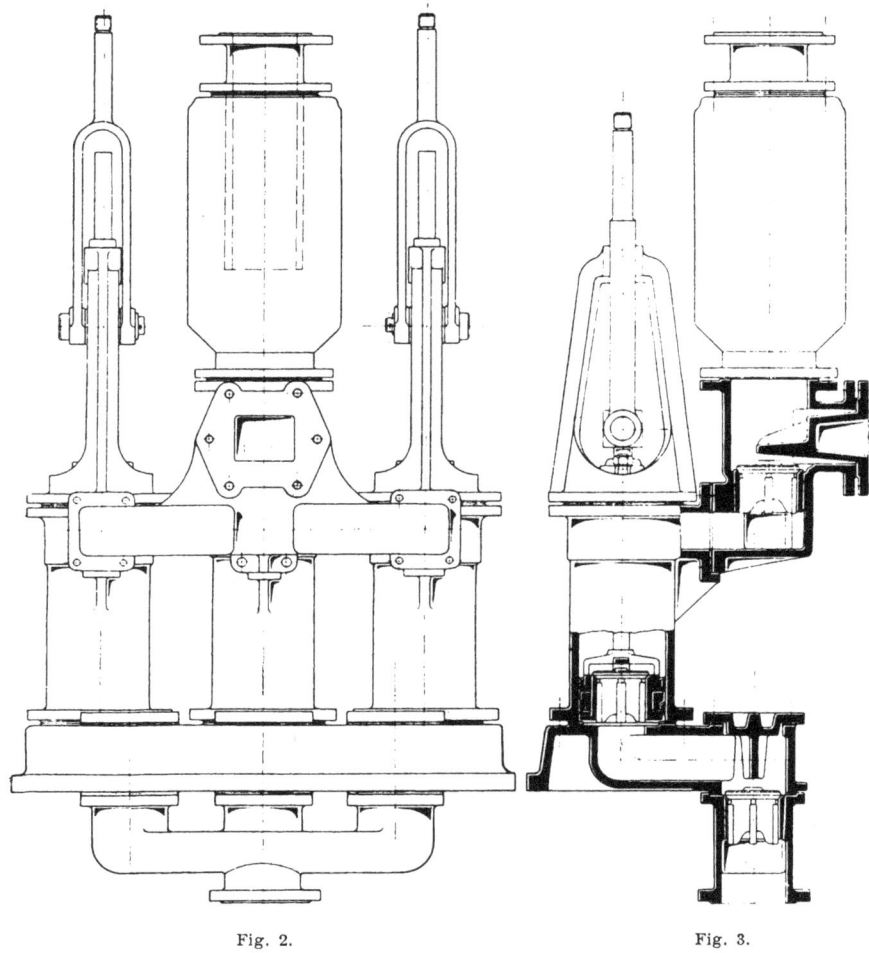

Fig. 2.   Fig. 3.

Der Antrieb erfolgt in der aus Fig. 4 und 5 ersichtlichen Weise durch Riemenscheibe, Zahnräderübersetzung, gekröpfte Kurbelwelle und ein in Abständen von etwa 4 m durch Rollen geführtes Ge-stänge. Bei drei unter 120° Kurbelversetzung gekuppelten derartigen Pumpen gleichen sich die Schwankungen der an der Riemenscheibe

zum Antrieb erforderlichen Umfangskraft bis auf geringe Beträge
aus. Nehmen wir an, daß zum Niedergang des Kolbens keine Kraft
erforderlich ist, daß der Widerstand beim
Aufgang während des ganzen Hubes konstant und die Schubstange im Verhältnis
zum Kurbelradius sehr groß ist, und ver-
folgen wir die am Kolben auftretende Kraft
rückwärts bis zum Kurbelzapfen, so zeigt
sich, daß die Antriebskraft während einer
halben Kurbelumdreh-
ung gleich Null ist, wäh-
rend der anderen Hälfte
des Zapfenweges aber
bis auf einen Höchstwert
ansteigt und wieder auf
Null herabsinkt. Stellen
wir die Umfangskräfte als
Ordinaten über dem abgewickelten Kurbelkreis dar, so bekommen wir genau die Sinus-
kurve Fig. 70, (soweit sie oberhalb der Abszissenachse verläuft), welche allerdings zu
anderem Zweck gezeichnet wurde. Durch
Kupplung dreier Pumpen erhalten wir aber
viel geringere Schwankungen, wie Fig. 76
erkennen läßt; dieselbe wurde dadurch erhalten, daß die Umfangskräfte der einzelnen
Pumpen unter Berücksichtigung der Kurbelversetzung addiert wurden. Dieselben Schwankungen treten natürlich auch an der Riemenscheibe auf, nur über mehrere Umdrehungen
verteilt, entsprechend der Zahnräderübersetzung. Durch ein Schwungrad könnte ein
weiterer Ausgleich der Kraftschwankungen
erzielt werden.

Während sich bei mehrachsiger Anordnung auch die Gestängegewichte gegenseitig
ausgleichen, trifft dies bei der einachsigen
Bohrbrunnenpumpe mit oft erheblichem Gewicht des Gestänges nicht
zu, weshalb in solchen Fällen ein Schwinghebel mit Ausgleichgewicht
(Fig. 7) Verwendung findet.

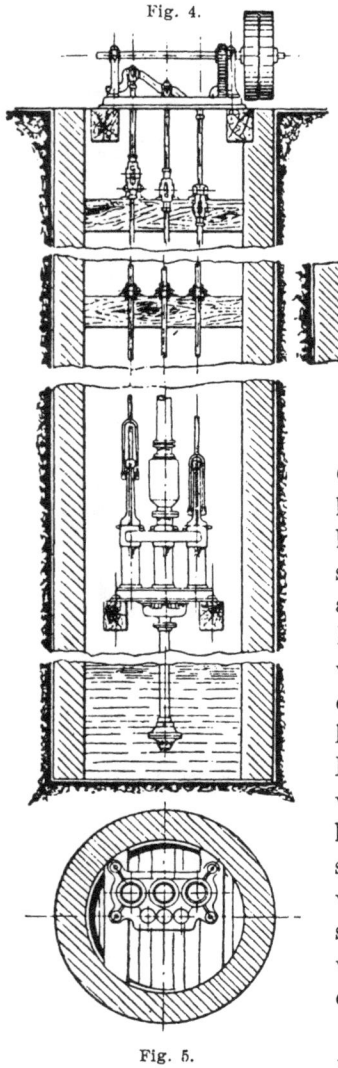

Fig. 4.

Fig. 5.

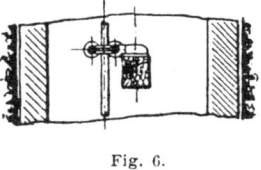

Fig. 6.

Die erforderliche Größe G' des Ausgleichgewichtes ist alsdann durch folgende Überlegung bestimmt.

Alle Reibungswiderstände (Kolben-, Stopfbüchsen-, Wasser-, Zapfenreibung) mögen vernachlässigt werden, der Schwinghebel befinde sich in der **Mittellage**. Dann wirkt nach oben die Kraft

$$G'' = G' \cdot \frac{l'}{l''} \quad . \quad . \quad . \quad . \quad . \quad . \quad . \quad . \quad 4)$$

Beim Aufgang des Kolbens herrsche unmittelbar über demselben der Druck p_d kg/qm, während das Saugwasser mit p_s kg/qm gegen seine Unterseite drückt. Bezeichnet noch G das Gestängegewicht und p_l den Druck der Atmosphäre in kg pro qm, so ist zur **Aufwärtsbewegung** des Kolbens erforderlich die **Kraft**:

$$K_a = (F - f)\,p_d - F p_s + f p_l + G - G''. \quad . \quad . \quad . \quad 5)$$

Beim Niedergang ruht auf beiden Kolbenseiten der Druck p_d (wobei der Kolben als dünne Scheibe vorausgesetzt ist und die Widerstände, welche das Wasser beim Durchtritt durch das Kolbenventil überwinden muß, vernachlässigt werden). Demnach ist zur **Abwärtsbewegung** des Kolbens in der betrachteten Mittelstellung erforderlich die **Kraft**:

$$K_n = F p_d - (F - f)\,p_d - f p_l - G + G''. \quad . \quad . \quad 6)$$

Durch das Ausgleichgewicht sollen diese beiden Kräfte gleich groß werden, woraus folgt:

$$G'' = \frac{F}{2}\,(p_d - p_s) - f\,(p_d - p_l) + G. \quad . \quad . \quad . \quad 7)$$

p_d wird erzeugt durch das Gewicht der auf dem Kolben lastenden Wassersäule, vermehrt um den Druck der Atmosphäre. Ersetzen wir den letzteren durch den gleichgroßen Druck einer Wassersäule von der Höhe A — siehe w. u. Gleichung 41), **nicht** 42) — und bezeichnen mit H_d den senkrechten Abstand von der Kolbenoberfläche bis zur Ausgußmündung des Steigrohres, so ist

$$p_d = \gamma\,(A + H_d). \quad . \quad . \quad . \quad . \quad . \quad . \quad 8)$$

Ebenso ist

$$p_s = \gamma\,(A - H_s), \quad . \quad . \quad . \quad . \quad . \quad . \quad 9)$$

wenn H_s die senkrechte Entfernung von der Kolbenunterkante bis zum Saugwasserspiegel bezeichnet. Da ferner

$$p_l = \gamma A \quad . \quad . \quad . \quad . \quad . \quad . \quad . \quad . \quad 10)$$

ist, so wird

$$G'' = \frac{F}{2}\,\gamma\,[H_s + H_d] - f\gamma H_d + G. \quad . \quad . \quad . \quad 11)$$

womit G' aus Gleichung 4) zu entnehmen ist. Man sieht, daß das Belastungsgewicht um so kleiner wird, je größer f ist; es wird ganz entbehrlich für den Fall:

$$f = \frac{F}{2} \cdot \frac{H_s + H_d}{H_d} + \frac{G}{\gamma H_d}. \quad 12)$$

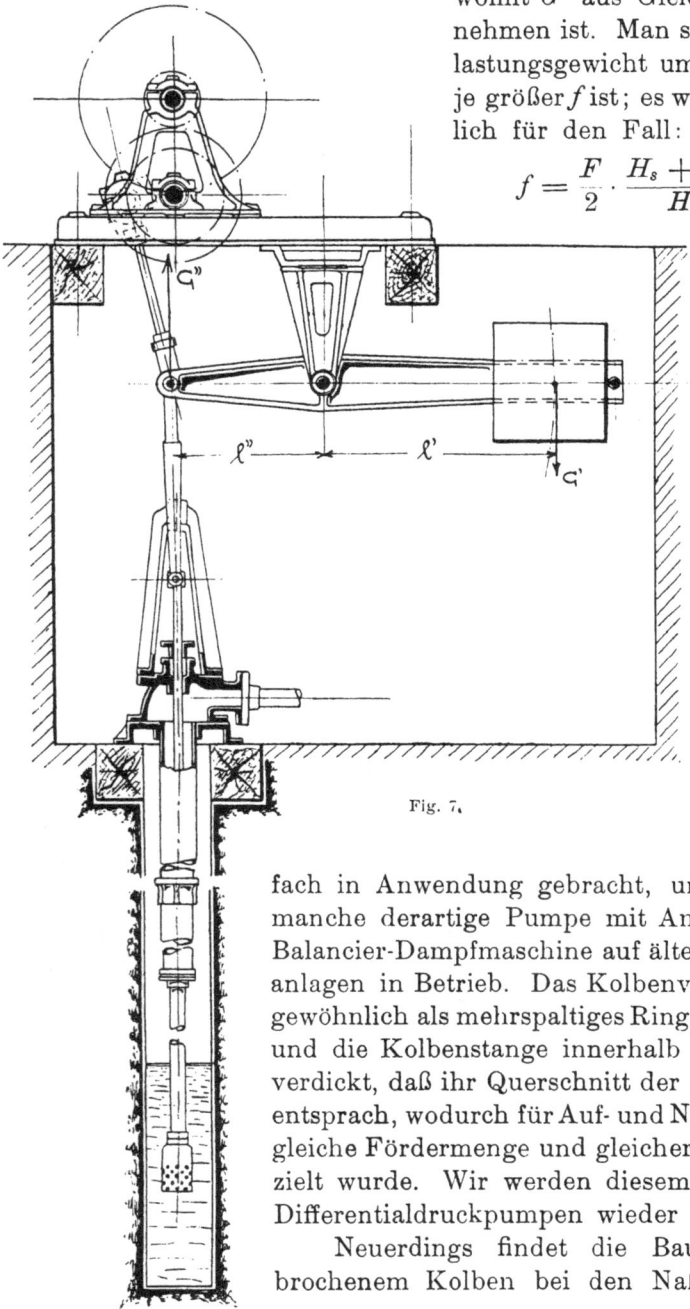

Fig. 7.

Solche Pumpen können wegen der großen mit wechselnder Geschwindigkeit zu bewegenden Massen mit nicht mehr als etwa 20 minutlichen Umdrehungen arbeiten.

Früher wurden Hubpumpen auch für größte Leistungen vielfach in Anwendung gebracht, und noch jetzt ist manche derartige Pumpe mit Antrieb durch eine Balancier-Dampfmaschine auf älteren Wasserwerksanlagen in Betrieb. Das Kolbenventil wurde dann gewöhnlich als mehrspaltiges Ringventil ausgebildet und die Kolbenstange innerhalb des Zylinders so verdickt, daß ihr Querschnitt der obigen Gleich. 12) entsprach, wodurch für Auf- und Niedergang nahezu gleiche Fördermenge und gleicher Arbeitsbedarf erzielt wurde. Wir werden diesem Prinzip bei den Differentialdruckpumpen wieder begegnen.

Neuerdings findet die Bauart mit durchbrochenem Kolben bei den Naßluft- und Kühl-

wasserpumpen der Kondensatoren (namentlich bei Schiffsdampf-
maschinen) Anwendung, und zwar selbst für hohe Umlaufzahlen,
da die Trägheit der Ventile in den Kolbentotlagen stets im Sinne
der gerade erforderlichen Ventilbewegung wirkt, woraus sich ein
sehr sicheres Arbeiten der Kolbenventile ergibt.

Die zu den Hubpumpen zu zählenden Pumpen mit Rohrkolben (Rittinger-Pumpen) fanden zu Wasserhaltungszwecken
früher vielfach Verwendung, weil sie wegen ihrer einachsigen Bauart wenig Raum im Schacht beanspruchten und infolge ihrer Kolben-
abdichtung durch von außen nachziehbare Stopfbüchsen größere
Hubhöhen gestatteten. Sie sind heutzutage nur noch von geringer
wirtschaftlicher Bedeutung und mögen deshalb hier unerörtert
bleiben. Einige Abbildungen dieser Bauart finden sich in der »Hütte«,
Teil I, S. 1292.

Bei allen Pumpen mit nicht durchbrochenem Kolben erfolgt
die Förderung des Wassers dadurch, daß der Kolben auf die im
Pumpenkörper befindliche Wassermenge einen Druck ausübt, der
größer ist als der Gegendruck einschließlich aller Widerstände.
Man nennt sie, im Gegensatz zu den Hubpumpen, **Druckpumpen.**

Bei diesen ist die Lage der Pumpenachse gleichgiltig, und man
findet sowohl wagerecht als senkrecht, bisweilen auch in schräger
Richtung bewegte Kolben, wonach man liegende, halbliegende
und stehende Pumpenanordnung unterscheidet.

Je nachdem nun bei diesen Pumpen im Verlauf eines Doppelhubes nur die eine Kolbenseite oder abwechselnd beide Kolbenseiten verdrängend wirken, unterscheidet man wieder einfachwirkende und doppeltwirkende Pumpen.

Alle diese Bauarten finden sich sowohl einzeln als auch mit einer
gleichartigen Pumpe gekuppelt, d. h. von derselben Kurbelwelle angetrieben, wodurch doppelte oder vierfache Wirkung entsteht. Die
Kurbeln sind dabei unter 90⁰ oder 180⁰ gegeneinander versetzt.
Dreifache Kupplung unter 120⁰ Kurbelversetzung wird nur bei einfachwirkenden Pumpen ausgeführt. Diese Anordnung nennt man
Drillingspumpe oder Dreiplungerpumpe, womit zugleich
die zur Verwendung gelangende Kolbenform bezeichnet wird.

Man unterscheidet nämlich Scheibenkolben und Tauchkolben oder Plunger (vom englischen to plunge, eintauchen).
Der Scheibenkolben wird nur bei doppeltwirkenden Pumpen verwendet und verlangt einen ausgebohrten Zylinder, gegen dessen
Wandungen er dicht schließend anliegt wie der Kolben einer Dampf-

maschine, während der Plunger bei einfach- u n d doppeltwirkenden
Pumpen Anwendung findet und durch eine Stopfbüchse in den
Pumpenkörper eingeführt wird, den er sonst nicht berührt.   Bei
Pumpen mit Scheibenkolben trägt aber dieser selbst die Dichtungs-
vorrichtung (Liderung), bei Plungerpumpen trägt sie der Pumpen-
körper (Stopfbüchse). Der Nachteil der Scheibenkolben beruht in der
schwierigen Kontrolle des Zustandes der Dichtung, die bei unreiner
Pumpflüssigkeit schneller Abnutzung unterworfen ist, zuungunsten des

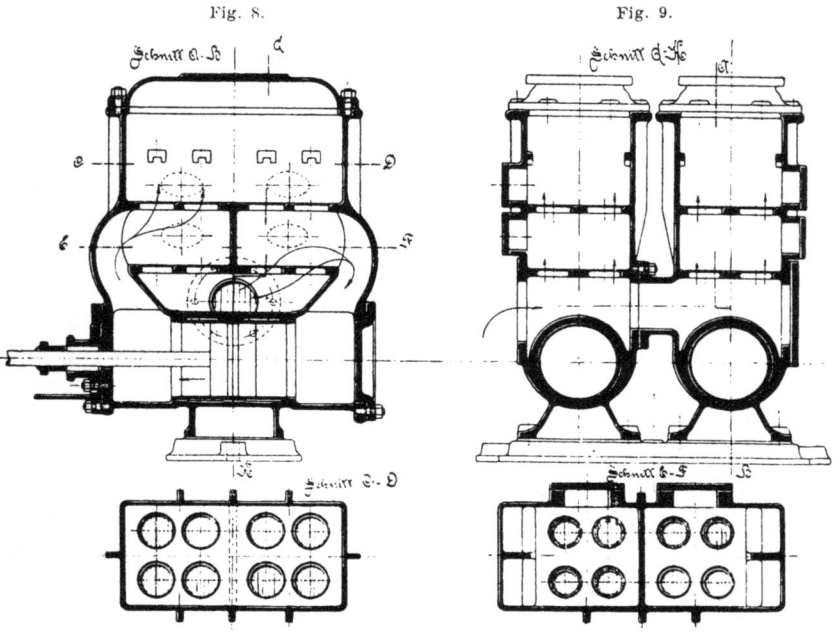

Fig. 8.   Fig. 9.

Fig. 10.   Fig. 11.
Nach e. Ausf. v. Koch, Bantelmann u. Paasch, Magdeburg-Buckau. Kolbendurchm. 240 mm, Hub 300 mm

volumetrischen Wirkungsgrades. Für hohe Pressungen sind sie nicht
geeignet, die Grenze ihrer Verwendbarkeit dürfte bei etwa 60 m Druckhöhe liegen. Allerdings ergeben sie einen kürzeren und deshalb bil-
ligeren Pumpenzylinder, weshalb sie noch jetzt vielfach ausgeführt
werden.   Fig. 8 bis 11 zeigen zwei gekuppelte liegende Pumpen mit
Scheibenkolben und lassen die für diese Bauart meist übliche Anordnung der Ventile sowie die Wasserbewegung erkennen; der Zylinder ist
(um bei längerem Stillstand das Einrosten des Kolbens zu verhüten)
mit einer besonderen Laufbüchse aus Rotguß versehen, auch der

Kolbenkörper besteht aus diesem Material, doch ist das eine nicht unter allen Umständen erforderliche Verteuerung. Eine stehende, doppeltwirkende Scheibenkolbenpumpe für 40 m Druckhöhe zeigen Fig. 12 und 13 nach einer neueren Ausführung der Maschinenfabrik Frankenthal. Die Ventile sind horizontal beweglich angeordnet,

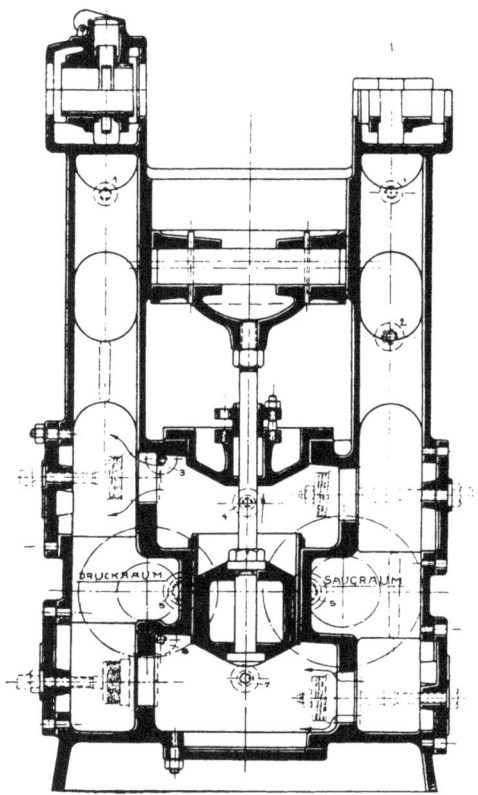 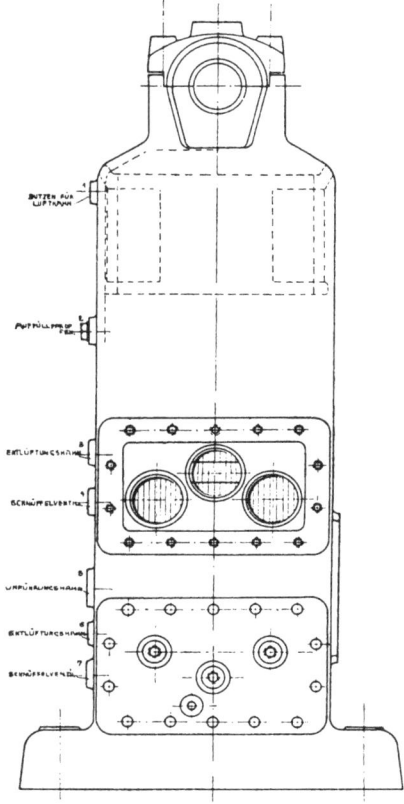

Fig. 12.   Fig. 13.

Stehende doppeltwirkende Kolbenpumpe für 40 m Förderhöhe. Plungerdurchmesser 160 mm, Hub 100 mm. (Nach einer Ausführung der Maschinenfabrik Frankenthal, Pfalz.)

der Kolben trägt Weißmetallüberzug und ist in die auswechselbare Rotgußlaufbüchse eingeschliffen; die Seitenteile des Pumpenkörpers, welche die Ringschmierlager und die groß gehaltene Kreuzkopfrundführung tragen, sind zugleich als Windkessel ausgebildet.

Drillingspumpe mit elektr. Antrieb für eine unterirdische Wasserhaltung (2,75 cbm auf 750 m Teufe
bei 92 Umdrehungen i. d. M.) nach einer Ausführung
der Friedrich'-Wilhelmshütte, Mülheim a. d. Ruhr
Plungerdurchmesser 200 mm, Hub 350 mm.
(Ventile: Dreispaltige Fernis-Ringventile.)

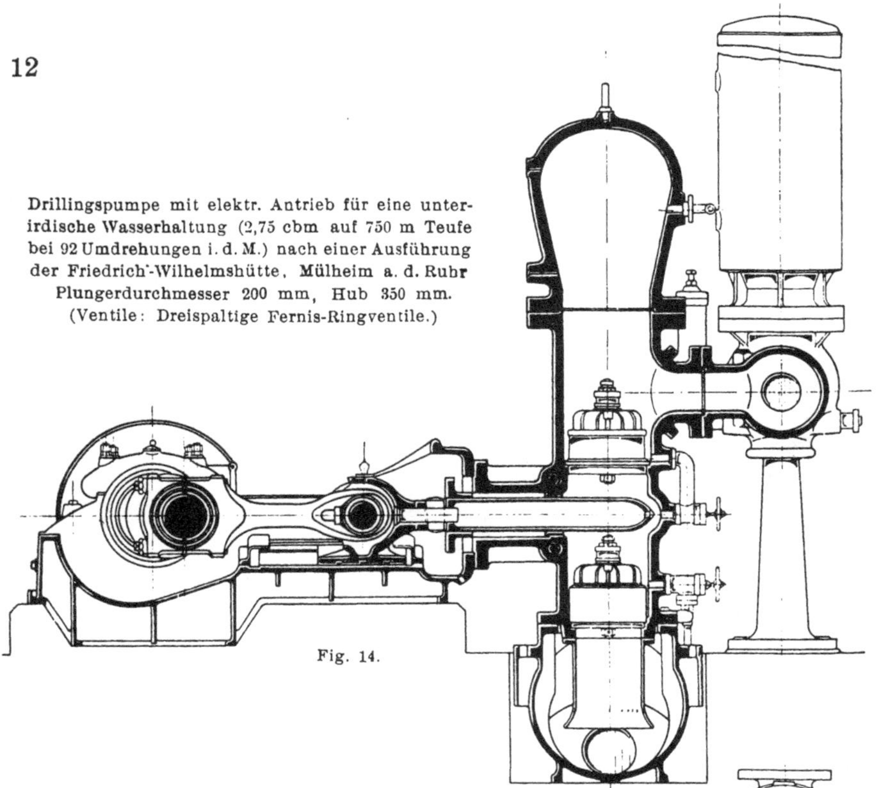

Fig. 14.

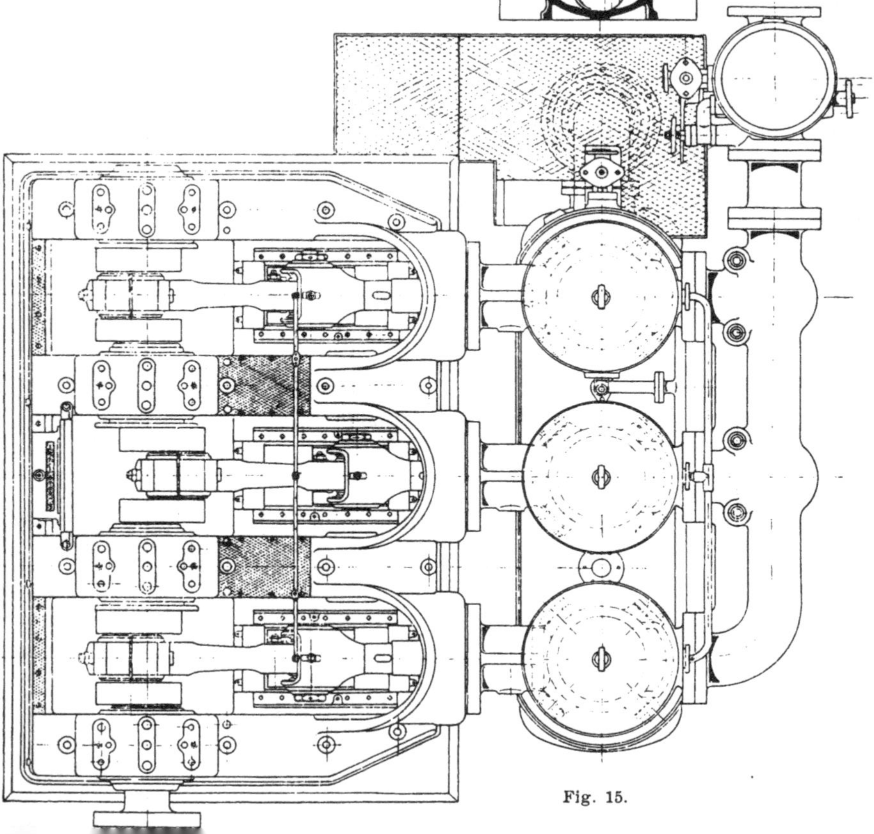

Fig. 15.

Drillingspumpe für hohe Umlaufzahlen nach einer Ausführung von Weise u. Monski, Halle a. d. Saale.   Plungerdurchmesser 150 mm, Hub 250 mm.

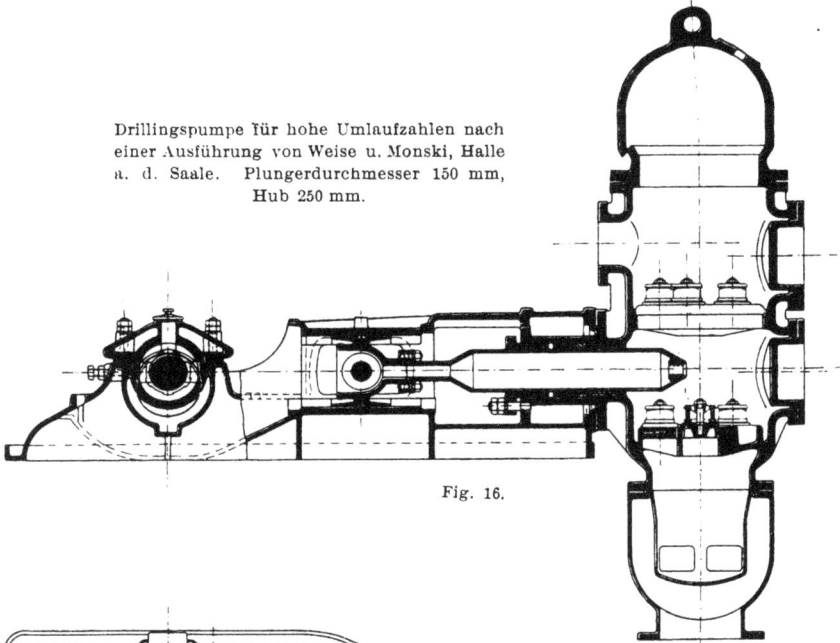

Fig. 16.

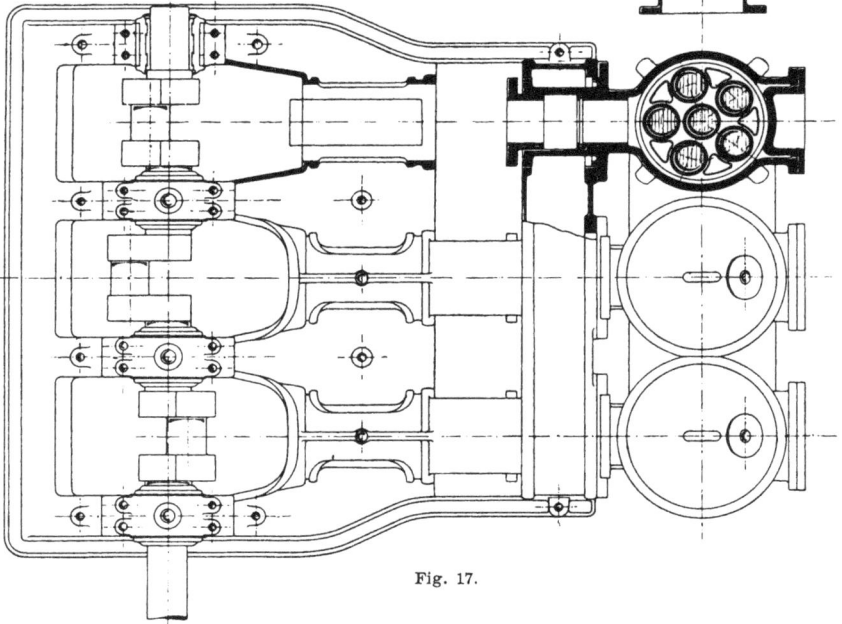

Fig. 17.

Die pro Doppelhub geförderte Wassermenge beträgt für eine doppeltwirkende Pumpe nach Fig. 8 bis 11 und 12, 13:

$$Q' = \lambda \left(Fs + [F - f] s \right) = \lambda s \left(2F - f \right), \quad . \quad . \quad . \quad . \quad 13)$$

wenn wieder F und f den Kolben- und Stangenquerschnitt bezeichnen. Auf die Sekunde umgerechnet ergibt sich daraus bei n minutlichen Kurbelumdrehungen die Fördermenge

$$Q = \lambda \frac{s\,n}{60} \left(2F - f \right). \quad . \quad . \quad . \quad . \quad . \quad . \quad 14)$$

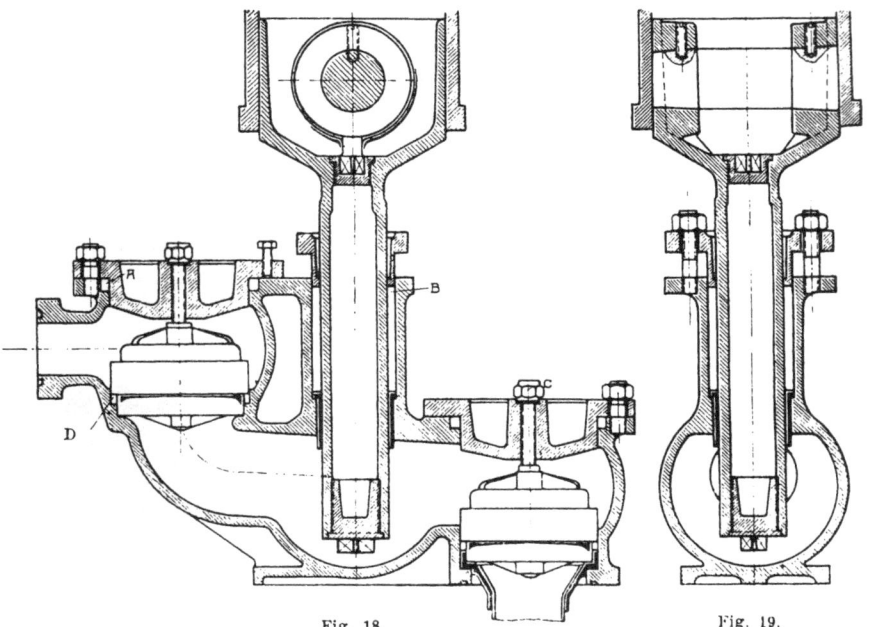

Fig. 18.   Fig. 19.

Drillingspumpe für 30 Atm. Betriebsdruck nach einer Ausführung der Maschinenfabrik Frankenthal.

Fig. 14, 15 und 16, 17 zeigen drei liegende, einfachwirkende Plungerpumpen, die von einer gemeinsamen Kurbelwelle angetrieben werden und in eine gemeinsame Steigleitung drücken. Die Vorteile dieser Anordnung werden weiter unten ausführlich behandelt, doch wird man einfachwirkende Pumpen schon deshalb gern zu zweien oder dreien kuppeln, um, wie bei den Hubpumpen, einen gegenseitigen Ausgleich des bei Saug- und Druckhub der einzelnen Pumpe sehr verschiedenen Kraftbedarfs herbeizuführen. Auch die stehende, einfachwirkende Pumpe Fig. 18 und 19 ist deshalb mit zwei genau ebenso gebauten Pumpen zu einer Drillingspumpe gekuppelt. Ein Vorzug der einfachwirkenden gegenüber der doppeltwirkenden Plungerpumpe liegt in ihrer geringeren Baulänge und größeren Billigkeit, da sie nur zwei Ventile braucht. Für die einfachwirkende Pumpe wird

$$Q' = \lambda F s. \quad\ldots\ldots\ldots\ldots 15)$$

Demnach ist die sekundliche Fördermenge pro Pumpe:

$$Q = \lambda \frac{n}{60} F s. \quad\ldots\ldots\ldots 16)$$

Die Ventile in den Fig. 14, 15 und 16, 17 sind in einer Achse übereinander angeordnet, woraus sich eine einfache, glatte Form des Pumpenkörpers und gute Wasserführung ergibt. Für größere Pumpen ist diese Anordnung in allgemeine Aufnahme gekommen, obwohl die Zugänglichkeit des Saugventils weniger gut ist als bei der älteren, aus diesem Grunde auch jetzt noch vielfach angewendeten Bauart mit seitlich herausgezogenem Saugventilgehäuse nach Fig. 20 und 21 Bei doppeltwirkenden Plungerpumpen leidet die Zugänglichkeit des Saugventils bei Übereinanderanordnung der Ventile hauptsächlich auf der Seite der Kolbenstange; es kann nur nach Entfernung derselben herausgenommen werden (Fig. 22 bis 24). Trotzdem wird diese Bauart bevorzugt, besonders nachdem neuerdings die Zerlegung großer Ventile in viele kleine Einzelventile (Gruppenventile) in Aufnahme gekommen ist, deren jedes durch eine seitliche Öffnung im Pumpenkörper bequem ein und aus gebracht werden kann.

Für die Pumpe nach Fig. 22 bis 24 gelten die Gleichungen 13) und 14); es ist genau wie für die Scheibenkolbenpumpen:

$$Q' = \lambda \left(F s + [F - f] s \right) = \lambda s (2 F - f),$$

$$Q = \lambda \frac{s n}{60} (2 F - f).$$

Die schon erwähnten Fig. 18, 19 zeigen an dem Beispiel einer Plungerpreßpumpe, wie auch bei stehenden Pumpen die Ventile zu beiden Seiten des Plungers bequem zugänglich angeordnet werden können.

Eine doppeltwirkende Plungerpumpe stehender Bauart wird in den Fig. 25, 26 an dem Beispiel der »Unapumpe« von Klein, Schanzlin & Becker, Frankenthal, vorgeführt.

Durch Vereinigung zweier einfachwirkender Pumpen in der aus Fig. 27, 28 ersichtlichen Weise läßt sich ebenfalls doppelte

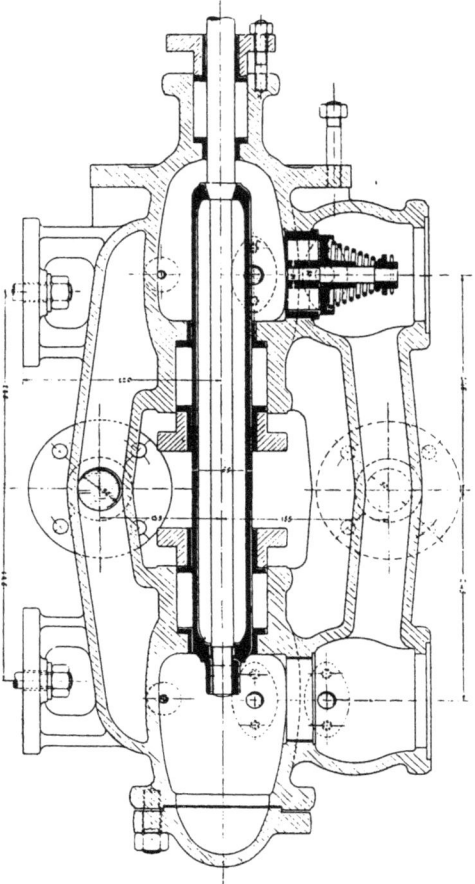

Plungerpumpe für 20 Atm. nach einer Ausführung von Koch, Bantelmann u. Paasch, Magdeburg-B. Plungerdurchmesser 65 mm, Hub 150 mm. (Plunger aus harter Bronze, Grundbüchsen und Stopfbüchsfutter aus weicherer Bronze.)

Fig. 20.

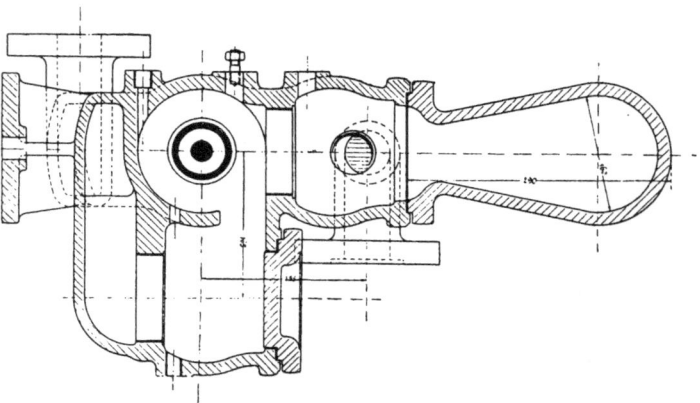

Fig. 21.

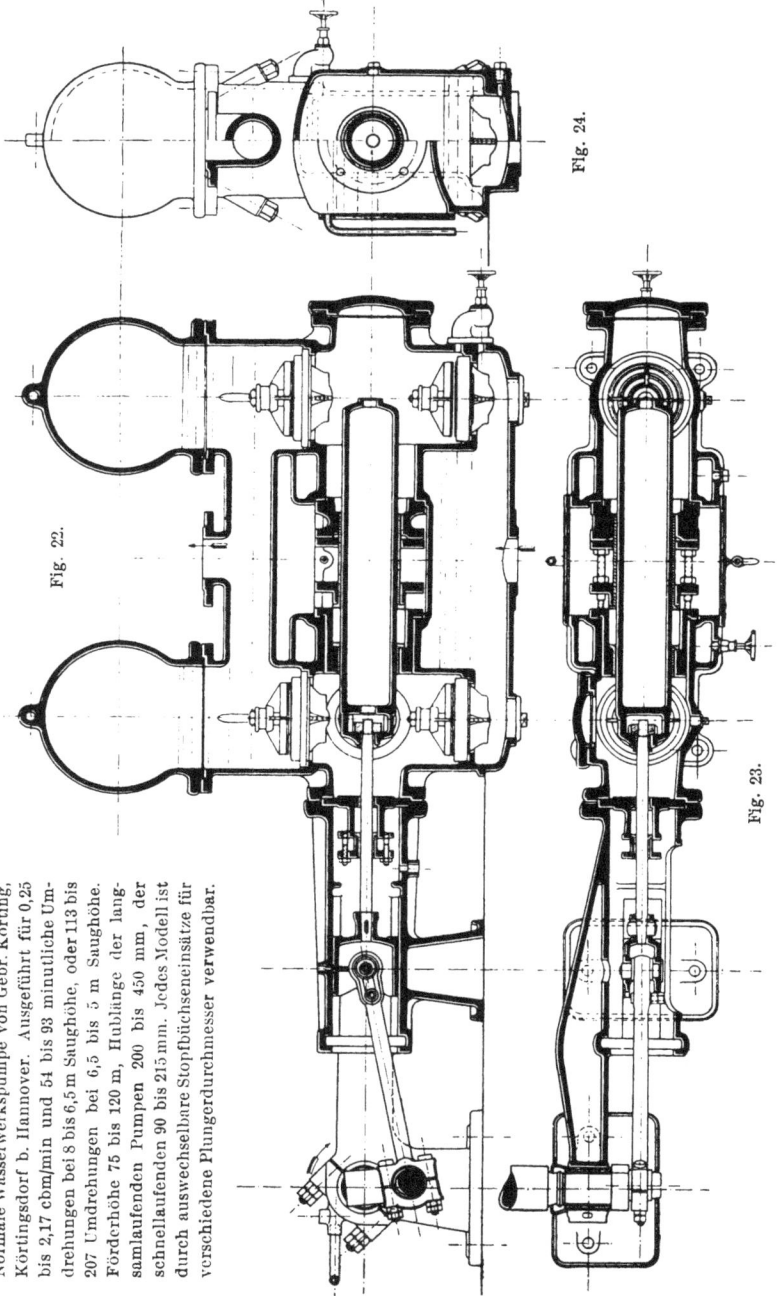

Fig. 24.

Fig. 22.

Fig. 23.

Normale Wasserwerkspumpe von Gebr. Körting, Körtingsdorf b. Hannover. Ausgeführt für 0,25 bis 2,17 cbm/min und 54 bis 93 minutliche Umdrehungen bei 8 bis 6,5 m Saughöhe, oder 113 bis 207 Umdrehungen bei 6,5 bis 5 m Saughöhe. Förderhöhe 75 bis 120 m, Hublänge der langsamlaufenden Pumpen 200 bis 450 mm, der schnellaufenden 90 bis 215 mm. Jedes Modell ist durch auswechselbare Stopfbüchseneinsätze für verschiedene Plungerdurchmesser verwendbar.

Wirkung erzielen. Die Bauart ist bedeutend gedrängter als die nach Fig. 20, 21 und 22 bis 24, auch sind nur zwei, bequem zugängliche Stopfbüchsen vorhanden, wofür allerdings die Komplizierung des Triebwerkes durch die zur Verbindung der Plunger erforderlichen Umführungsstangen und Querhäupter in Kauf genommen werden muß.

Für diese Pumpe ist die pro Doppelhub geförderte Wassermenge

$$Q' = \lambda\, 2\, F s. \qquad \ldots \ldots \ldots \quad 17)$$

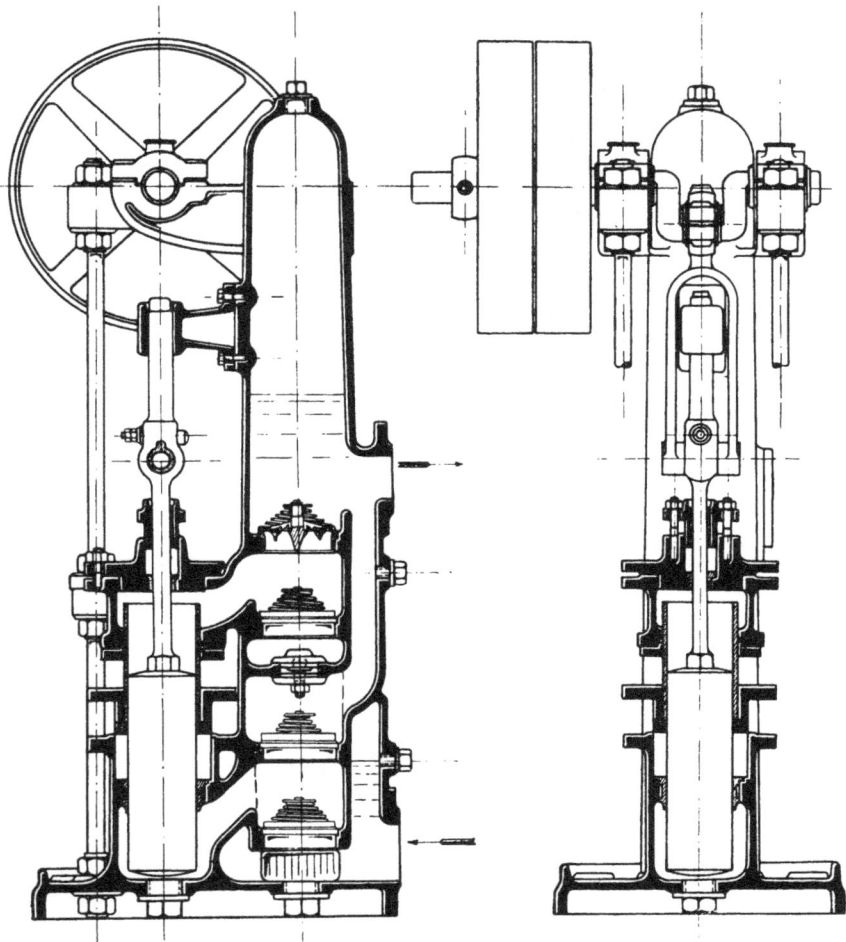

Fig. 25.   Fig. 26.

»Unapumpe« von Klein, Schanzlin u. Becker, Frankenthal (mit nur e i n e r außen liegenden Stopfbüchse). Wird ausgeführt für Förderhöhen bis 80 und bis 130 m, Fördermengen von 0,113 bis
0,85 cbm/min bei 75 bis 215 mm Plungerdurchmesser, 120 bis 200 mm Hub und 130 bis 65 minutlichen Umdrehungen.

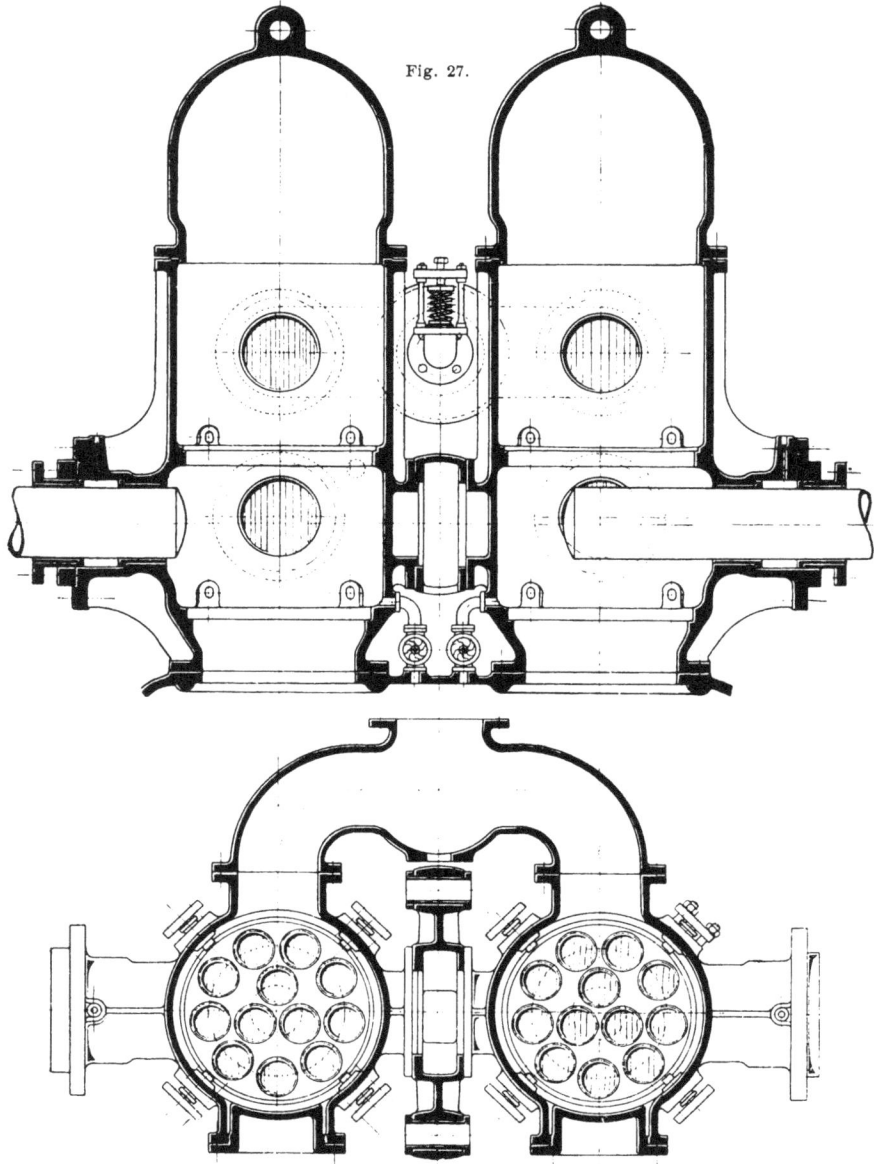

Fig. 27.

Fig. 28.

Wasserwerkspumpe nach einer Ausführung von Weise u. Monski, Halle a. d. S.
Plungerdurchmesser 230 mm, Hub 400 mm.

2*

Sie ist demnach für Hin- und Rückgang durchaus gleich, vorausgesetzt natürlich, daß die Lieferungsgrade beider Pumpenseiten übereinstimmen. Die Anordnung empfiehlt sich besonders für große Druckhöhen, weil alsdann bei der Bauart nach Fig. 20, 21 und 22 bis 24 die Kolbenflächen, mithin auch die Lieferung und die Kräfte wegen der erforderlichen starken Kolbenstange für Hin- und Rückgang sehr ungleich ausfallen.

Es folgt für die Liefermenge:

$$Q = \lambda \frac{n}{60} 2 Fs, \quad \ldots \ldots \ldots \quad 18)$$

der Plungerquerschnitt wird also besser ausgenutzt als bei der Anordnung nach Fig. 20 bis 24, weil der Kolbenstangenquerschnitt nicht mehr störend eingreift.

Dasselbe läßt sich durch die sehr seltene Bauart Fig. 29 erreichen. Die Stopfbüchsen sind einander zugewandt, der durchgehende Plunger wird in der Mitte durch einen Kreuzkopf gestützt, an welchem die beiden gleichartigen Schubstangen angreifen. Die Anbringung der Schubstangen erfordert außerordentliche Sorgfalt, damit beide in ganz gleicher Weise an der Kraftübertragung beteiligt sind, weil sonst ein von den Stopfbüchsen aufzunehmendes sehr schädliches Drehmoment auftritt.

Ein viel angewendetes Mittel zum Ausgleich des Kraftbedarfes für den Hin- und Rückgang einfachwirkender Pumpen ist die Verwendung von Differentialkolben. Fig. 30, 31 zeigt eine derartige Differentialpumpe.

In derselben Weise wie in Fig. 27, 28 die beiden Plunger von gleichem Querschnitt, sind hier zwei Plunger von verschiedenen Durchmessern miteinander verbunden. Es sind jedoch nur zwei Ventile vorhanden, wie bei einer einfachwirkenden Pumpe, und zwar auf der Seite des größeren Kolbens, während der Pumpenraum des kleineren Plungers in beständiger Verbindung mit der Druckleitung steht.

Benötigt der große Kolben zur Überwindung des Gegendruckes beim Verdrängungshub die Kraft Fp', während gleichzeitig auf dem kleinen Kolben der Druck fp ruht, so muß von der Antriebsmaschine die Differenz $Fp' - fp$ aufgebracht werden. Ebenso ist während des Saughubes des großen Kolbens erforderlich: $fp - Fp''$.

Hierin seien die Pressungen p, p', p'' (gemessen als Überdruck in kg/qm) mittlere Werte, da sie keineswegs über den ganzen Hub als konstant vorausgesetzt werden dürfen, wie sich in den Kapiteln über die Saug- und Druckwirkung ergeben wird. Soll nun der erforderliche mittlere Kraftaufwand für Hin- und Rückgang gleich sein, so folgt:

$$Fp' - fp = fp - Fp''. \qquad \ldots \ldots \ldots \quad 19)$$

und hieraus:

$$f = \frac{F}{2} \frac{p' + p''}{p} \qquad \ldots \ldots \ldots \quad 20)$$

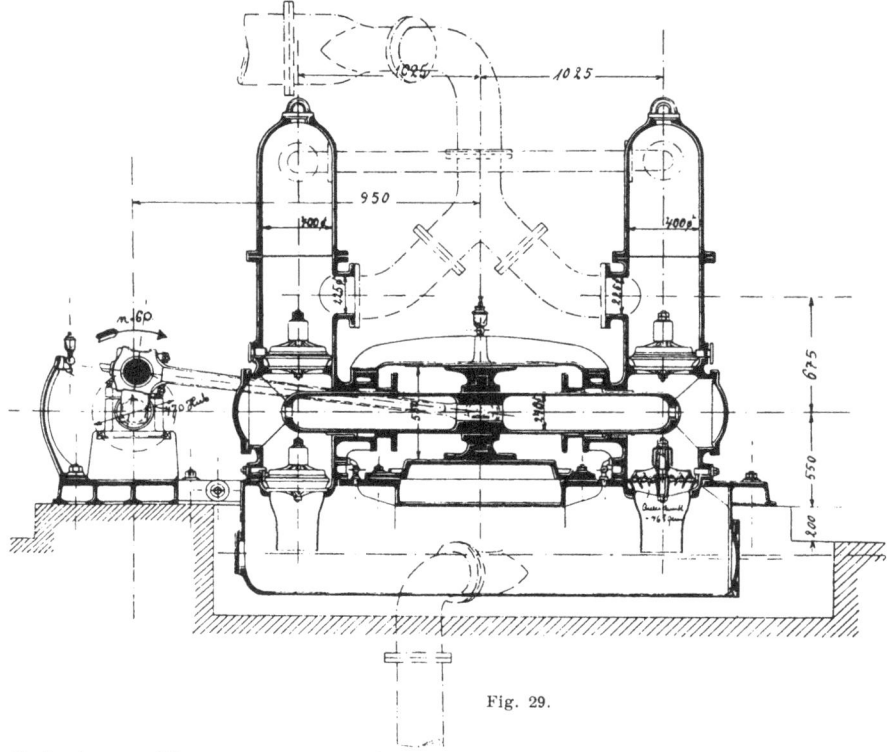

Fig. 29.

Nach einer Ausführung der Hannoverschen Maschinenbau-A.-G. vorm. G. Egestorff, Linden vor Hannover, für das Flußwasserwerk der Stadt Hannover. Plungerdurchmesser 240 mm, Hub 470 mm, minutliche |Fördermenge bei 60 Umdrehungen i. d. M. 4,8 cbm auf 32 m Höhe. (Antrieb durch Turbinen.)

Da beim Saugen im Pumpenzylinder Unterdruck herrscht, (mit Ausnahme derjenigen Pumpen, denen das Wasser aus einem höher gelegenen Behälter zufließt), so ist p'' negativ, p' dagegen ist um die zur Überwindung des Druckventilwiderstandes erforderliche Spannung größer als p; man kann deshalb mit ausreichender Annäherung meist

$$p' + p'' = p \qquad \ldots \ldots \ldots \quad 21)$$

Unterirdische Wasserhaltungsmaschine für 0,75 cbm/min auf 207 m
Widerstandshöhe bei 80 Umdrehung.
i. d. M. (Nach einer von Herrn Geh.-
Rat Riedler freundlichst überlassenen Werkzeichnung.)

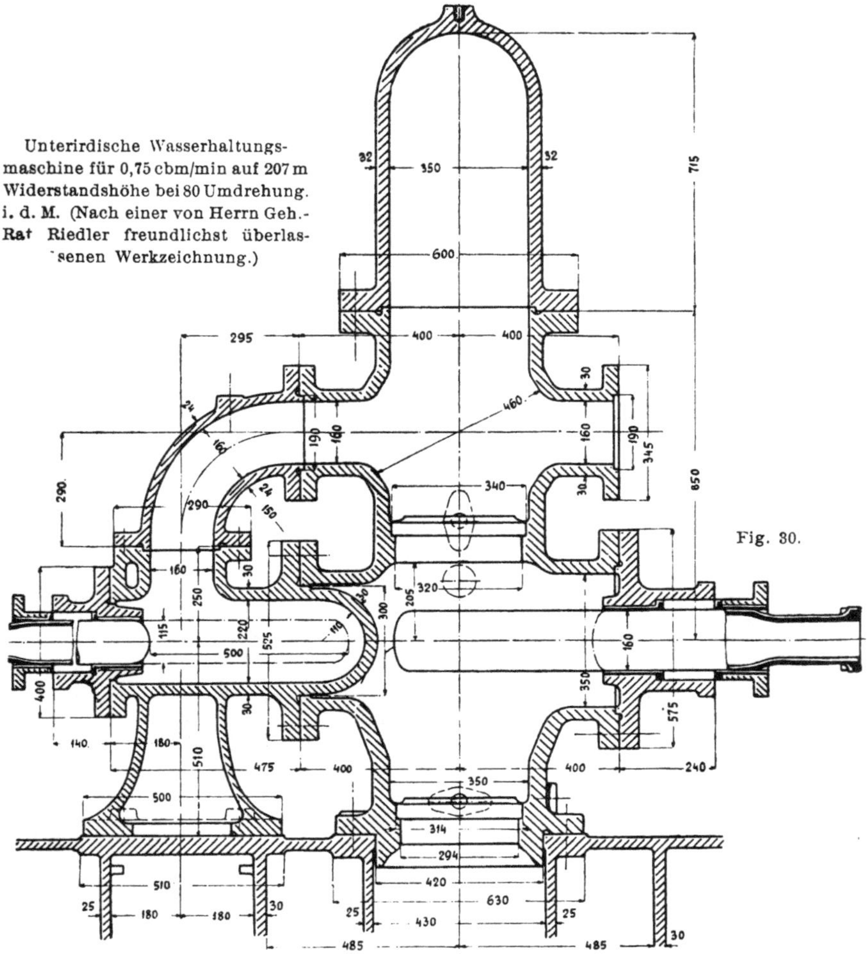

Fig. 30.

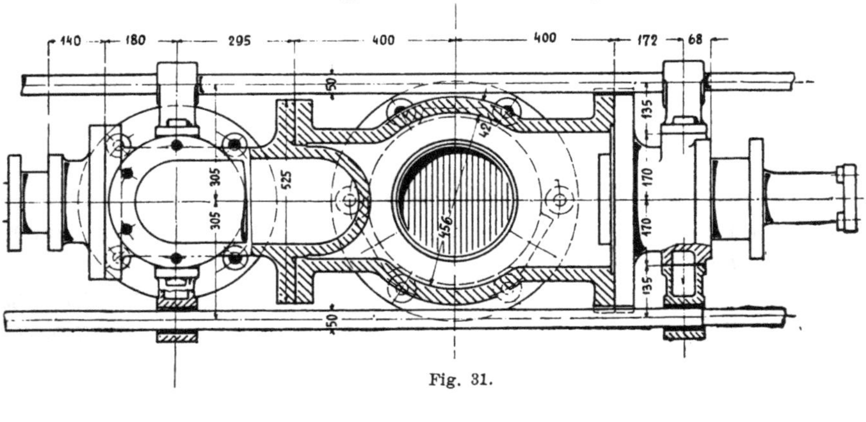

Fig. 31.

setzen, woraus dann folgt:

$$f = \frac{1}{2} F \quad . \quad . \quad . \quad . \quad . \quad . \quad . \quad 22)$$

$$d = 0{,}707 \, D \quad . \quad . \quad . \quad . \quad . \quad . \quad 23)$$

Ist alsdann der mittlere Druck für Hin- und Rückgang auch nicht völlig ausgeglichen, so hat man dafür den Vorteil sehr gleichmäßig auf beide Bewegungsrichtungen verteilter Wasserförderung. Für den Druckhub des Hauptplungers gilt nämlich:

$$Q_d' = \lambda F s - f s \quad . \quad . \quad . \quad . \quad . \quad . \quad 24)$$

indem die Wassermenge fs den vom Gegenkolben freigegebenen Raum ausfüllt und nur der Rest in die Druckleitung tritt. Beim Saughub des Hauptkolbens fördert nur der kleine Kolben und es gilt:

$$Q_s' = f s \quad . \quad . \quad . \quad . \quad . \quad . \quad 25)$$

Mit $f = \frac{1}{2} F$ wird alsdann

$$Q_d' = F s \left(\lambda - \frac{1}{2} \right) \quad . \quad . \quad . \quad . \quad . \quad 26)$$

$$Q_s' = \frac{1}{2} F s \quad . \quad . \quad . \quad . \quad . \quad . \quad 27)$$

und folglich

$$Q_d' = Q_s' (2 \lambda - 1) \quad . \quad . \quad . \quad . \quad . \quad 28)$$

Da aber bei guten Ausführungen λ nur wenig kleiner als 1 ist, so ist

$$Q'_d \sim Q_s'.$$

Sollten beide Werte genau gleich sein, so folgt aus

$$\lambda F s - f s = f s: \quad . \quad . \quad . \quad . \quad . \quad 29)$$

$$f = \lambda \frac{F}{2}. \quad . \quad . \quad . \quad . \quad . \quad . \quad 30)$$

Die Förderung für einen Doppelhub ergibt sich zu

$$Q' = \lambda F s, \quad . \quad . \quad . \quad . \quad . \quad . \quad 31)$$

wie wenn der Hauptkolben allein vorhanden wäre, und folglich die sekundliche Lieferung wie bei einer einfachwirkenden Pumpe [Gleichung 16)]:

$$Q = \lambda \frac{n}{60} F s.$$

Differentialpumpen können auch nach Fig. 32, 33, 35, 37 mit nur einem Kolben ausgeführt werden, der außerhalb des eigentlichen Pumpenraumes auf einen kleineren Querschnitt abgesetzt wird. Durch ein besonderes Umführungsrohr muß dann die Differenzfläche mit

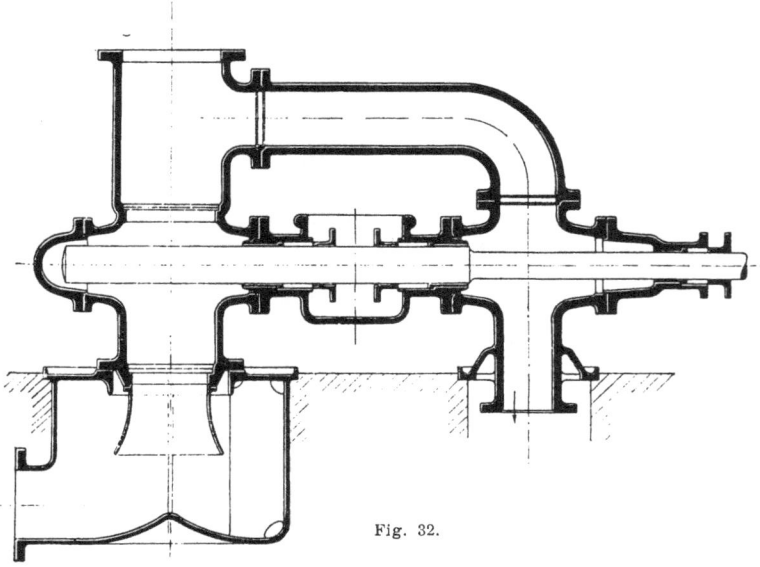

Fig. 32.

dem Raum oberhalb des Druckventils in Verbindung gesetzt werden. f bezeichnet alsdann die Kreisringfläche am Plungerabsatz, so daß der Durchmesser d' des schwächeren Plunger-

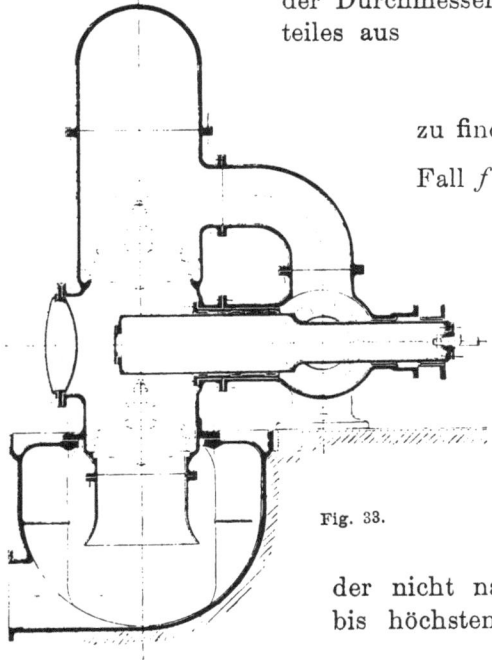

teiles aus

$$F - f = \frac{d'^2 \pi}{4} \quad . \quad . \quad . \quad 32)$$

zu finden ist. Für den gewöhnlichen Fall $f = \frac{F}{2}$, wird auch

$$d' = 0{,}707\, D. \quad . \quad . \quad 33)$$

Fig. 33.

Man spart dadurch das Umführungsgestänge, erhält aber entweder eine Stopfbüchse mehr (Fig. 32) oder eine schwer zugängliche innere Stopfbüchse (Fig. 33). Die letztere Bauart fällt wieder gedrängter aus als die nach Fig. 32, doch ist sie wegen der nicht nachziehbaren Stopfbüchse nur bis höchstens 60 m Druckhöhe bei ganz reinem Wasser zu verwenden. In Fig. 34, 35 sind die beiden Zwischenstopfbüchsen der Anordnung Fig. 32 mit Erfolg durch nur eine von außen nachziehbare Stopfbüchse besonderer Bauart ersetzt.

Eine neuere Ausführung der Differentialpumpe mit horizontal bewegten Ventilen und hochgelegtem Saugwindkessel zeigen die Fig. 36 bis 38. An dieser Konstruktion ist auszusetzen, daß das Druckrohr am Druckwindkessel ansetzt, statt wie in den Fig. 32 bis 35 auf der Seite des Gegenkolbens. Durch diese Anordnung ent-

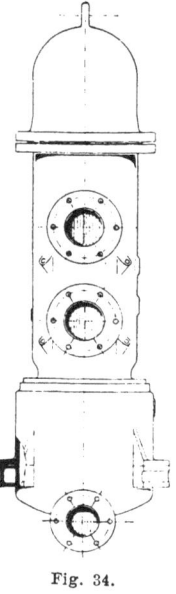

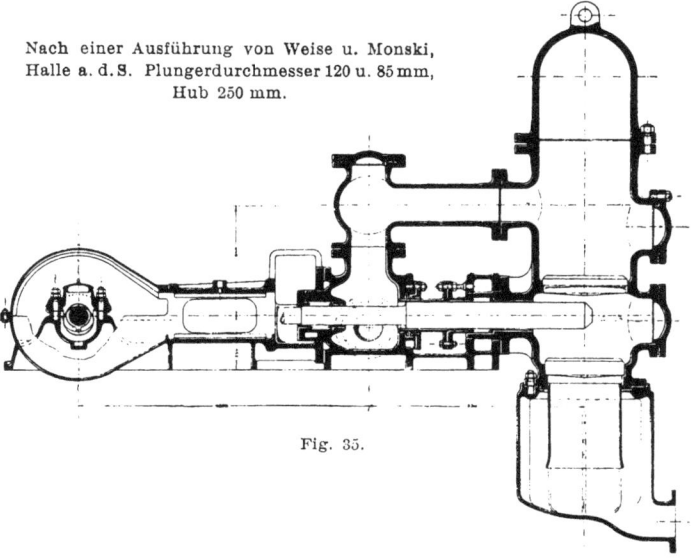

Nach einer Ausführung von Weise u. Monski, Halle a. d. S. Plungerdurchmesser 120 u. 85 mm, Hub 250 mm.

Fig. 35.

Fig. 34.

steht in den seitlichen Umführungskanälen eine pendelnde Bewegung des Wassers, die bei höheren Umlaufzahlen unangenehme Schläge verursachen kann. (Über die Zweckmäßigkeit hochgelegter Saugwindkessel siehe übrigens S. 184.)

Auch in stehender Anordnung werden Differentialpumpen ausgeführt, wie aus Fig. 39 ersichtlich.

Hierbei ist zu berücksichtigen, daß nach unten auch das Eigengewicht G_k des Kolbens und Gestänges wirkt. Sind zwei solcher Pumpen so gekuppelt, daß die Gewichte sich gegenseitig aufheben (180° Kurbelversetzung), so kann dieser Umstand unberücksichtigt bleiben, bei einer einzelnen Pumpe ist jedoch zu setzen:

$$Fp' - fp - G_k = fp - Fp'' + G_k \quad . \quad . \quad . \quad . \quad 34)$$

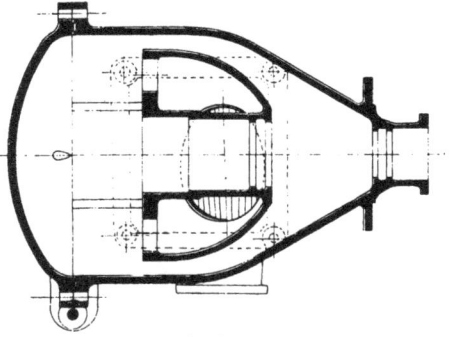

Fig. 36.

Wagerechter Mittelschnitt durch Fig. 37, von oben gesehen.

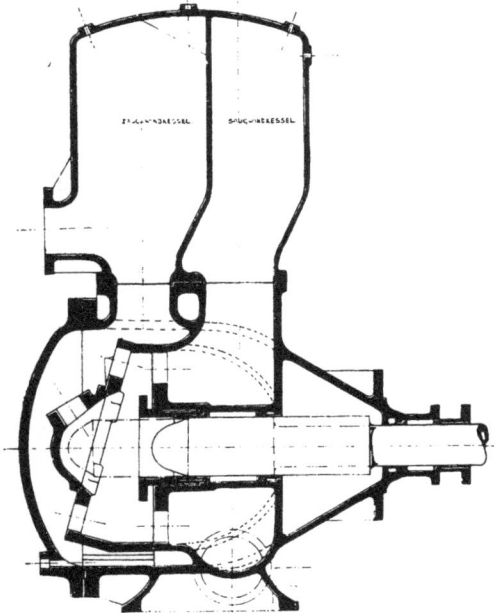

Fig. 37.

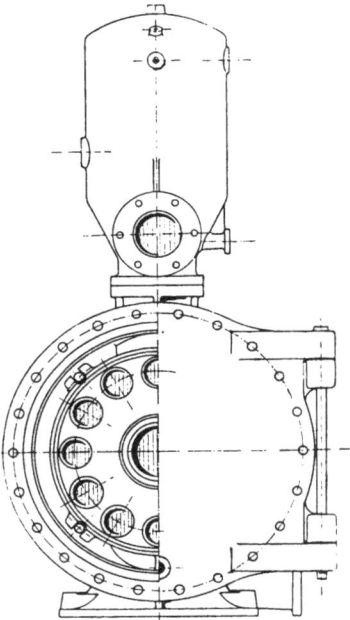

Fig. 38.

Nach einer Ausführung der Maschinenfabrik Buckau A.-G., Magdeburg-B.
Plungerdurchmesser 215 und 150 mm, Hub 350 mm.

wonach:

$$f = \frac{F}{2} \frac{p' + p''}{p} - \frac{G_k}{p} \quad 35)$$

und mit $F - f = \dfrac{d'^2 \pi}{4}$:

$$\frac{d'^2 \pi}{4} = \frac{F}{2}\left(2 - \frac{p' + p''}{p}\right)$$
$$+ \frac{G_k}{p}, \quad . \quad . \quad 36)$$

woraus d' ermittelt werden
kann. Nach Einführung der in
den meisten Fällen erlaubten
Annäherung $p' + p'' \backsim p$ vereinfacht sich die Gleichung,
und man erhält:

$$\frac{d'^2 \pi}{4} = \frac{F}{2} + \frac{G_k}{p}. \quad 37)$$

Auf einige Pumpenkon-
struktionen, wie sie zur Erzielung hoher Umlaufzahlen
ausgeführt werden, soll später
aufmerksam gemacht werden,
nachdem die theoretischen und
konstruktiven Grundlagen dafür entwickelt wurden.

Beim Entwurf einer
Pumpe von bestimmter Liefermenge berechnet man je nach
der Bauart aus einer der Gleichungen 3), 14), 16) oder 18) das
Hubvolumen $F \cdot s$. Dabei ist λ
zu schätzen, während n durch

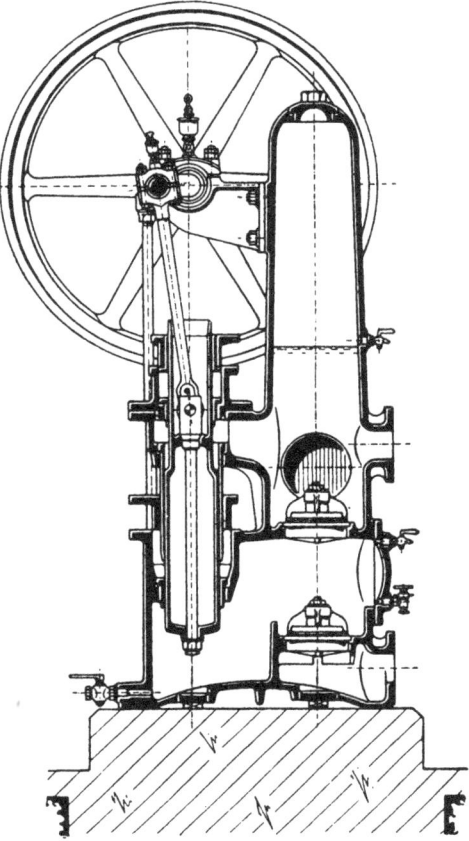

Fig. 39.
Nach einer Ausführung der Gasmotorenfabrik
Deutz, Köln-Deutz. Die Pumpe wird besonders
für Aufstellung in Schächten oder Brunnen gebaut. Der Antrieb erfolgt dann bei Tiefen bis
zu 5 m direkt mittels Riemen, von 5 bis 10 m
durch Gestänge mit Vorgelege, bei größeren
Tiefen durch Kreisseiltrieb von einem über dem
Brunnen oder Schacht befindlichen, durch Riemen
angetriebenen Vorgelege aus.

die Art des Antriebes ungefähr bestimmt ist. Den Hub wählt man dann
so, daß bei möglichst geringer Baulänge der Pumpe keine ungewöhn-
lichen Triebwerkskräfte aufzunehmen sind; denn da bei gegebener Umlaufzahl $F \cdot s$ unveränderlich ist, so wird F und damit der Kolbendruck
um so größer, je kleiner s angenommen wird. — Bei hohen Gegendrücken empfehlen sich deshalb längere Kolbenhübe; doch ist natürlich stets darauf zu achten, daß die im folgenden Abschnitt dargelegten Bedingungen für richtiges Ansaugen erfüllt sind.

II. Die Saugwirkung. Begrenzung der Umlaufzahl.

In Anpassung an die höhere Umlaufzahl moderner Antriebsmaschinen besteht das Bestreben, auch die Umdrehungszahlen der
Pumpen so hoch zu wählen, daß Zwischenübersetzungen möglichst
vermieden werden. Man ist jedoch in dieser Beziehung an bestimmte Grenzen gebunden, vornehmlich an die, welche durch die
Eigenart der Saugwirkung gezogen werden.

Der Saugvorgang in einer im normalen Betriebszustande befindlichen Pumpe spielt sich doch folgendermaßen ab: Durch das
Fortschreiten des Kolbens während des Saughubes vergrößert sich
der Raum zwischen Kolben und Saugventil. In den auf diese Weise
beständig in der Bildung begriffenen nahezu luftleeren Raum treibt
der Druck der äußeren Atmosphäre die Saugflüssigkeit hinein,
und zwar muß verlangt werden, daß dabei eine, wenn auch nur
vorübergehende Entstehung nicht mit Flüssigkeit erfüllter Räume
im Pumpenzylinder vermieden wird. Es soll also die durch den
Saugvorgang in Bewegung gesetzte, die Pumpe und das Saugrohr
füllende Wassersäule (im folgenden kurz Saugsäule genannt) sich
während des ganzen Saughubes nicht vom Kolben trennen.
Der letztere darf sich daher an keiner Stelle seiner Bahn schneller
bewegen, als es der unter dem alleinigen Einfluß des Atmosphären-
druckes ihm nacheilenden Saugsäule möglich ist; denn auf deren
Fortbewegung kann der Kolben nur hemmend, nicht aber beschleu-
nigend einwirken.

Zur Erläuterung dieser Vorgänge diene zunächst Fig. 40.

Ein mit einem seitlichen, horizontalen Ansatzrohr vom lichten
Querschnitt F versehenes Gefäß sei bis zur Höhe A über der Mittel-
linie dieses Ansatzrohres mit Wasser gefüllt. Da weitaus die meisten
Pumpen zur Wasserförderung dienen, so soll auch im folgenden
immer vom Wasser als Saugflüssigkeit die Rede sein; um jedoch
die Allgemeingiltigkeit der abgeleiteten Formeln nicht einzuschränken,
wird der Wert γ in kg pro cbm für das spezifische Gewicht der
Saugflüssigkeit überall beibehalten werden, der dann für reines
Wasser gleich 1000 zu setzen ist.

Es werde nun dem in dem Gefäß befindlichen Wasser, etwa
durch schnelles Öffnen eines die innere Mündung verschließenden
Schiebers, der Eintritt in das Rohr gestattet. Wir betrachten die
im Rohre vorwärts schießende Wassersäule, nachdem ihre vordere
Begrenzungsfläche den Weg x zurückgelegt hat. Ist der Rohr-
durchmesser sehr klein im Verhältnis zu A, so kann die vordere
Begrenzungsfläche als senkrechte Ebene angenommen werden. Von
Strömungswiderständen aller Art (Luftwiderstand, Reibung an den
Rohrwänden, Eintrittskontraktion usw.) sei zunächst abgesehen, auch
sei das Gefäß hinreichend weit, um A als konstant betrachten zu
dürfen.

Alsdann ist nach bekannten Gesetzen der Mechanik die Beschleunigung, welcher die Wassersäule in dem betrachteten Augen-
blicke unterliegt, gegeben durch den Quotienten aus den auf sie

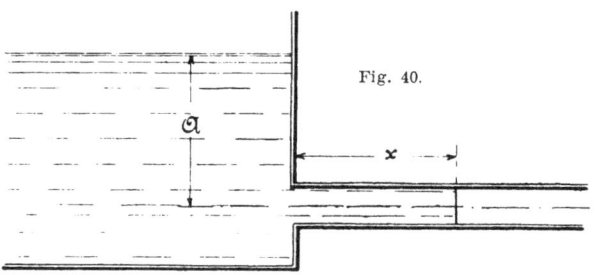

Fig. 40.

wirkenden Kräften und ihrer Masse. Der auf die innere Rohrmün-
dung wirkende Druck ist $F \cdot A \cdot \gamma$, indem der außerdem vorhandene
Druck der Atmosphäre sich beiderseits aufhebt. Da nun aber die
Wassersäule bereits die Geschwindigkeit v_s erreicht hat, so müssen
die in das Rohr eintretenden Wasserteilchen erst auf diese Geschwindigkeit gebracht werden. Indem die Wassersäule um das
unendlich kleine Wegteilchen dx vorschreitet, tritt in das Rohr die
Flüssigkeitsmasse

$$dM = F \cdot dx \cdot \frac{\gamma}{g}$$

ein. Soll diese aus der Ruhe in die Geschwindigkeit v_s übergehen,
so ist dazu erforderlich die Arbeit

$$\frac{dM \cdot v_s^2}{2} = F \cdot dx \cdot \frac{\gamma}{g} \cdot \frac{v_s^2}{2}, \quad \ldots \ldots \quad 38)$$

oder auf dem Wege dx die Kraft $F\gamma \dfrac{v_s^2}{2g}$. Es wird also zur Erzeugung der Eintrittsgeschwindigkeit die Druckhöhe $\dfrac{v_s^2}{2\,g}$ aufgebraucht, so daß für die Beschleunigung der Wassersäule nur verfügbar bleibt die Kraft

$$P_a = F\left(A - \frac{v_s^2}{2\,g}\right)\gamma. \qquad \qquad 39)$$

Die Masse der zu beschleunigenden Wassersäule ist nun

$$M = F x \frac{\gamma}{g}$$

und mithin die Beschleunigung

$$a_s = \frac{P}{M} = g \cdot \frac{A - \dfrac{v_s^2}{2\,g}}{x} \qquad \qquad 40)$$

Dieser Wert ändert sich nur wenig für den in Fig. 41 dargestellten Fall:

Ein rechtwinklig gebogenes Rohr vom lichten Querschnitt F tauche mit dem einen Schenkel senkrecht in Wasser. In dem

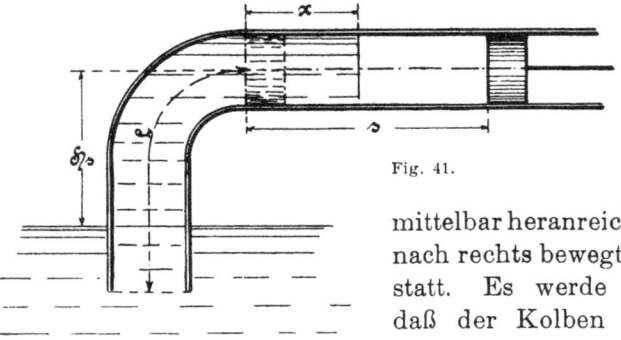

Fig. 41.

anderen, wagerechten Schenkel befinde sich ein völlig luftdicht schließender Kolben, an den die Flüssigkeit unmittelbar heranreicht. Wird der Kolben nach rechts bewegt, so findet Ansaugen statt. Es werde nun angenommen, daß der Kolben den Saughub s in unendlich kurzer Zeit zurücklege. Dann wird die noch in Ruhe befindliche Saugsäule beginnen, sich mit wachsender Geschwindigkeit in diesen als völlig luftleer betrachteten Raum hineinzubewegen. Unter denselben Voraussetzungen wie oben soll nun wiederum die Größe der Beschleunigung festgestellt werden, nachdem die Saugsäule den Weg x zurückgelegt hat.

Da wir einerseits Vakuum haben, so ist der Druck der Atmosphäre jetzt nicht mehr ausgeglichen. Wir ersetzen ihn durch den Druck einer Flüssigkeitssäule vom gleichen spezifischen Gewicht wie die Saugflüssigkeit, deren Höhe in Metern sich ergibt aus

$$F A \gamma = F B\,13{,}6$$

zu
$$A = \frac{13,6}{\gamma} B, \quad \ldots \ldots \ldots \quad 41)$$

wenn B den Barometerstand in mm Quecksilbersäule bedeutet, gemessen unmittelbar über dem Spiegel der Saugflüssigkeit, γ deren
spezifisches Gewicht in kg pro cbm und 13,6 das Gewicht eines
Liters Quecksilber. Dieser Wert verringert sich jedoch, wenn die
Flüssigkeit beim Ansaugen Gase oder Dämpfe ausscheidet, und ist
alsdann von Fall zu Fall besonders zu bestimmen. Für Wasser
namentlich ist zu setzen

$$A = 0,0136 \, (B - b) \quad \ldots \ldots \ldots \quad 42)$$

worin b, gemessen in mm Quecksilbersäule, die absolute Spannung des
aus dem Saugwasser abgeschiedenen Dampfes bezeichnet und für verschiedene Temperaturen T des Saugwassers der nachstehenden Zahlentafel (abgerundete Regnaultsche Werte nach Zeuner, »Technische

T	b	T	b
0°	4,60	60°	148,79
10°	9,16	70°	233,08
20°	17,39	80°	354,62
30°	31,55	90°	525,39
40°	54,91	100°	760,00
50°	91,98		

Thermodynamik«, Bd. II, Anhang) zu entnehmen ist. γ ist ohne
merkbare Einschränkung der Genauigkeit für alle Temperaturen
gleich 1000 gesetzt, welcher Wert streng genommen nur bei 4° C
zutrifft.

Der Wert A bezeichnet also in den folgenden Entwickelungen
stets eine vom Barometerstand und der Wassertemperatur
abhängige, veränderliche Größe (ausgenommen sämtliche Gleichungen
des Abschnittes X, in denen A nach Gleichung 41) zu bestimmen
ist); er gibt die Höhe an, bis zu welcher reines Wasser von bestimmter Temperatur in einer oben geschlossenen luftleeren Röhre
emporsteigt (Wasserbarometerhöhe). Die graphische Darstellung
Fig. 42 läßt erkennen, daß A mit der Temperatur des Saugwassers
zuerst nur langsam, dann jedoch sehr schnell abnimmt.

Um bei der Bestimmung von A ganz sicher zu gehen, ist für B
der niedrigste, für b der höchste den örtlichen Umständen nach
überhaupt zu erwartende Wert einzusetzen. Als normale Verhältnisse für Kaltwasserpumpen dürften die Werte

$$B = 760 \text{ mm,}$$
$$T = 10^{0} \text{ C}$$

angesehen werden, so daß für die meisten Fälle gilt:

$$A = 0,0136 \ (760 - 9,16) \sim 10,2 \text{ m.}$$

Wird $B = b$, so folgt $A = 0$, d. h. es ist überhaupt kein Ansaugen mehr möglich. Für 760 mm Barometerstand tritt dieser Fall bei $T = 100^{0}$ ein, bei niedrigeren Barometerständen, besonders also

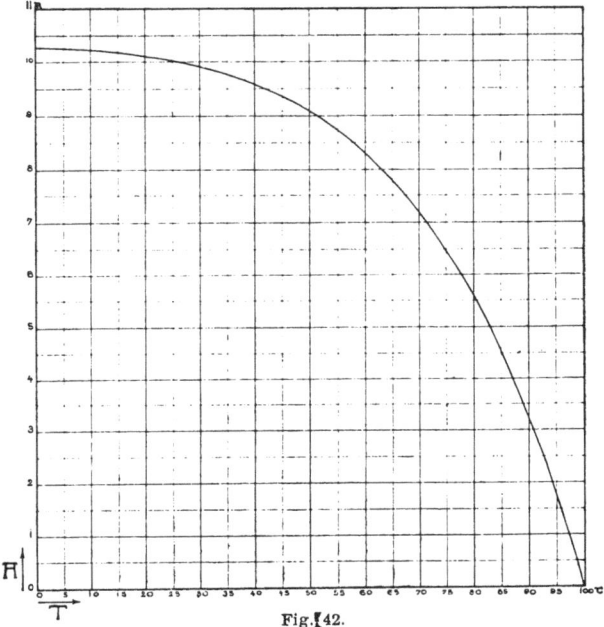

Fig. 42.

an hoch gelegenen Orten, entsprechend früher. (Eine Tafel der mittleren Barometerstände in verschiedenen Höhen über dem Meeresspiegel siehe »Hütte« I, S. 287.)

Wir können demnach als Ersatz des atmosphärischen Druckes den Saugwasserspiegel um A m höher gelegt denken und haben damit den vorliegenden Fall auf den der Fig. 40 zurückgeführt, mit dem Unterschiede, daß die wirksame Druckhöhe nicht mehr A, sondern $A - H_{s}$ ist, und daß die Saugsäule bereits die Länge L hat, wenn ihre Bewegung beginnt.

Alsdann ist

$$P_a = F\left(A - H_s - \frac{v_s^2}{2\,g}\right)\gamma, \quad \cdots \quad \cdots \quad 43)$$

$$M = F\,(L + x)\,\frac{\gamma}{g}; \quad \cdots \quad \cdots \quad 44)$$

mithin

$$a_s = g\,\frac{A - H_s - \dfrac{v_s^2}{2\,g}}{L + x}. \quad \cdots \quad \cdots \quad 45)$$

Die Länge L besteht nun bei Pumpen stets aus zwei Teilen: der Saugrohrlänge L_s und der Länge des vom Kolben nicht bestrichenen Raumes zwischen Saugventil und Kolbentotlage L_0, welche außerdem meist verschieden große Querschnitte F_s und F besitzen. (Fig. 43). Der Wert L_0 ist vielfach, namentlich bei Plungerpumpen, schwer bestimmbar, macht aber bei kurzen Saugrohren häufig einen zu beträchtlichen Teil der Gesamtlänge aus, um vernachlässigt werden zu können. Die völlig undurchsichtigen Verhältnisse der Wasserbewegung im Pumpeninnern nötigen hier zu einer Schätzung (vgl. Fig. 57, schraffierte Fläche). — Wir nehmen wiederum eine unendlich schnelle Weiterbewegung des Kolbens um den Saughub s an und betrachten die nachdringende Saugsäule in dem in Fig. 43 dargestellten Augenblick. Nunmehr haben wir an der zu beschleunigenden Masse zwei mit verschiedener Beschleunigung bewegte Teile zu unterscheiden, nämlich erstens den im Saugrohr befindlichen Teil $F_s\,L_s\,\dfrac{\gamma}{g}$ und zweitens den in der Pumpe befindlichen Teil $F\,(L_0 + x)\,\dfrac{\gamma}{g}$, deren Beschleunigungen sich umgekehrt wie die Querschnitte verhalten; denn tritt während des Zeitelementes dt die Wassermenge $dq = F_s\,dx_s$ in das Saugrohr ein, so muß wegen des Zusammenhanges der Saugsäule sein:

$$dq = F_s\,dx_s = F\,dx.$$

Da nun allgemein

$$dx = a\,dt^2,$$

so gilt auch

$$F_s\,a_s\,dt^2 = F\,a\,dt^2 \quad \cdots \quad \cdots \quad 46)$$

oder

$$\frac{a}{a_s} = \frac{F_s}{F}, \quad \cdots \quad \cdots \quad \cdots \quad 47)$$

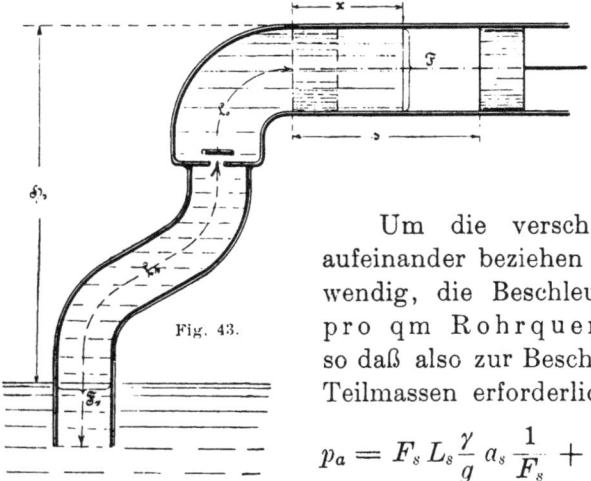

Fig. 43.

wenn a die Beschleunigung im Pumpenzylinder, a_s die Beschleunigung im Saugrohr bedeutet.

Um die verschiedenen Querschnitte aufeinander beziehen zu können, ist es notwendig, die Beschleunigungkräfte in kg pro qm Rohrquerschnitt anzugeben, so daß also zur Beschleunigung der beiden Teilmassen erforderlich wird der Druck:

$$p_a = F_s L_s \frac{\gamma}{g} a_s \frac{1}{F_s} + F(L_0 + x)\frac{\gamma}{g} a \frac{1}{F}, \quad 48)$$

oder, da $F_s a_s = F a$ ist:

$$p_a = a \frac{\gamma}{g}\left(L_s \frac{F}{F_s} + L_0 + x\right). \quad \ldots \ldots 49)$$

Nun ist der vorhandene beschleunigende Druck:

$$p_a = F_s \gamma \left(A - H_s - \frac{v^2}{2\,g}\right)\frac{1}{F_s} \quad \ldots \ldots 50)$$

und mithin die Beschleunigung im Pumpenzylinder:

$$a = g\ \frac{A - H_s - \dfrac{v^2}{2\,g}}{L_s \dfrac{F}{F_s} + L_0 + x} \quad \ldots \ldots 51)$$

Hierin bezeichnet v die Momentangeschwindigkeit im Querschnitt F, zu deren Erzeugung aus der im Querschnitt F_s herrschenden Geschwindigkeit v_s die Druckhöhe $\dfrac{v^2 - v_s^2}{2\,g}$ aufzuwenden ist. Da aber, wie oben gezeigt, zur Erzeugung von v_s schon die Druckhöhe $\dfrac{v_s^2}{2\,g}$ verbraucht wurde, so folgt als Gesamtaufwand an Druckhöhe für das Nachfüllen der Rohrleitung:

$$\frac{v^2 - v_s^2}{2\,g} + \frac{v_s^2}{2\,g} = \frac{v^2}{2\,g}.$$

Wie aus der Figur ersichtlich, ist H_s bis zum höchsten Punkt des Kolbens gemessen worden. Dies geschieht, weil die bisher gemachte Voraussetzung, daß der Kolbendurchmesser im Verhältnis zur Saughöhe sehr klein (streng genommen unendlich klein) sein soll, in Wirklichkeit nicht zutrifft. Deshalb wird die vordere Begrenzungsfläche der freien Saugsäule nicht eine senkrechte Ebene bleiben, sondern die tiefer gelegenen Wasserfäden werden eine größere Beschleunigung erfahren als die höher gelegenen. Wir müssen aber, um sicher zu gehen, die kleinste im Querschnitt vorhandene Beschleunigung in Rechnung setzen und deshalb die Saughöhe wie angegeben messen. Am besten werde H_s stets bis zum höchsten Punkte des Pumpeninnern, also bis unter das Druckventil, gemessen und zwar, wenn der Saugwasserspiegel nicht stets in gleicher Höhe liegt, von der zu erwartenden tiefsten Lage desselben aus. Hiermit erlangt die Formel sofort auch für stehende Pumpenanordnung Giltigkeit. Bei doppeltwirkenden Pumpen stehender Bauart ist H_s sinngemäß bis zum höchsten Punkt des oberen Pumpenraumes zu messen. (Fig. 12 und 25.)

Schließen sich an das erste Rohrstück vom Querschnitt F_s und der Länge l_s Rohrstrecken mit wechselnden Querschnitten f', f'', f''' .... und den zugehörigen Längen l', l'', l''' .... an, so besteht die gesamte zu beschleunigende Masse aus den Teilmassen

$$F_s l_s \frac{\gamma}{g} + \Sigma f' l' \frac{\gamma}{g} + F (\mathrm{L}_0 + x) \frac{\gamma}{g},$$

mit den Beschleunigungen a_s, a', a'', a''' .... und a, zwischen denen wieder die Beziehungen

$$F_s a_s = f' a' = f'' a'' = \ldots = F a \quad \ldots \ldots \quad 52)$$

bestehen. Der zur Beschleunigung erforderliche Druck ist demnach in kg auf den qm Rohrquerschnitt:

$$p_a = F_s l_s \frac{\gamma}{g} a_s \frac{1}{F_s} + \Sigma f' l' \frac{\gamma}{g} a' \frac{1}{f'} + F (\mathrm{L}_0 + x) \frac{\gamma}{g} a \frac{1}{F}, \quad . \quad 53)$$

oder

$$p_a = \frac{\gamma}{g} a \left[\frac{F}{F_s} \left(l_s + \Sigma l' \frac{F_s}{f'} \right) + \mathrm{L}_0 + x \right]. \ldots \ldots 54)$$

Der vorhandene Druck ist aber wiederum:

$$p_a = F_s \gamma \left(A - H_s - \frac{v^2}{2g} \right) \frac{1}{F_s} \quad \ldots \ldots \quad 55)$$

und folglich

$$a = g \frac{A - H_s - \dfrac{v^2}{2g}}{\dfrac{F}{F_s} \left(l_s + \Sigma l' \dfrac{F_s}{f'} \right) + \mathrm{L}_0 + x}. \quad \ldots \ldots 56)$$

Die Vernachlässigung einer etwa vorhandenen trichterartigen Erweiterung des Saugrohres an der Eintrittsstelle, wie sie vielfach zur Verminderung der Eintrittswiderstände ausgeführt wird, dürfte innerhalb der sonstigen Genauigkeitsgrenzen der Rechnung bleiben, doch kann diese Erweiterung natürlich auch leicht durch Umrechnung ihres Volumens in ein zylindrisches Stück vom Querschnitt der Mündungsöffnung F_s berücksichtigt werden. In der Folge sei stets ein Saugrohr vom konstanten Querschnitt F_s vorausgesetzt.

Nunmehr verbleibt noch die Einführung der Bewegungswiderstände.

Die Saugsäule muß das durch Eigengewicht und Federspannung belastete Saugventil in seiner jeweiligen Stellung im Gleichgewicht halten und ihm außerdem eine dem Ventilbewegungsgesetz entsprechende Beschleunigung a_v erteilen. Die zu ersterem erforderliche statische Druckhöhe H_v ist von A abzuziehen. Es bezeichne G_w das Gewicht des Ventiltellers im Wasser. G_l dasselbe in der Luft, $\mathfrak{F}$ die mit dem Ventilhub veränderliche Spannung der Belastungsfeder, f_v die untere Fläche des Ventiltellers, so ist

$$H_v = \frac{G_w + \mathfrak{F}}{f_v \gamma} \quad \cdot \quad \cdot \quad \cdot \quad \cdot \quad \cdot \quad \cdot \quad 57)$$

Die Masse des Ventiltellers ersetzen wir durch eine gleichwertige Wassersäule vom Querschnitt f_v, deren Länge bestimmt ist durch

$$L_v = \frac{G_l}{f_v \gamma}. \quad \cdot \quad \cdot \quad \cdot \quad \cdot \quad \cdot \quad \cdot \quad 58)$$

Gewicht und Masse der Feder mögen vernachlässigt werden. Der hierdurch entstehende Fehler ist verschwindend klein, während andererseits die Berücksichtigung der Federmasse die Rechnung außerordentlich komplizieren würde.

Ist nun die Ventilbeschleunigung a_v, so muß der zur Erzeugung dieser Beschleunigung erforderliche Druck in kg/qm die Größe $L_v f_v \frac{\gamma}{g} a_v \frac{1}{f_v}$ haben. Addieren wir dieses Glied zu dem oben [Gleichung 49)] für den erforderlichen Beschleunigungsdruck der bewegten Massen gefundenen Wert, so lautet dieser jetzt:

$$p_a = a \frac{\gamma}{g} \left(L_s \frac{F}{F_s} + L_0 + x + L_v \frac{a_v}{a} \right) \quad \cdot \quad \cdot \quad \cdot \quad 59)$$

Ein weiterer Teil W_s der zur Beschleunigung verfügbaren Druckhöhe wird zur Überwindung der Strömungswiderstände verbraucht,

die sich aus der **Reibung des Wassers** in sich und an den Rohrwänden, ferner durch **Richtungs- und plötzliche Querschnittsänderungen** in der **Saugleitung**, im **Saugkorb,
Fußventil und Saugventil** ergeben. W_s ist für eine gegebene
Pumpe dem Quadrat der Strömungsgeschwindigkeit proportional, der
Proportionalitätsfaktor ist für alle genannten Teile der Saugleitung
einzeln zu bestimmen auf Grund von Versuchs- und Erfahrungs-
werten, welche man im Taschenbuch der »Hütte«, (Teil I, S. 248
bis 255) zusammengestellt findet. (Siehe das Rechnungsbeispiel S. 50.)

Die in einem beliebigen Querschnitt f' herrschende Geschwindigkeit v_s' ist bestimmt durch $F \cdot c = f' v_s'$, wenn F den Kolbenquerschnitt, c die **Kolbengeschwindigkeit** bedeutet.

**Wir verlassen also hier die bisher aufrecht erhal-
tene Vorstellung einer unendlich schnellen Weiterbewegung des Kolbens und nehmen an, daß die Saugsäule den vom Kolben freigemachten Raum unmittelbar
ausfüllt.**

Alsdann hat die Saugsäule im Querschnitt F jederzeit dieselbe
Geschwindigkeit wie der Kolben, so daß c an die Stelle von
v tritt.

Somit verbleibt zur Saugwasserbeschleunigung der Druck

$$p_a = \gamma \left(A - H_s - \frac{c^2}{2\,g} - H_v - W_s \right), \quad \ldots \ldots \quad 60)$$

und wir erhalten nun die endgiltige **Gleichung für die freie Beschleunigung der Saugsäule bei einer beliebigen Kolbenstellung:**

$$a = g \, \frac{A - H_s - \dfrac{c^2}{2\,g} - H_v - W_s}{L_s \dfrac{F}{F_s} + L_0 + x + L_v \dfrac{a_v}{a}}. \quad \ldots \ldots \quad 61)$$

Um es nochmals auszusprechen: Dies wäre die momentane Beschleunigung der Saugsäule, wenn nach Zurücklegung des
Weges x der Kolben plötzlich der Saugsäule voraneilte. Ihr
Wert ist eine Funktion von x und kann als solche graphisch dargestellt
werden, wenn das Gesetz der Kolbenbewegung bekannt ist;
denn von diesem hängt c, W_s und a_v ab. Die Gleichung ist jedoch
unhandlich, weil a auch auf der rechten Seite steht. Sie würde sich
vereinfachen, wenn wieder $f_v\,a_v = F a$ gesetzt werden könnte. Dies
geht jedoch nicht an, solange Saugsäule und Kolben im Zusammen-

hang bleiben, da bei Pumpen mit Kurbelantrieb die Ventilbeschleunigung als Funktion des Kolbenweges anders verläuft als die Kolbenbeschleunigung, wie in Abschnitt V näher erörtert werden wird. Dort wird sich jedoch auch zeigen, daß bei völlig normalen Pumpen die Saugsäule in der Totlage stets abreißen muß, wenn auch nach einem sehr kleinen Kolbenwege der Zusammenhang wiederhergestellt wird.

Im Moment der Eröffnung unterliegt daher das Saugventil dem gleichen Beschleunigungsgesetz wie die Saugsäule.

Macht man deshalb die zwar nicht genau zutreffende, praktisch aber durchaus erlaubte Annahme, daß der Beginn des Saughubes und die Eröffnung des Saugventils zeitlich zusammenfallen, so darf man setzen

$$f_u \cdot a_{v0} = F a_0, \qquad \ldots \ldots \ldots \quad 62)$$

wenn f_u die Projektion der unteren, wasserbenetzten Fläche des geschlossenen Ventils in Richtung der Ventilbewegung bezeichnet. (Bei fast allen Ventilbauarten ist f_u identisch mit $f_v{}'$, dem lichten Ventilsitzquerschnitt.) Ersetzt man auch L_v durch

$$L_v{}' = \frac{G_l}{f_u \gamma}, \qquad \ldots \ldots \ldots \quad 63)$$

so erhält man mit $x = 0$ den bei Beginn des Saughubes zur Beschleunigung der bewegten Massen erforderlichen Druck pro qm der Saugrohrmündung:

$$p a_0 = a_0 \frac{\gamma}{g} \left(L_s \frac{F}{F_s} + L_0 + L_v{}' \frac{F}{f_u} \right) \quad \ldots \ldots \quad 64)$$

Der Ausdruck für den zur Beschleunigung der Massen verfügbaren Druck erfährt gleichfalls eine Änderung. Zunächst wird $c = 0$ und mithin auch $W_s = 0$. Ferner aber ändert sich die Größe der zum Überwinden der Ventilbelastung erforderlichen Druckhöhe $H_v{}'$. Es bezeichne $\mathfrak{F}'$ die Spannung der Belastungsfeder bei geschlossenem Ventil in kg, p_o und p_u die unmittelbar oberhalb und unterhalb des Ventiltellers herrschenden absoluten Flüssigkeitspressungen in kg/qm, p_s die Pressung zwischen den Sitzflächen ebenfalls in kg/qm, $f_o - f_u$ die Sitzfläche in qm. Dann gilt die Gleichgewichtsbedingung:

$$p_u f_u + p_s (f_o - f_u) = G_w + \mathfrak{F}' + p_o f_o \quad \ldots \ldots \quad 65)$$

Bei unverletzten, sauber aufgeschliffenen Sitzflächen ist anzunehmen, daß im Moment des Anhubes $p_s = 0$ wird, so daß man erhält:

$$p_u f_u = G_w + \mathfrak{F}' + p_o f_o, \qquad \ldots \ldots \quad 66)$$

woraus

$$p_u - p_0 = \frac{G_w + \mathfrak{F}'}{f_u} + p_0 \frac{f_0 - f_u}{f_u}; \quad \dots \quad 67)$$

oder mit

$$\frac{p_u - p_0}{\gamma} = H_v': \quad \dots \quad \dots \quad 68)$$

$$H_v' = \frac{G_w + \mathfrak{F}'}{f_u \gamma} + \frac{p_0}{\gamma} \frac{f_0 - f_u}{f_u} \quad \dots \quad 69)$$

Diese Gleichung gilt sowohl für das Saugventil wie für das Druckventil und läßt erkennen, daß H_v' mit p_0 und dem Verhältnis
$\frac{f_0 - f_u}{f_u}$ abnimmt. p_0 wird aber (für das Saugventil) um so kleiner,
je größer die Saughöhe ist, und $f_0 - f_u$ macht man nicht größer,
als es die Festigkeitsbedingungen verlangen [siehe Gleichung 185)].
Mit diesen Größen ergibt sich jetzt der wirksame Beschleunigungsdruck in der Totlage zu

$$p_{a0} = \gamma (A - H_s - H_v'), \quad \dots \quad \dots \quad 70)$$

so daß wir für die sehr wichtige **Anfangsbeschleunigung der freien
Saugsäule** erhalten:

$$a_0 = g \frac{A - H_s - H_v'}{L_s \dfrac{F}{F_s} + L_0 + L_v' \dfrac{F}{f_u}} \quad \dots \quad 71)$$

Setzen wir zum Zweck einer abgekürzten Schreibweise

$$A - H_s - H_v' = \mathfrak{H}, \quad \dots \quad \dots \quad 72)$$

$$L_s \frac{F}{F_s} + L_0 + L_v' \frac{F}{f_u} = \mathfrak{L}, \quad \dots \quad \dots \quad 73)$$

so haben wir:

$$\boldsymbol{a_0 = g \, \frac{\mathfrak{H}}{\mathfrak{L}}} \quad \dots \quad \dots \quad 74)$$

Nunmehr kann ausgesprochen werden, daß die Beschleunigung des Kolbens an keiner Stelle seines Hubes größer
werden darf als der aus Gleichung 61) gewonnene Wert a
für die gleiche Größe von x, oder daß die Kurve der Kolbenbeschleunigung über den ganzen Hub unterhalb der Kurve
für a verlaufen muß, vorausgesetzt, daß Kolben und Saugsäule
ihre Bewegung zu gleicher Zeit beginnen. Daß letzteres möglichst
vollkommen zutrifft, ist, wie später gezeigt werden soll, von der
richtigen Bemessung der Ventilbelastung abhängig.

Der Fall liegt ähnlich wie bei einer mittels der Förderschale in den Schacht zu senkenden Last. Solange die Schale ruht oder mit gleichförmiger Geschwindigkeit sinkt, drückt die Last mit ihrem vollen Gewicht, definiert durch das Produkt aus ihrer Masse und der Beschleunigung g des freien Falles, auf die Schale. Hat aber die Schale selbst eine Beschleunigung b, so wirkt auf sie die Last nur mehr mit dem Druck $M(g-b)$, der für den praktisch natürlich nicht in Betracht kommenden Fall $b=g$ Null und bei weiterem Wachsen von b negativ wird, d. h. die Schale eilt dann der Last voraus. Solange also die Beschleunigung der Saugsäule a und die Kolbenbeschleunigung a_k eine positive Differenz ergeben, drückt das Saugwasser mit der Kraft $M_r(a-a_k)$ gegen den Kolben, wird jedoch $a_k > a$ für irgend einen Wert von x, was bei Pumpen wohl möglich ist, so reißt die Saugsäule an dieser Stelle ab und vereinigt sich später, meist unter heftigem Schlag, wieder mit dem Kolben resp. der Unterseite des Druckventils. Hierbei bezeichnet M_r nicht die tatsächliche Masse der Saugsäule, die ja im allgemeinen in ihren einzelnen Teilen verschiedenen Beschleunigungen unterliegt, sondern die auf die Beschleunigung a im Pumpenzylinder reduzierte Masse unter gleichzeitiger Berücksichtigung der Ventilbeschleunigung; d. h. M_r ist gleich dem Nennerwert in Gleichung 61) multipliziert mit $F \cdot \dfrac{\gamma}{g}$. Dieser Schlag ist besonders gefährlich und führt leicht zum Bruch irgend eines schwächeren Teiles der Pumpe, wenn Saugwasser und Kolben im Moment des Zusammentreffens gegenläufig sind. Zur Vermeidung dieser Gefahr muß also stets $a_k < a$ sein.

Eine weitere Folge des Abreißens der Saugsäule ist die sog. **„Mehrförderung"**. Das dem Kolben mit wachsender Geschwindigkeit nacheilende Saugwasser hat im Moment der Wiedervereinigung unter Umständen eine hinreichende lebendige Kraft erlangt, um bei der plötzlichen Verringerung oder Vernichtung seiner Geschwindigkeit einen Druck anzunehmen, der größer ist als der Gegendruck mit Einschluß der Ventilbelastung $H_v{}'$, so daß das Druckventil noch während der Saugperiode sich öffnet und Wasser durchtreten läßt. In der Schrift »Die neueste Entwickelung der Wasserhaltung« von Prof. Baum (Berlin, Springer, 1905) wird ein von der Firma Schwartzkopf konstruierter Apparat zur Demonstration dieser Erscheinung beschrieben und abgebildet (Fig. 44). Die Handhabung desselben ist folgende: Der Apparat wird mit Wasser gefüllt und durch eine kleine seitlich angeschlossene Handpreßpumpe mit Mano-

meter die Belastung des Druckventils ermittelt. Während nun
mittels des Handhebels das Saugventil auf seinen Sitz gedrückt
wird, wird der Kolben in die Totlage gezogen, alsdann wird das
Saugventil freigegeben, das Wasser schlägt gegen das Druckventil,
und man erkennt an dem aus dem Abflußrohr tretenden Wasser,
daß Mehrförderung eingetreten ist. Das Experiment gelang bis zu
einer Belastung des Druckventils, die einem Gegendruck von 40 Atmosphären entspricht. Es kann also durch diese Erscheinung unter
Umständen der volumetrische Wirkungsgrad einer Pumpe über 100%
betragen, doch darf darin wegen der gefährlichen Stöße natürlich
kein Vorteil gesehen werden.

Mehrförderung kann auch eintreten, ohne daß ein Abreißen der
Saugsäule vorhergegangen ist, dann nämlich, wenn wegen der Ver-

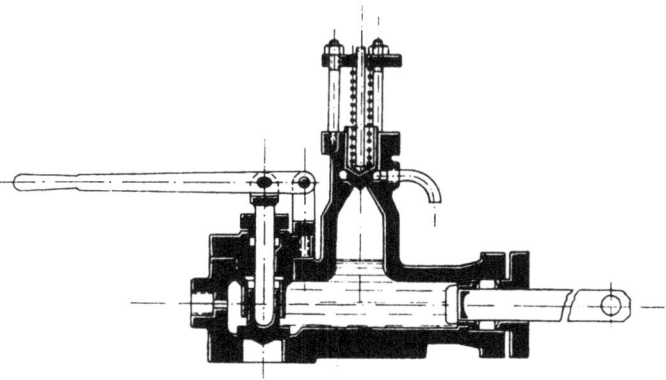

Fig. 41.

zögerung der Saugsäule in der zweiten Hubhälfte der Druck des
Wassers gegen den Kolben: $M_r (a + a_k)$ größer als der Gegendruck
mit Einschluß der Ventilbelastung H_v' wird.

Eine Reihe interessanter Versuche über diesen Gegenstand
wurden von Prof. John Goodman in Leeds an einer stehenden,
einfachwirkenden Plungerpumpe (Kolbendurchmesser 102 mm, Hub:
152 mm, Verhältnis des Kurbelradius zur Schubstangenlänge: $^1/_4$,
Druckrohrdurchmesser 50,8 mm, Saugrohrdurchmesser: 73 mm) angestellt und in »Engineering« 1903, S. 292 und 326 veröffentlicht.
Dieser Arbeit sind die nachstehenden Angaben sowie die auf Meter-
maß umgezeichneten Fig. 45 bis 55 entnommen. Die letzteren lassen
die Hauptergebnisse der Versuche erkennen.

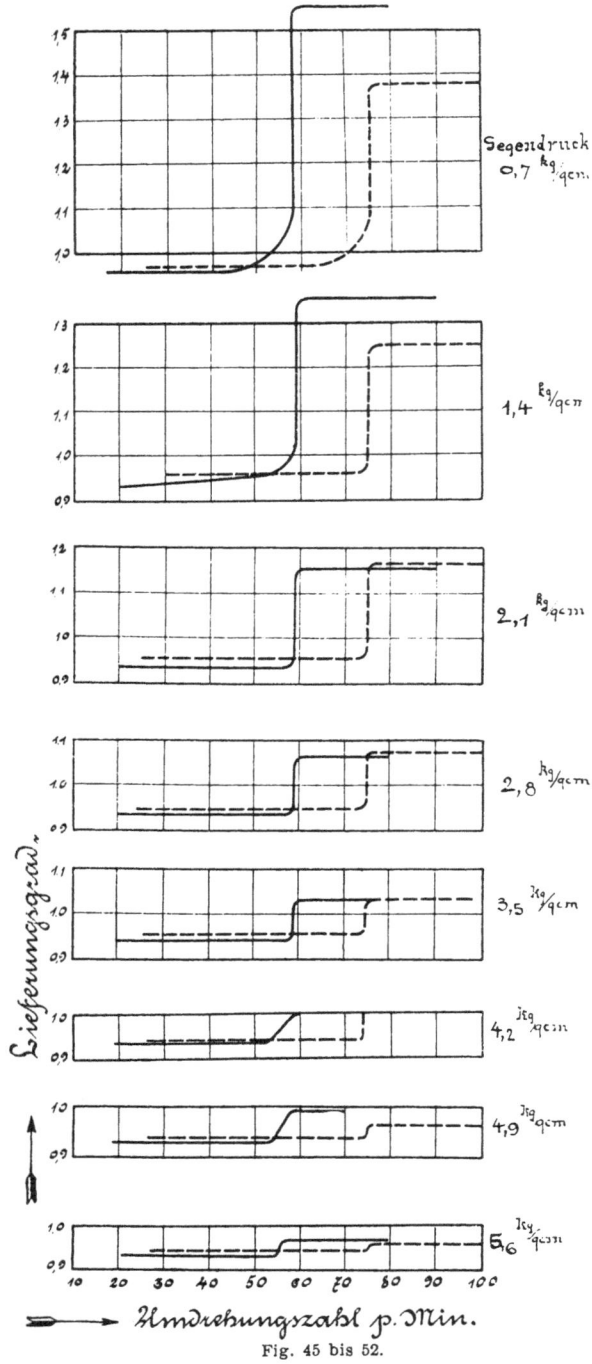

Fig. 45 bis 52.

Fig. 45 bis 52 zeigen den Lieferungsgrad als Funktion der Umlaufzahl der Pumpe bei verschiedenen Gegendrükken, und zwar für zwei verschiedene Saugrohrlängen: 11 m (gestrichelt) und 19 m (ausgezeichnet) bei fehlendem Saugwindkessel. In der Nähe der kritischen Umlaufzahl, die bei 19 m Saugrohrlänge natürlich niedriger ist als bei 11 m, steigt λ fast sprunghaft auf einen höheren Wert, der bei Gegendrücken bis zu etwa 4 kg/qcm über 100% beträgt, bei höheren Gegendrücken jedoch darunter bleibt. In welcher Weise sich die Zunahme des Lieferungsgrades mit dem Gegendruck ändert, ist noch besonders aus Fig. 53 ersichtlich. Das längere Saugrohr ergibt hier die größeren Werte, wie zu erwarten ist. Es gelang sogar, die Pumpe ganz ohne Saugventil arbeiten zu lassen, wobei mit etwa 0,9 kg/qcm Gegendruck und 80 Umläufen pro Minute ein Lieferungsgrad von 131%, bei

2,3 kg/qcm 51% und bei etwa 6 kg/qcm noch 0,2% gemessen wurde.

Als weiteres beachtenswertes Ergebnis dieser Versuche sei die noch nicht aufgeklärte Tatsache erwähnt, daß sich nach den Messungen Goodmans der Massendruck der Saugsäule infolge ihrer Verzögerung gegen Ende des Saughubes bei ein und derselben Umdrehungszahl von der Höhe des Gegendruckes abhängig zeigte und unter Umständen höher war als dieser zuzüglich des zur Überwindung der Ventilwiderstände erforderlichen Druckes, worauf

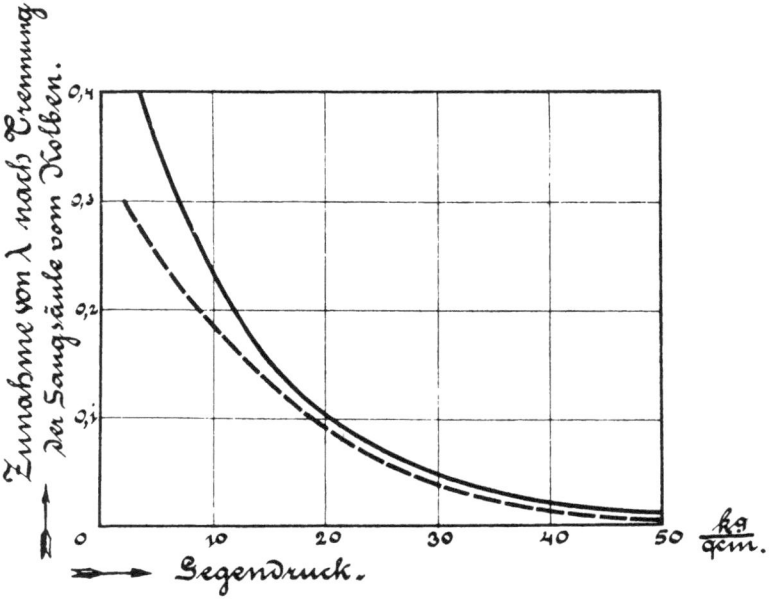

Fig. 53.

der Ausdruck $M_r (a + a_k)$ nicht schließen läßt. Fig. 54 und 55 lassen dies für beide Saugrohrlängen erkennen.

Die Größe von a_k ist nur bei Kurbelantrieb genau bestimmbar. Bezeichnet u die konstante Umfangsgeschwindigkeit im Kurbelkreise, φ den zum Kolbenweg x gehörigen Drehwinkel der Kurbel aus der Totlage (Fig. 56), so gilt unter der Annahme unendlicher Schubstangenlänge:

$$c = u \sin \varphi \quad \ldots \ldots \ldots \quad 75)$$

$$a_k = \frac{dc}{dt} = u \cos \varphi \, \frac{d\varphi}{dt}; \quad \ldots \ldots \quad 76)$$

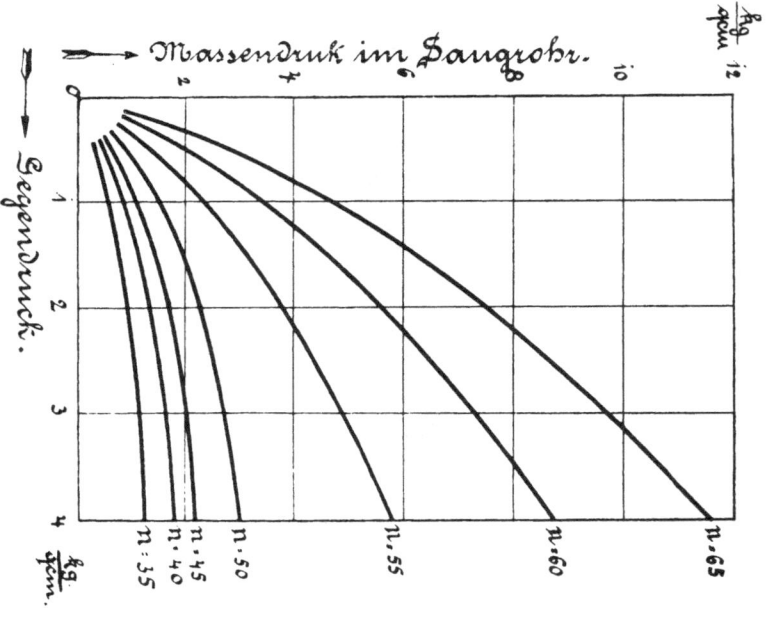

Fig. 54.

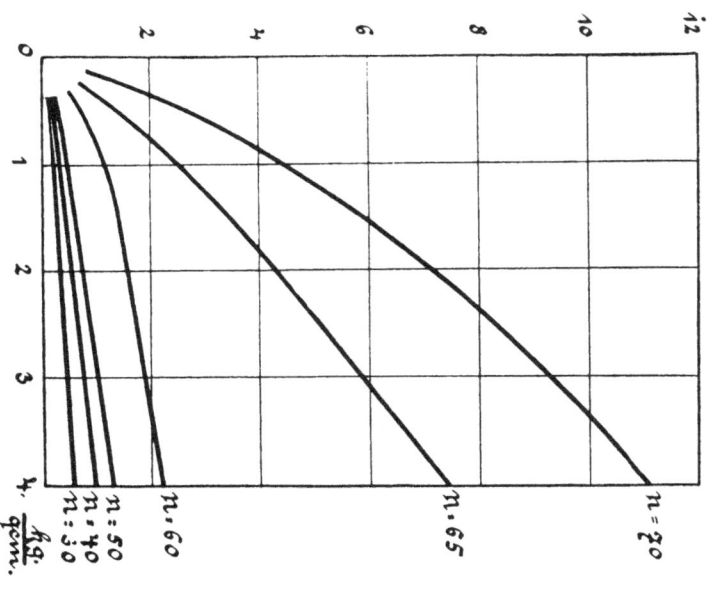

Fig 55.

da nun

$$\frac{d\varphi}{dt} = \omega = \frac{u}{r}, \quad \ldots \ldots \ldots \quad 77)$$

wenn ω die Winkelgeschwindigkeit bedeutet, so folgt

$$a_k = \frac{u^2}{r} \cos\varphi; \quad \ldots \ldots \ldots \quad 78)$$

und da ferner

auch

$$\cos\varphi = 1 - \frac{x}{r}, \quad \ldots \ldots \ldots \quad 79)$$

$$a_k = \frac{u^2}{r}\left(1 - \frac{x}{r}\right). \quad \ldots \ldots \ldots \quad 80)$$

Die Kolbenbeschleunigung ist mithin eine lineare Funktion des Kolbenweges, deren Maximalwerte sich in den Totlagen, also für $x = 0$ und $x = 2r$, zu

$$a_{k_0} = \pm \frac{u^2}{r} \quad \ldots \ldots \ldots \quad 81)$$

ergeben. Für $x = r$ wird $a_k = 0$.

Dieses schnelle Sinken der Kolbenbeschleunigung tritt noch stärker in die Erscheinung, wenn die endliche Länge l der Schubstange berücksichtigt wird. Alsdann ist mit guter Annäherung

$$a_k = \frac{u^2}{r}\left(\cos\varphi \mp \frac{r}{l}\cos 2\varphi\right), \quad \ldots \ldots \quad 82)$$

$$a_{k_0} = \frac{u^2}{r}\left(1 \mp \frac{r}{l}\right), \quad \ldots \ldots \ldots \quad 83)$$

also für den häufigen Wert $\frac{r}{l} = \frac{1}{5}$:

$$a_{k_0} = 1,2\,\frac{u^2}{r} \quad \ldots \ldots \ldots \quad 84)$$

für die der Pumpe zunächst liegende,

$$a_{k_0} = 0,8\,\frac{u^2}{r} \quad \ldots \ldots \ldots \quad 85)$$

für die der Pumpe abgewandt liegende Kurbeltotlage, während der Wert $a_k = 0$ schon vor der Hubmitte erreicht wird, wie aus Fig. 56 ersichtlich.

Bei doppeltwirkenden Pumpen liegen die Verhältnisse auf der der Kurbel zunächst befindlichen Pumpenseite demnach günstiger als auf der entgegengesetzten; die Untersuchung muß also stets für die andere, gefährdetere Seite angestellt werden.

Gegenüber der schnellen Abnahme der Kolbenbeschleunigung ist bei einer sorgfältig konstruierten Pumpe nicht zu erwarten, daß die Kurve für a_k diejenige für a schneidet, wenn $a_{k_0} < a_0$ ist. Wird die Saugleitung und das Saugventil so ausgeführt, daß die Widerstandshöhen H_v und W_s klein bleiben, wozu auch gehört, daß die Saugleitung bis zur Pumpe beständig ansteigt und keine Scheitelpunkte enthält, in denen sich querschnittverengende Luftsäcke bilden können, wird das Verhältnis $\dfrac{F_s}{F}$ groß gewählt, so daß auch $\dfrac{v_s^2}{2\,g} = \left(\dfrac{F}{F_s}\right)^2 \dfrac{c^2}{2\,g}$ klein wird, so wird die Kurve für a, da der Einfluß von x unbedeutend ist, nur langsam sinken und am Hubende noch immer einen erheblichen positiven Wert haben, während die Kurve für a_k schon vor der Hubmitte die

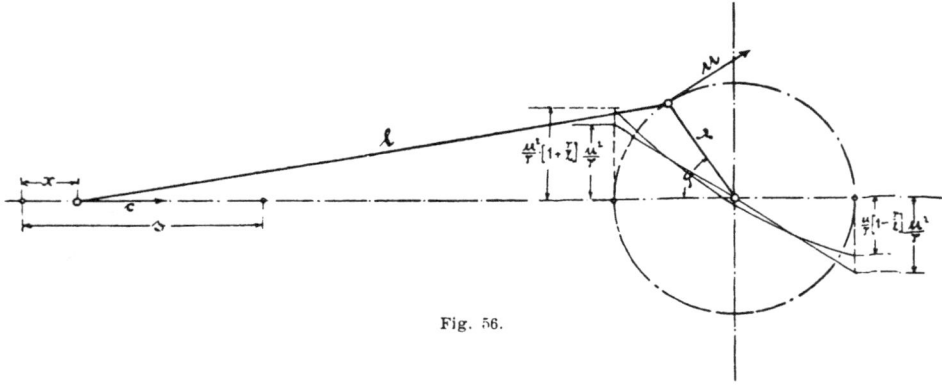

Fig. 56.

Abszissenachse schneidet. Wir erkennen daher als **Bedingung für die Vermeidung des Abreißens der Saugsäule** die Erfüllung der Gleichung

$$a_{k_0} = \frac{u^2}{r}\left(1 + \frac{r}{l}\right) < g\,\frac{\mathfrak{H}}{\mathfrak{Q}} \quad \ldots \ldots \quad 86)$$

Bei Schwungradpumpen mit unmittelbarem Antrieb durch eine Dampfmaschine findet häufig das Kleinsche Element (»Hütte« I, S. 736, Fig. 207, 208) Verwendung. Bei diesem ist darauf zu achten, ob der Schwingzapfen für die Schubstange zunächst der Pumpe oder zunächst dem Dampfzylinder angeordnet ist. Für einfachwirkende Pumpen, welche hoch ansaugen oder schnell laufen sollen, wäre letztere Anordnung zu empfehlen, da alsdann die kleinere Anfangsbeschleunigung zu Beginn des Saughubes eintritt, und die Bedingungsgleichung lautet alsdann:

$$\frac{u^2}{r}\left(1 - \frac{r}{l}\right) \lessgtr g\,\frac{\mathfrak{H}}{\mathfrak{L}}. \qquad \dots \dots \quad 87)$$

Dasselbe gilt für einfachwirkende Pumpen, deren Plunger um 180⁰ gegenüber der normalen Anordnung um den Kreuzkopfzapfen gedreht ist, so daß der Pumpenzylinder zwischen Kreuzkopf und Kurbelwelle liegt und von der geteilten Schubstange umfaßt wird. Diese Bauart ist z. B. bei Wandpumpen mit Riemenantrieb häufig anzutreffen.

Gleichung 86) enthält eine gewisse Sicherheit in der Annahme, daß u konstant sei. In Wirklichkeit unterliegt u Schwankungen, entsprechend dem Ungleichförmigkeitsgrad $\dfrac{u_{max} - u_{min}}{u}$, der bei Pumpen ziemlich groß zu sein pflegt ($1/20$ und darüber). Gerade in der Totlage aber hat u seinen kleinsten Wert, die Anfangsbeschleunigung a_{k_0} wird daher noch etwas geringer als in Gleichung 83) angegeben. Wo es die Verhältnisse fordern, mag, wenn Gleichung 86) erfüllt ist, noch für einige Punkte der ersten Hubhälfte untersucht werden, ob $a_k < a$ ist, meist wird dies jedoch nicht erforderlich sein.

Die obige Bedingungsgleichung eignet sich zur graphischen Berechnung und zur Aufstellung einer Tafel, aus welcher die Beziehungen zwischen Umlaufzahl, Saughöhe und Saugrohrlänge mit einer für viele Zwecke ausreichenden Genauigkeit zu entnehmen sind. Wie aus Gleichung 74) ersichtlich, ist $\mathfrak{H}$ für konstante Werte a_0 eine lineare Funktion von $\mathfrak{L}$. Diese Funktion ist auf Tafel I für eine Reihe von Werten a_0 im rechtwinkligen Koordinatensystem dargestellt. Führt man in die Gleichung 84) die Beziehungen

$$u = \frac{\pi\,s\,n}{60} \text{ und } r = \frac{s}{2}$$

ein, so nimmt sie die Form an:

$$a_{k_0} \backsim \frac{1}{150}\,s\,n^2 \qquad \dots \dots \dots \quad 88)$$

oder

$$n^2 \backsim 150\,\frac{a_{k_0}}{s}, \qquad \dots \dots \dots \quad 89)$$

d. h. n^2 ist für konstante Werte von s eine lineare Funktion von a_{k_0}, und auch diese ist auf derselben Tafel für $s = 0,1$ m bis $s = 1,2$ m gezeichnet. Soll die höchste zulässige Umlaufzahl einer mit allen Abmessungen vorliegenden Pumpe gefunden werden, so ermittelt man $\mathfrak{H}$ und $\mathfrak{L}$ nach den Gleichungen 72) und 73) (wobei zu beachten ist, daß bei nicht normalen Barometerständen und warmem Saugwasser A nach Gleichung 42) zu ermitteln ist; namentlich bei unterirdischen Wasserhaltungsmaschinen mit Dampfbetrieb ist zu berücksichtigen, daß durch den Zufluß des warmen Kondensates in den Sumpf die erreichbare Saughöhe beeinträchtigt wird) und sucht die erhaltenen Werte in den inneren Spalten am linken und unteren Rande der Tafel auf. Der Schnittpunkt der zugehörigen Koordinaten führt auf eine der schräg zum Ursprung verlaufenden Geraden, an deren oberem Ende (und zwar in der inneren Spalte) der Wert a_0 entnommen werden kann. Diesen sucht man nun in der unteren, äußeren Spalte der Werte a_{k_0} auf und geht senkrecht hinauf bis zum Schnittpunkt mit derjenigen Schrägen, deren Bezeichnung am oberen oder rechten Rande (äußere Spalte) dem Hub der vorliegenden Pumpe in m entspricht. Geht man von diesem Punkt horizontal zur äußeren Spalte links, so findet man dort die gesuchte Umlaufzahl n. Diese darf natürlich beim Entwurf nicht der normalen, sondern der im Bedarfsfalle verlangten Höchstleitung der Pumpe zugrunde gelegt werden.

Ist $\dfrac{r}{l} \gtrless \dfrac{1}{5}$, so ist n noch mit einem Faktor τ zu multiplizieren, der aus folgender Tabelle zu entnehmen ist.

$\dfrac{r}{l} =$	$\dfrac{1}{3}$	$\dfrac{1}{3,5}$	$\dfrac{1}{4}$	$\dfrac{1}{7}$	$\dfrac{1}{\infty}$
$\tau =$	0,95	0,97	0,98	1,025	1,1

Sind alle Abmessungen, die Ventilbelastung und Umlaufzahl der Pumpe gegeben, und es soll die höchste erreichbare Saughöhe gefunden werden, so bestimmt man mittels der Tafel aus n und $\mathfrak{L}$ den Wert $\mathfrak{H}$ und aus diesem nach Gleichung 72) H_s. Entsprechend kann für eine gewünschte Saughöhe und Umdrehungszahl die höchst zulässige Saugrohrlänge ermittelt werden.

Gleichung 71) gilt nun auch für den Fall, daß in die Saugleitung ein **Saugwindkessel** eingeschaltet wird, nur treten alsdann an die Stelle von A, H_s, F_s und L_s die Werte $A_s{}'$ (Luftdruck im Saugwindkessel in m Wassersäule), $H_s{}'$, $F_s{}'$ und $L_s{}'$ (siehe Fig. 57), so daß wir erhalten

$$a_0 = g \, \frac{A_s{}' - H_s{}' - H_v{}'}{L_s{}' \dfrac{F}{F_s{}'} + L_0 + L_v{}' \dfrac{F}{f_u}} \quad \ldots \ldots \; 90)$$

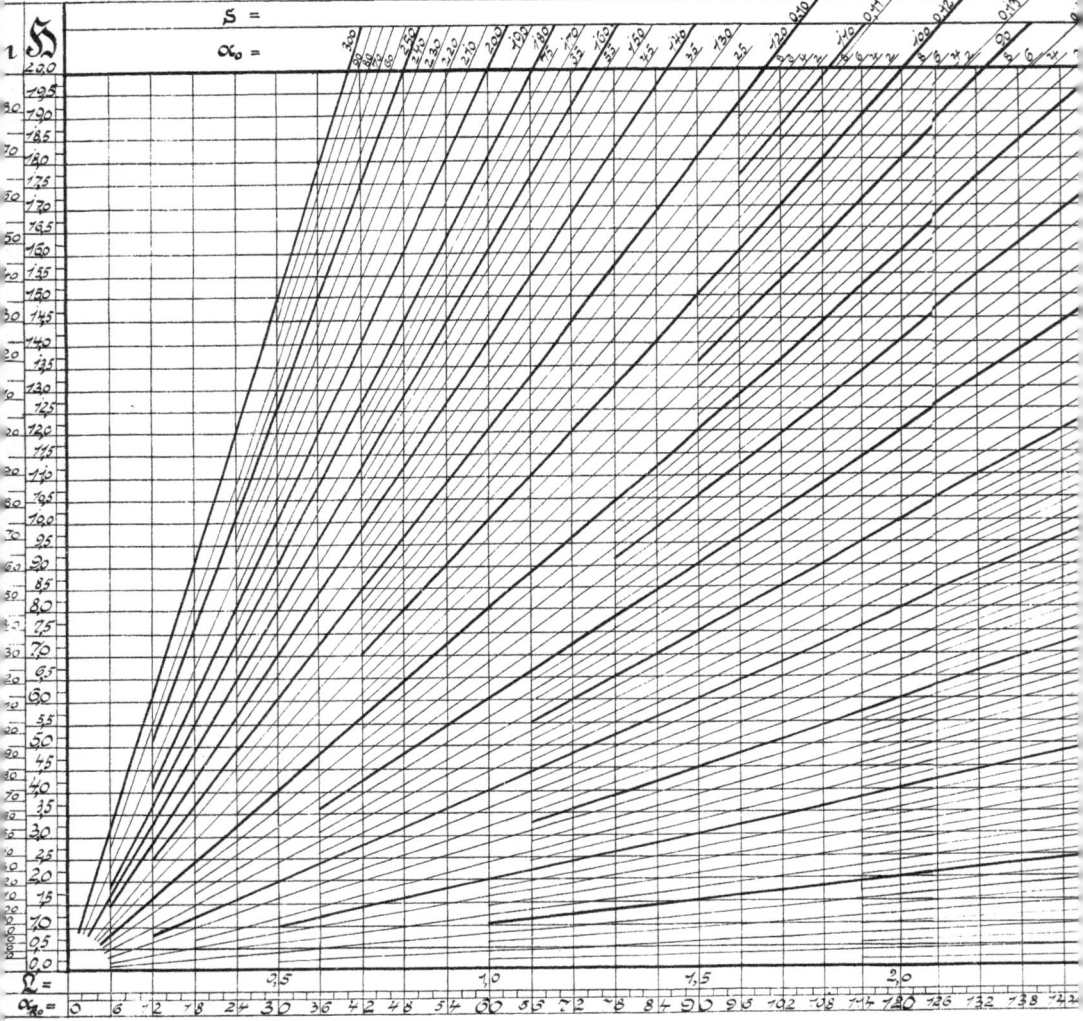

Umlaufzahl der Kolbenpumpen mit Kurbelantrieb.

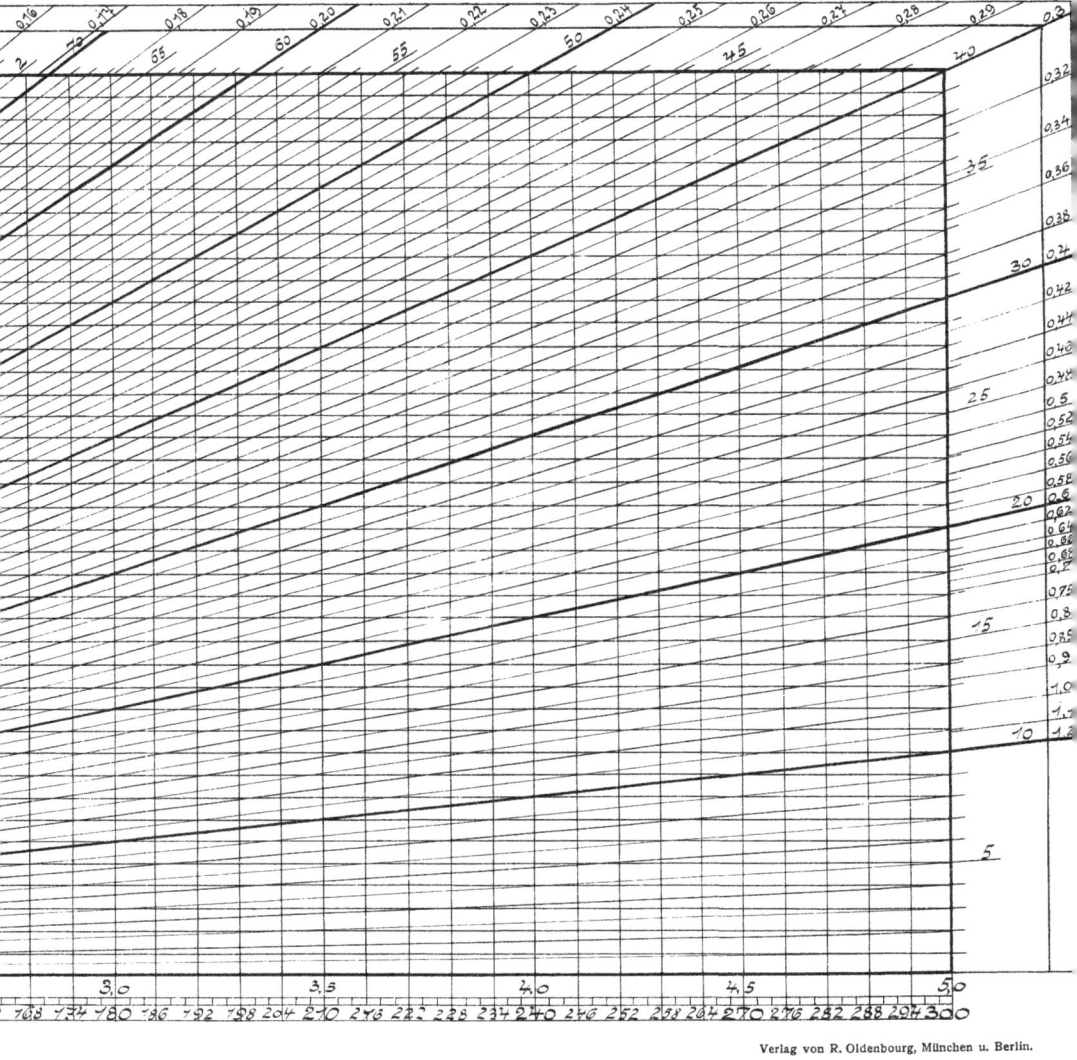

Verlag von R. Oldenbourg, München u. Berlin.

Ist der Luftinhalt des Saugwindkessels hinreichend groß, um A_s' als konstant betrachten zu können, so ist die Geschwindigkeit v_s'' im Zuflußrohr des Windkessels gleichfalls konstant, und es muß sein

$$A_s' = A - H_s'' - \frac{v_s''^2}{2g} - W_s'', \quad \ldots \ldots \quad 91)$$

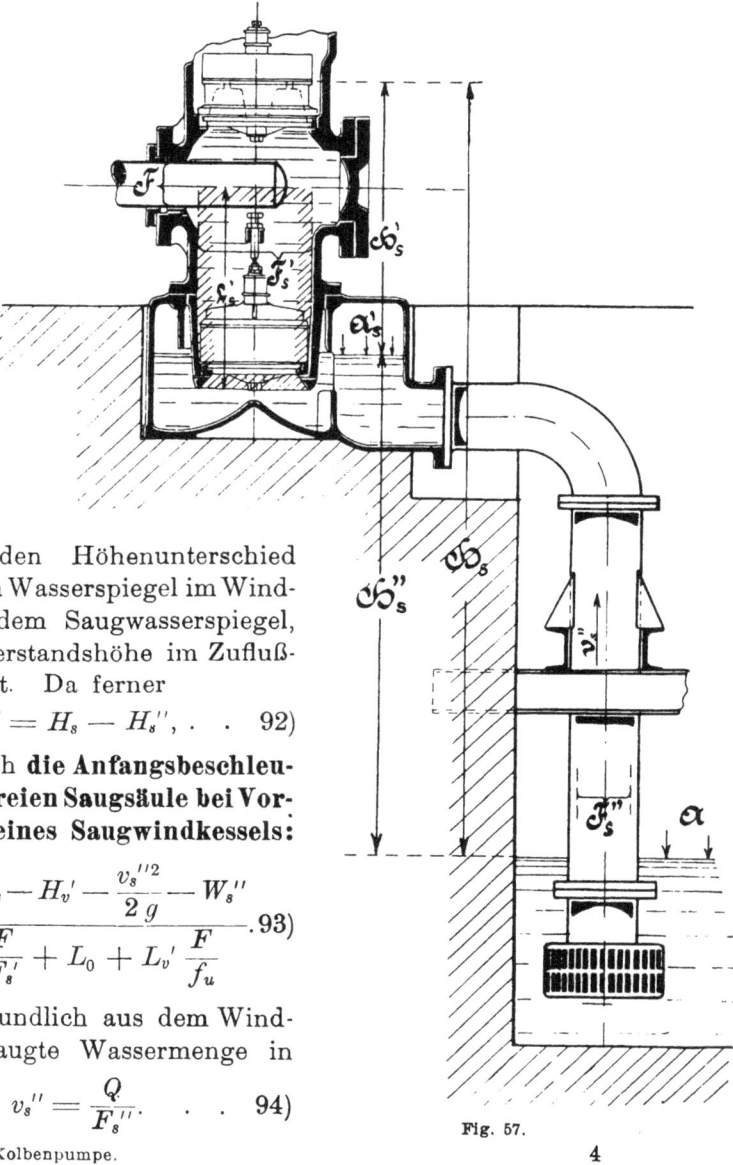

wenn H_s'' den Höhenunterschied zwischen dem Wasserspiegel im Windkessel und dem Saugwasserspiegel, W_s'' die Widerstandshöhe im Zuflußrohr bedeutet. Da ferner

$$H_s' = H_s - H_s'', \quad \ldots \quad 92)$$

so ist demnach **die Anfangsbeschleunigung der freien Saugsäule bei Vorhandensein eines Saugwindkessels:**

$$a_0 = g\, \frac{A - H_s - H_v' - \dfrac{v_s''^2}{2g} - W_s''}{L_s'\dfrac{F}{F_s'} + L_0 + L_v'\dfrac{F}{f_u}}.\,93)$$

Ist Q die sekundlich aus dem Windkessel abgesaugte Wassermenge in cbm, so gilt

$$v_s'' = \frac{Q}{F_s''}. \quad \ldots \quad 94)$$

Fig. 57.

Es kann also v_s'' durch genügende Weite des Zuflußrohrs hinreichend klein gehalten werden (übliche Werte: 0,5 bis 1 m/sek), und zwar wählt man die kleineren Geschwindigkeiten für längere Leitungen, wodurch dann auch W_s'' klein bleibt. Während also durch Einschaltung des Windkessels die beschleunigende Kraft nur unwesentlich kleiner geworden ist, ist die mit dem Kolben in unmittelbarem Zusammenhang stehende, bei jedem Saughube zu beschleunigende und wieder zur Ruhe kommende Wassersäule erheblich kürzer geworden. Hierin beruht demnach der Vorteil des Saugwindkessels; will man ihn voll ausnutzen, so muß der Windkessel der Pumpe so nahe als irgend möglich angeordnet werden, damit L_s' ein Minimum wird. (Vgl. hierzu die Fig. 14, 16, 22, 32, 33, 35 u. a.) Setzen wir

$$A - H_s - H_v' - \frac{v_s''^2}{2\,g} - W_s'' = \mathfrak{H} \quad \ldots \ldots \text{ 95)}$$

und

$$L_s'\frac{F}{F_s'} + L_0 + L_v'\frac{F}{f_u} = \mathfrak{L}, \quad \ldots \ldots \text{ 96)}$$

so ist wiederum

$$a_0 = g\,\frac{\mathfrak{H}}{\mathfrak{L}}, \quad \ldots \ldots \ldots \text{ 97)}$$

und wir können zur Ermittelung der größten Umlaufzahl, wenn $\mathfrak{H}$ und $\mathfrak{L}$ bestimmt sind, Tafel I benutzen. Gerade für diesen häufigsten Fall, daß in unmittelbarer Nähe der Pumpe ein Windkessel in die Saugleitung eingeschaltet ist, ist die Tafel gedacht, weshalb als höchster Wert $\mathfrak{L} = 5$ m eingetragen ist.

Beispiel. Es soll die größte Umlaufzahl einer einfachwirkenden Pumpe ohne Saugwindkessel mit folgenden Abmessungen bestimmt werden:

$F = 0{,}0177$ qm,	$L_s = 4$ m,
$F_s = 0{,}00785$ qm,	$L_0 = 0{,}1$ m,
$\dfrac{F}{F_s} = 2{,}25,$	$L_v' = 0{,}46$ m,
	$f_u = 0{,}0094$ qm,
$s = 0{,}25$ m,	$\dfrac{F}{f_u} = 1{,}88,$
$\dfrac{r}{l} = \dfrac{1}{5},$	$T = 10^0$ C,
$H_s = 3{,}6$ m,	$B = 760$ mm.
$H_v' = 0{,}5$ m,	

Dann wird:

$$A = 10{,}2 \text{ m [Gleichung 42)];}$$

hiermit

$$\mathfrak{H} = 10{,}2 - 3{,}6 - 0{,}5 = 6{,}1 \text{ m [Gleichung 72)]},$$

$$\mathfrak{L} = 4 \cdot 2{,}25 + 0{,}1 + 0{,}46 \cdot 1{,}88 = 9{,}96 \text{ m [Gleichung 73)]}$$

und nach Bedingungsgleichung 86) und Gleichung 88) oder auch nach Tafel I:

$$n_{max} \leqq 38 \sqrt{\frac{1}{s} \frac{\mathfrak{H}}{\mathfrak{L}}} \sim 60. \quad \ldots \ldots \quad 98)$$

Die größte erzielbare Fördermenge ist daher (mit $\lambda = 0{,}95$)

$$Q_{max} = 0{,}0042 \text{ cbm/sek [Gleichung 16)]}.$$

In die Saugleitung werde nunmehr ein ausreichend großer Windkessel so eingebaut, daß $L_s' = 0{,}5$ m, $L_s'' = 3{,}8$ m wird. Dann ist

$$\mathfrak{L} = 2{,}09 \text{ m, [Gleichung 95)]}$$

$$\mathfrak{H} = 6{,}1 - \frac{v_s''^2}{2\,g} - W_s''. \text{ [Gleichung 96)]}$$

Zur Bestimmung von $\dfrac{v_s''^2}{2\,g}$ und W_s'' muß v_s'' bekannt sein. Diese Geschwindigkeit hängt aber von der erst zu berechnenden Größe der Fördermenge bei der mit Saugwindkessel erreichbaren höchsten Umlaufzahl ab [Gleichung 94)] und sei daher zunächst auf 1 m/sek geschätzt. Damit wird $\dfrac{v_s''^2}{2\,g} \sim 0{,}05$ m.

Die Verlusthöhe W_s'' setzt sich zusammen aus den Verlusten beim Eintritt in das Saugrohr, beim Durchfließen des Fußventils, der Saugleitung, etwaiger Krümmer und plötzlicher Querschnittsänderungen. Mit der Annahme, daß in allen Teilen des Saugrohres gleiche Geschwindigkeit herrsche, kann man schreiben:

$$W_s'' = \frac{v_s''^2}{2\,g}\left(\varepsilon\,\frac{L_s''}{D_s''} + \varSigma\,\zeta\right),$$

worin ζ den Widerstandskoeffizienten an den verschiedenen oben genannten Stellen bezeichnet, D_s'' den lichten Durchmesser des Zuflußrohres zum Windkessel und ε die Reibungsvorzahl für den Durchfluß des Wassers durch gerade Rohrstrecken. Eine Tafel dieses Wertes für verschiedene Durchflußgeschwindigkeiten nach Weisbach ist in »Hütte«, Teil II, S. 125 gegeben (der Wert ε heißt daselbst: λ). Für $v_s'' = 1$ m/sek findet sich in dieser Tafel $\varepsilon = 0{,}0239$. Für den Durchtritt durch den Saugkorb (Fig. 194 bis 198) kann gesetzt werden: $\zeta \sim 1$. In der Leitung seien zwei Krümmer von

4*

je 90⁰ vorhanden. Zur Bestimmung ihres Widerstandes ist nach den Rohrnormalien (»Hütte«, Teil I, S. 746) das Verhältnis der lichten Rohrweite zum Krümmungsradius festzustellen; dasselbe ergibt sich für $D_s'' = 100$ mm zu 0,555, wofür durch Interpolation aus der Tabelle: »Hütte« I, S. 254, folgt: $\zeta \backsim 0{,}156$.

Der Verlust im Fußventil ist nach den weiter unten (S. 88) näher erörterten v. Bachschen Versuchen an Ventilen im kontinuierlichen Wasserstrom festzustellen. Man setzt zu diesem Zwecke in Gleichung 1) (»Hütte«, Teil I, S. 773) für P das Gewicht des Ventiltellers im Wasser (G_w) ein und berechnet h, womit dann, je nach der Ventilform, aus Gleichung 3), 4) oder 5) (ebenda S. 774) der Koeffizient ζ gefunden wird.

Für unser Beispiel ergebe sich $\zeta = 2{,}95$ und nunmehr

$$\Sigma\zeta = 1 + 2 \cdot 0{,}156 + 2{,}95 = 4{,}26.$$

Es wird also

$$W_s'' = 0{,}05 \left(0{,}0239 \frac{3{,}8}{0{,}1} + 4{,}26\right) \backsim 0{,}26 \text{ m};$$

mithin

$$\mathfrak{H} = 6{,}1 - 0{,}05 - 0{,}26 = 5{,}79 \text{ m}$$

und folglich nach Tafel I oder Gleichung 98)

$$n_{max} \leq 127.$$

Hierbei ist mit einer geringen Ungenauigkeit H_v' in gleicher Größe beibehalten worden. Genau betrachtet wird dies nicht den tatsächlichen Verhältnissen entsprechen wegen des Einflusses von p_0 [Gleichung 69)]. Denn p_0 ist nicht nur von der Saughöhe, sondern auch von der Länge der zu beschleunigenden Wassersäule abhängig (siehe die Gleichungen 221) und 222), in denen $K_s \backsim p_0 F$ ist), welche durch Einfügung des Windkessels verkürzt wurde.

Die Umlaufzahl ist also über 100% größer geworden und im gleichen Verhältnis auch die Fördermenge, welche jetzt (unveränderten Lieferungsgrad vorausgesetzt) 0,0089 cbm/sek beträgt, woraus folgt

$$v_s'' = \frac{0{,}0089}{0{,}00785} = 1{,}13 \text{ m/sek}.$$

Dieser Wert stimmt mit der Schätzung hinreichend überein; andernfalls wäre eine neue Annahme zu machen und W_s'' nochmals zu berechnen, wodurch im vorliegenden Falle n_{max} um einige wenige Umdrehungen kleiner würde.

Ein Umstand, der erst weiter unten eingehender erörtert werden kann, ist bei dieser Rechnung jedoch unberücksichtigt geblieben. Es

wurde vorausgesetzt, daß für die höhere Umlaufzahl die Ventilbelastung dieselbe geblieben sei wie vorher. H_v' war so bemessen, daß das Ventil bei 60 Umdrehungen noch eben stoßfrei
arbeitet. Wie sich aber später zeigen wird, ist die Ventilbelastung
in bestimmter Weise von der Umlaufzahl und Fördermenge abhängig,
indem sie proportional dem Produkt Qn zunehmen muß, wenn bei
dem schnelleren Gange Ventilschläge nicht auftreten sollen
[Gleichung 171)]. Damit wird aber wieder die Saugfähigkeit herab-
gesetzt, und es muß eine Umlaufzahl geben, bei welcher beide Bedingungen sich decken: größtmögliche Fördermenge bei ruhigem
Ventilspiel.

Diese Umdrehungszahl werde auf 112 geschätzt. Dann muß

$H_v' = 0,5 \left(\dfrac{112}{60} \right)^2 = 1,74$ werden, da Q um das $\dfrac{112}{60}$ fache gewachsen

ist. (Durch Vergrößerung von f_u könnte H_v' jedoch auf das ursprüng-
liche Maß zurückgebracht werden.) Ferner wird $Q = 0,00784$,
$v_s'' \backsim 1$ m/sek. und folglich wie oben $\varepsilon = 0,0239$. Damit wird

$$W_s'' = 0,258,$$
$$\mathfrak{H} = 4,55,$$
$$n_{max} \backsim 112.$$

Die Schätzung war demnach richtig, andernfalls hätte nochmals gerechnet werden müssen. Durch den Einbau des Saugwindkessels ist
demnach die Leistungsfähigkeit der Pumpe bei gleich ruhigem Ventilspiel um $\backsim 87\%$ gestiegen.

Ungleich größeren Schwierigkeiten begegnet die Bestimmung
der erreichbaren höchsten Hubzahl bei den direkt, d. h. ohne
Anwendung eines Kurbeltriebes und Schwungrades wirkenden Dampfpumpen, der sog. Simplex- und Duplexpumpen.

Bei diesen ist die Berechnung der Kolbenanfangsbeschleunigung
ziemlich unsicher. Sie müßte in ähnlicher Weise erfolgen wie die
Bestimmung der Anfangsbeschleunigung der freien Saugsäule; denn
die durch eine gemeinsame Stange miteinander verbundenen Kolben
des Dampf- und Pumpenzylinders bewegen sich frei unter dem Einfluß der auf sie wirkenden Kräfte. Auf den Versuch einer derartigen
Rechnung werde jedoch hier schon deshalb verzichtet, weil die Feststellung der erlaubten Zahl von Doppelspielen in der Minute auf
dieser Grundlage unwirtschaftlich niedrige Werte ergibt. Denn die
Anfangsbeschleunigung der direkt wirkenden Dampfpumpen ist sehr
groß, wie weiter unten (Abschnitt V) gezeigt werden soll. Man muß

deshalb bei derartigen Pumpen mit einem Abreißen der Saugsäule von
vornherein rechnen und nur beachten, daß die Wiedervereinigung
mit dem Kolben vor Beendigung des Saughubes stattfinden
muß, da sonst die bekannten Schläge auftreten.

Eine Reihe von Pumpendiagrammen, ein und derselben Duplex-
pumpe mit schrittweise gesteigerter Geschwindigkeit entnommen,
zeigten in der Sauglinie Druckschwankungen, welche auf den Wasser-
stoß beim Wiederherstellen des Zusammenhanges zwischen Saugwasser und Plunger zurückzuführen waren. Diese Schwankungen
traten schon bei sehr geringer Zahl der minutlichen Doppelhübe
auf, und zwar dicht hinter dem Hubbeginn. Je schneller die Pumpe
lief, um so weiter rückten die Schwankungen nach dem Ende des
Saughubes zu, ohne daß ein Schlag zu hören war. Erst in dem
Augenblick, wo die Geschwindigkeit so weit gesteigert war, daß der
Stoß am Ende des Saughubes gegen den stillstehenden Kolben
erfolgte, wurde ein heftiger Wasserschlag wahrnehmbar.[1])

Hierdurch ist also die Grenze für die Schnelligkeit des Ganges
direkt wirkender Dampfpumpen gezogen. Ihre Vorausbestimmung
setzt die Berechnung der zum Füllen des ganzen Hubvolumens durch
die frei beschleunigte Saugsäule erforderlichen Zeit voraus. Diese
Rechnung kann aber nur unter sehr weitgehenden vereinfachenden
Annahmen durchgeführt werden, so daß zwischen dem Resultat und
der Wirklichkeit ein Abstand verbleibt, zu dessen Schätzung das
vorhandene Versuchsmaterial bei weitem nicht genügt. (Vgl. den
Vortrag von Hagen, Zeitschr. d. V. d. I. 1901, S. 1538).

III. Die Druckwirkung.

Kehrt am Ende des Saughubes der Kolben seine Bewegungs-
richtung um, so beginnt kurz danach (siehe Kapitel V, B) die
Druckwirkung. Der Kolben drängt das Wasser durch das Druckventil in die Druckleitung, und zwar, wie im vorigen Abschnitt
gezeigt, bei Kurbelantrieb in der ersten Hubhälfte mit abnehmend
beschleunigter, in der zweiten Hubhälfte mit zunehmend verzögerter

---

[1]) Nach Mitteilungen, die dem Verfasser von Herrn Betriebsingenieur Linder,
Stettin, gütigst zur Verfügung gestellt wurden.

Bewegung. Andererseits wirken auf das Wasser verzögernd der Druck der Atmosphäre und der Druck der Wassersäule im Druckrohr (im folgenden kurz Drucksäule genannt) sowie die Strömungswiderstände.

Betrachten wir die Drucksäule in dem Augenblick, wo der Kolben den Weg $s - x$ zurückgelegt hat, so ist unmittelbar vor dem Kolben die Größe der die Drucksäule verzögernden Kraft in kg pro qm Rohrquerschnitt

$$p_a = \gamma \left(A + H_d + \frac{c^2 - v_d^2}{2\,g} + H_v + W_d \right) \quad \ldots \quad 99)$$

Die verzögerte Masse ist

$$M = F_d\,L_d\,\frac{\gamma}{g} + F\,(L_0 + x)\,\frac{\gamma}{g} + L_v\,f_v\,\frac{\gamma}{g}, \quad \ldots \quad 100)$$

deren einzelne Teile wieder verschiedenen Beschleunigungen unterliegen. Auf Grund ganz der nämlichen Überlegungen, die zur Aufstellung der Gleichung 61) führten, folgt alsdann die **Größe der freien Verzögerung bei beliebiger Kolbenstellung**

$$a = g\,\frac{A + H_d + \dfrac{c^2 - v_d^2}{2\,g} + H_v + W_d}{L_d\,\dfrac{F}{F_d} + L_0 + x + L_v\,\dfrac{a_v}{a}} \quad \ldots \quad 101)$$

Mit dieser Verzögerung würde also die Drucksäule sich allein weiterbewegen, wenn der Kolben nach Zurücklegung des Weges $s - x$ plötzlich still stände. Hierin bezeichnet v_d die Wassergeschwindigkeit im Druckrohr, H_v die zur Überwindung der Druckventilbelastung erforderliche Druckhöhe, W_d die Widerstandshöhe (infolge Reibung usw.) im Pumpenkörper, Druckventil und in der Druckleitung, L_v die Länge einer Wassersäule vom Querschnitt f_v und derselben Masse wie der Ventilteller, a_v die Druckventilbeschleunigung. F, A, L_0, c haben dieselbe Bedeutung wie in Gleichung 61), das übrige ist aus Fig. 58 ersichtlich. $\dfrac{c^2 - v_d^2}{2\,g}$ ist die für den Übergang der Geschwindigkeit beim Eintritt in die Druckleitung erforderliche Druckhöhe; besteht die Druckleitung aus Strecken verschiedener Querschnitte, so ist für v_d die Geschwindigkeit in der Ausgußmündung maßgebend. Die Berücksichtigung wechselnder Querschnitte der Druckleitung erfolgt in ähnlicher Weise wie beim Saugrohr (S. 35).

Bei Kesselspeisepumpen tritt an Stelle von A der Wert $\dfrac{p}{\gamma}$, worin p den

absoluten Dampfdruck in kg/qm bezeichnet. H_d kann demgegenüber meist vernachlässigt werden. Entsprechendes gilt für
Preßpumpen.

Für $x = 0$, also im Moment der Beendigung des Druckhubes,
wird auch $v_d = 0$ (wenigstens mit größter Annäherung w. s. u. Ab-

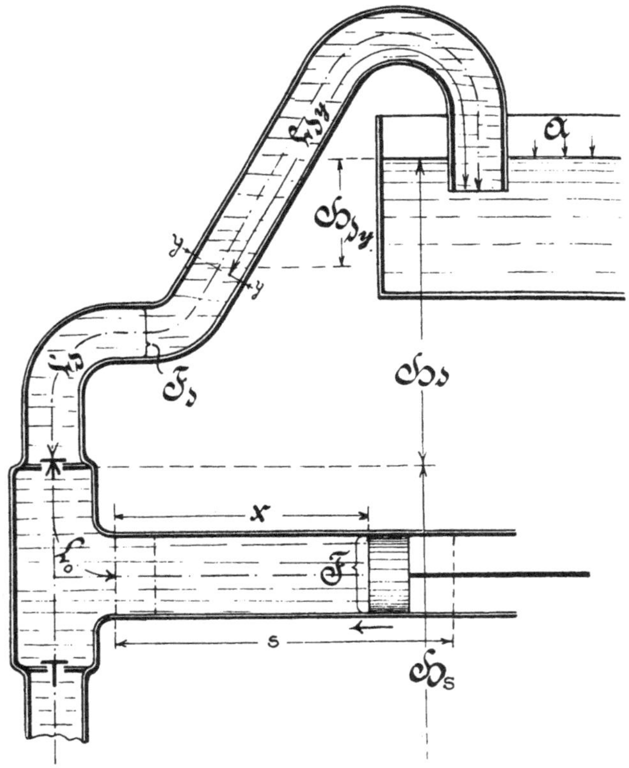

Fig. 58.

schnitt V, B) und mithin $W_d = 0$. An Stelle von H_v tritt, abweichend
vom Saugventil:

$$H_{v_0} = \frac{G_w + \mathfrak{F}_0}{f_v \gamma},$$

da das Druckventil bei Kolbentotlage noch um die geringe Hubhöhe h_0 (mit der zugehörigen Federspannung $\mathfrak{F}_0$) geöffnet ist.
(Auch hierüber siehe Abschnitt V, B.) Die Ventilbeschleunigung ist
jedoch, wie später gezeigt wird, bei dieser Stellung nahezu Null, die

Ventilmasse bleibt also unberücksichtigt, so daß wir für die **freie Verzögerung in der Endlage** erhalten:

$$a_0 = g \, \frac{A + H_d + H_{v_0}}{L_d \dfrac{F}{F_d} + L_0} \quad \ldots \ldots \quad 102)$$

Wird nun an irgend einer Stelle der zweiten Hälfte des Druckhubes die Verzögerung des Kolbens größer als die der Drucksäule, so tritt Abreißen der letzteren und Wasserschlag ein mit seinen verderblichen Folgen für Druckleitung und Druckventil. Soll diese Gefahr vermieden werden, so genügt eine Prüfung der Verhältnisse in der Totlage, da hier die freie Verzögerung der Drucksäule am kleinsten, die Kolbenverzögerung jedoch am größten ist. Hierzu kann gleichfalls Tafel I benutzt werden, wenn man

$$\mathfrak{H} = A + H_d + H_{v_0} \quad \ldots \ldots \quad 103)$$

und

$$\mathfrak{L} = L_d \, \frac{F}{F_d} + L_0 \quad \ldots \ldots \quad 104)$$

setzt. Die Bedingungsgleichung schreibt sich alsdann wie Gleichung 86):

$$\frac{u^2}{r} \left(1 + \frac{r}{\mathfrak{l}} \right) \lessgtr g \, \frac{\mathfrak{H}}{\mathfrak{L}}.$$

Man findet nun aus der Tafel oder aus Gleichung 98) den höchstzulässigen Wert für die Umdrehungszahl mit Rücksicht auf die Druckwirkung, wie man ihn vorher mit Rücksicht auf die Saugwirkung bestimmte; der kleinere von beiden ist maßgebend.

Fast stets ist ein **Druckwindkessel** vorhanden, dessen Einfluß aus ganz gleichartigen Erwägungen zu ermitteln ist, wie der des Saugwindkessels (Fig. 59). Ist $A_d{}'$ die Luftspannung im Druckwindkessel in m Wassersäule, $H_d{}''$ der Höhenunterschied zwischen der Ausgußmündung (bei eintauchendem Ausguß: zwischen dem Wasserspiegel im Hochbehälter) und dem Wasserspiegel im Druckwindkessel, und ist wiederum der Luftinhalt des letzteren groß genug, um $A_d{}'$ als konstant betrachten zu können, so muß sein

$$A_d{}' = A + H_d{}'' + \frac{v_d{}''^2}{2g} + W_d{}'', \quad \ldots \ldots \quad 105)$$

wenn $W_d{}''$ die Widerstandshöhe in der Druckleitung hinter dem Windkessel, $v_d{}''$ die konstante Wassergeschwindigkeit in derselben bedeutet. Führt man diesen Ausdruck in Gleichung 102) ein, berücksichtigt, daß H_d' an Stelle von H_d tritt und daß

$$H_d = H_d' + H_d'' \quad . \quad . \quad . \quad . \quad . \quad . \quad 106)$$

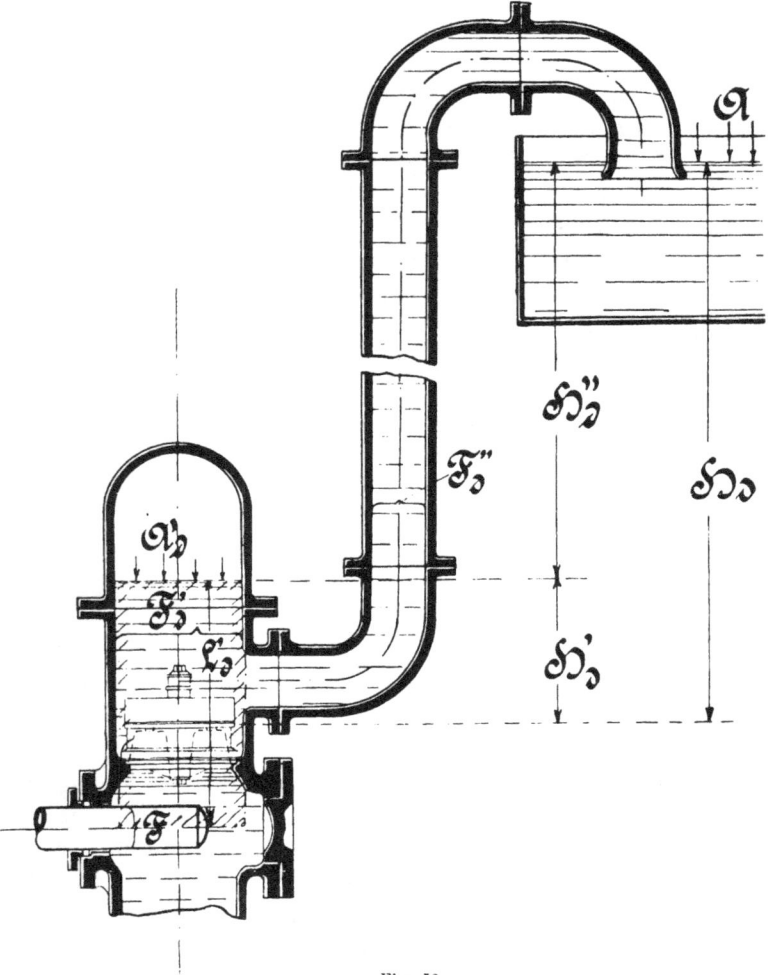

Fig. 59.

ist, so folgt für die **freie Endverzögerung bei Vorhandensein eines Druckwindkessels:**

$$a_0 = g \frac{A + H_d + H_{v_0} + \dfrac{v_d''^2}{2\,g} + W_d''}{L_d' \dfrac{F}{F_d'} + L_0}, \quad . \quad . \quad . \quad 107)$$

worin noch $F_d{}'$ den Querschnitt der Drucksäule zwischen Pumpe und Windkessel, $L_d{}'$ deren Länge bezeichnet. Man erkennt auch hier, daß a_0 um so größer wird, je kleiner $v_d{}''$, damit auch $W_d{}''$, und $L_d{}'$ ist.

Hieraus ergibt sich die Konstruktionsregel: $F_d{}''$ ist so groß zu halten, wie es mit Rücksicht auf die mit der Rohrweite wachsenden Anlagekosten irgend geschehen kann (übliche Werte für $v_d{}''$: 1 bis 2 m/sek, bei sehr großen Druckhöhen auch darüber); Richtungs und Querschnittsänderungen sind tunlichst zu vermeiden; der Druckwindkessel ist der Pumpe so nahe wie möglich anzuordnen.

Durch den Druckwindkessel wird auch die Gefahr des Wasserschlages innerhalb der Druckleitung vermieden.

Betrachten wir nämlich die Drucksäule an einer beliebigen Stelle der Druckleitung, so muß auch hier die Bedingung erfüllt sein, daß am Ende des Druckhubes der auf den betreffenden Querschnitt von der Mündung her wirkende Druck eine größere Verzögerung zu erzeugen vermag, als sie infolge des Zusammenhanges mit dem Kolben an dieser Stelle tatsächlich vorhanden ist. Die Bedingung schreibt sich dann für den beliebigen Querschnitt $y — y$ (Fig. 58) im Moment der Kolbentotlage:

$$a_{0y} = g \, \frac{A + H_{dy}}{L_{dy}} \qquad \ldots \ldots \quad 108)$$

Es ist deshalb bei fehlendem Druckwindkessel stets die Druckleitung darauf zu untersuchen, an welchen Stellen der Ausdruck $\dfrac{A + H_{dy}}{L_{dy}}$ kleinste Werte annimmt, da in solchen Querschnitten a_{0y} unter Umständen kleiner als die auf den Druckrohrquerschnitt reduzierte Kolbenverzögerung $\dfrac{F}{F_d} \dfrac{1}{150} s\,n^2$ (für $\dfrac{r}{\mathfrak{l}} = \dfrac{1}{5}$) werden kann. Auch zu dieser Prüfung kann Tafel I benutzt werden, indem man für die kritische Stelle

$$\mathfrak{H} = A + H_{dy}, \qquad \ldots \ldots \quad 109)$$
$$\mathfrak{L} = L_{dy} \qquad \ldots \ldots \quad 110)$$

setzt und den für n gefundenen Wert mit $\sqrt{\dfrac{F_d}{F}}$ multipliziert, wodurch er kleiner werden muß als die Umdrehungszahl der Pumpe.

Besonders bedenklich sind in dieser Hinsicht unmittelbar vor dem Ausguß liegende längere horizontale Strecken, für deren Anfang

L_{dy} noch einen beträchtlichen Wert hat, während H_{dy} meist wenig verschieden von Null ist, so daß also a_{0y} klein wird. Solche Strecken sind deshalb zu vermeiden, da in dem davorliegenden Rohrkrümmer ein Abreißen der Drucksäule leicht eintreten kann. Schließt sich jedoch nach der Pumpe zu eine senkrechte Strecke an die horizontale an, so kann die kritische Stelle entweder in dem Krümmer oder im tiefsten Punkt der senkrechten Rohrstrecke liegen. Bezeichnet L_{dh} die Länge der horizontalen Endstrecke, so gilt für den davorliegenden Krümmer:

$$a_{0y} = \frac{A}{L_{dh}} \quad \ldots \ldots \ldots \quad 111)$$

und für die tiefste Stelle der senkrechten Strecke:

$$a_{0y} = \frac{A + H_{dy}}{L_{dh} + H_{dy}} \quad \ldots \ldots \ldots \quad 112)$$

Im Grenzfall werden diese beiden Beschleunigungen einander gleich sein, und es folgt

$$\frac{A}{L_{dh}} = \frac{A + H_{dy}}{L_{dh} + H_{dy}} \quad \ldots \ldots \ldots \quad 113)$$

Das ist aber nur möglich, wenn $H_{dy} = 0$ ist, d. h. wenn die senkrechte Strecke fehlt, oder aber wenn $L_{dh} = A$ ist. In diesem Falle liegt die kritische Stelle in einem beliebigen Punkte der senkrechten Leitung. Wird jedoch $L_{dh} > A$, so liegt die kritische Stelle im Krümmer, ist dagegen $L_{dh} < A$, so liegt sie im tiefsten Punkt der Steigleitung.

In Fig. 60 sind diese Verhältnisse graphisch dargestellt. Die Kurven I, II, III geben den Verlauf der Werte a_{0y} über die abgewickelte Länge der ganzen Druckleitung. Wie leicht einzusehen, setzen sich die Kurven aus gleichseitigen Hyperbeln zusammen, deren Asymptotenschnittpunkte für den horizontalen Teil der Leitung in den Punkten I, II und III der Abszissenachse, für die senkrechte Strecke jedoch im Punkte O liegen. Die Werte $A + H_{dy}$ sind gleichfalls eingetragen. Man erkennt, daß für die Kurve III ($L_{dh} > A$) die kritische Stelle im Krümmer liegt, für die Kurve II ($L_{dh} < A$) jedoch im Fußpunkt der Steigleitung, während für die Kurve I ($L_{dh} = A$) das Abreißen an einer beliebigen Stelle der senkrechten Strecke zu erwarten ist. Ist ein hinreichend großer Windkessel vorhanden, so besteht diese Gefahr nicht, da alsdann die Bewegung der Drucksäule vom Windkessel an eine nahezu gleichförmige ist.

Hält man die Gleichungen 93) und 107) nebeneinander, so erkennt man leicht, daß für die Bestimmung der höchstzulässigen Umlaufzahl einer mit ausreichendem Saug- und Druckwindkessel ver-

sehenen Pumpe immer die Saugwirkung, also Gleichung 93) maßgebend sein wird, da sie einen kleineren Wert gibt als Gleichung 107).

Will man Windkessel vermeiden, so ist ein Mittel zur Verminderung der Anfangsbeschleunigung der Wassermassen dadurch gegeben, daß man die zu erzielende Gesamtleistung auf mehrere an ein gemeinsames Saugrohr angeschlossene Pumpen verteilt und letztere derartig miteinander kuppelt, daß die Beschleunigungen und Verzögerungen sich im Saugrohr möglichst aus-

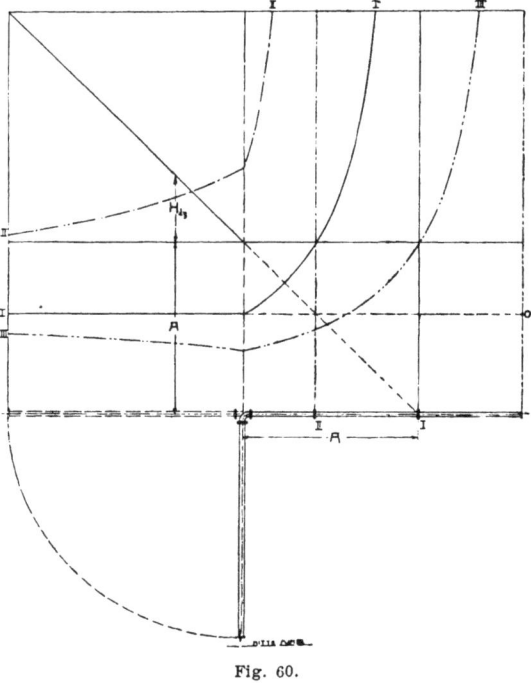

Fig. 60.

gleichen. Die graphische Darstellung wird dies am besten erkennen lassen.

Wir fanden oben [Gleichung 78)] unter der Voraussetzung unendlicher Schubstangenlänge:

$$a_k = \frac{u^2}{r} \cos \varphi$$

für die Kolbenbeschleunigung. Also ist die Beschleunigung der am Kolben hängenden Saugsäule

$$a_s = \frac{F}{F_s} \frac{u^2}{r} \cos \varphi. \qquad \qquad 114)$$

Die Darstellung der Beschleunigung im Saugrohr als Funktion des Drehwinkels der Kurbel gibt mithin eine Kosinuslinie, die aus einem Kreise vom Radius $\frac{F}{F_s} \frac{u^2}{r}$ abzuleiten ist. (Fig. 61, 62.) Die Punkte

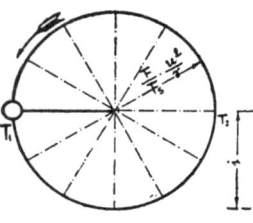

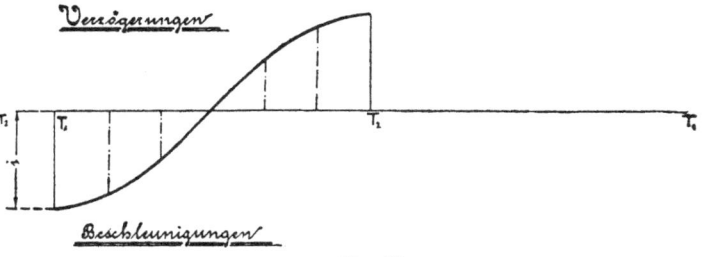

Fig. 61.   Fig. 62.

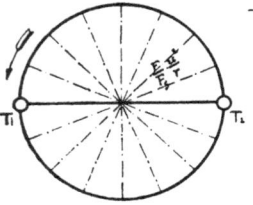

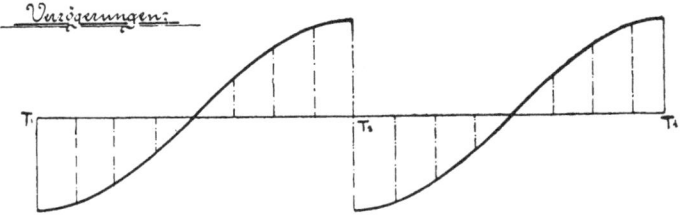

Fig. 63.   Fig. 64.

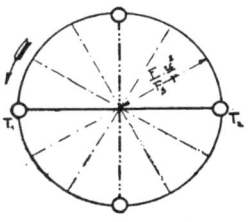

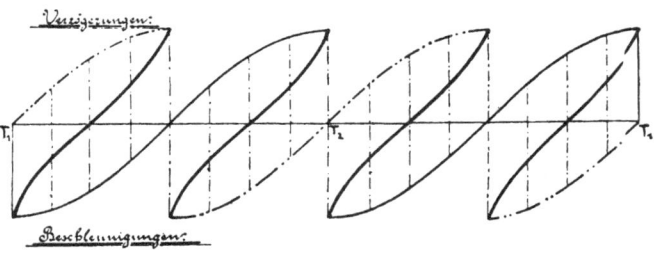

Fig. 65.   Fig. 66.

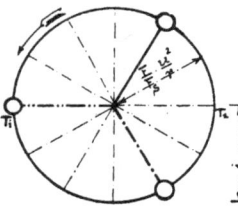

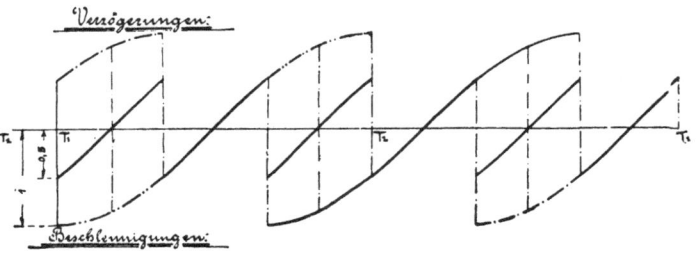

Fig. 67.   Fig. 68.

T_1 und T_2 entsprechen den Kurbeltotlagen; von T_1 bis T_2 findet Ansaugen statt, von T_2 bis T_1 Fortdrücken, währenddessen die Saugsäule in Ruhe ist. Die Darstellung gilt für eine einfachwirkende Pumpe. Fig. 63, 64 läßt erkennen, daß sich bei einer doppeltwirkenden oder zwei unter 180^0 Kurbelversetzung gekuppelten einfachwirkenden Pumpen an diesen Verhältnissen nichts ändert, auch nicht bei zwei doppeltwirkenden Pumpen mit unter 90^0 gegeneinander versetzten Kurbeln (Fig. 65, 66): die resultierenden Anfangsbeschleunigungen (in den Figuren stärker ausgezeichnet) sind von gleicher Größe wie die Anfangsbeschleunigungen der einzelnen Pumpen. Erst bei drei einfachwirkenden Pumpen mit 120^0 Kurbelversetzung (Fig. 67, 68) ändert sich das Bild: Verzögerungen und Beschleunigungen überdecken sich so, daß in den Totlagen nur mehr die halben Werte der Anfangsbeschleunigungen der einzelnen Pumpen auftreten. Drei doppeltwirkende Pumpen bei 120^0 Kurbelversetzung verbessern darin nichts mehr und sind konstruktiv außerdem sehr umständlich. Mehr als drei Pumpen pflegt man gleichfalls nicht zu kuppeln, so daß also drei einfachwirkende Pumpen unter 120^0 Kurbelversetzung die günstigsten Verhältnisse ergeben. Wird zur Ermittelung der höchstzulässigen Umlaufzahl einer derartigen Pumpe Tafel I benutzt, so ist $\mathfrak{H}$ und $\mathfrak{L}$ nach Gleichung 72) und 73) mit Bezug auf eine einzelne Pumpe einzuführen und das Resultat mit $\sqrt{2}$ zu multiplizieren, da sich die Beschleunigungen wie die Quadrate der Umlaufzahlen verhalten.

Was hier für die Saugwirkung abgeleitet wurde, gilt natürlich auch für die Druckwirkung.

IV. Berechnung des erforderlichen Luftinhaltes der Windkessel. Das Leistungsdiagramm.

Die erforderliche Größe der Windkessel richtet sich nach dem Umfange der ihnen zufallenden Aufgabe. Diese besteht, wie gezeigt wurde, darin, die gesamte bewegte Wassermenge in zwei Teile zu zerlegen, deren einer in unmittelbarem Zusammenhange mit dem Kolben bleibt, mit ihm beschleunigt und verzögert wird, während der andere, größere, eine nach Möglichkeit gleichförmige Geschwindigkeit besitzen soll. Diese Geschwindigkeit ist nach den Gleichungen 91) und 105) für die Saugleitung:

$$v_s'' = \sqrt{2g\,(A - H_s'' - A_s' - W_s'')}, \quad \ldots \ldots \quad 115)$$

für die Druckleitung:

$$v_d'' = \sqrt{2g\,(A_d' - H_d'' - A - W_d'')}; \quad \ldots \ldots \quad 116)$$

sie ist also nur in dem Maße konstant, als A_s' oder A_d' und H_s'' oder H_d'' konstant sind. Die Luftpressung im Windkessel, gemessen in m Wassersäule, kann aber nur unveränderlich sein, wenn der Luftinhalt des Windkessels unendlich groß ist, wie sich im folgenden zeigen wird. Man muß sich daher begnügen, die Schwankungen des Luftdruckes während einer Kurbelumdrehung der Pumpe in den durch die Erfahrung vorgeschriebenen Grenzen zu halten, wodurch dann die Größe des erforderlichen Luftvolumens bestimmt ist. Die Schwankungen von H_s'' und H_d'' können leicht durch ausreichende Bemessung der Wasseroberfläche in den Windkesseln klein gehalten werden.

Betrachten wir den Saugwindkessel einer einfachwirkenden Pumpe, so erkennen wir, daß während der Zeit dt die Pumpe aus ihm die Wassermenge

$$d\,q = F\,c\,dt \quad \ldots \ldots \ldots \quad 117)$$

entnimmt, wenn F den wirksamen Kolbenquerschnitt, c die augenblickliche Kolbengeschwindigkeit bezeichnet und der volumetrische Wirkungsgrad zu 100 % angenommen wird. Während der Zeit t wird also dem Windkessel entnommen die Menge

$$q = F \int c\,dt. \quad \ldots \ldots \ldots \quad 118)$$

Nach Einführung von

$$c = u \sin \varphi$$

folgt dann

$$q = Fu \int \sin \varphi\,dt, \quad \ldots \ldots \ldots \quad 119)$$

und da nach früherem [Gleichung 77)]

$$d\,t = d\varphi\,\frac{r}{u},$$

auch:

$$q = Fr \int \sin \varphi\,d\varphi; \quad \ldots \ldots \quad 120)$$

während des ganzen Saughubes also:

$$q = Fr \int_0^\pi \sin \varphi\,d\varphi = F\,2r = F\,s, \quad \ldots \ldots \quad 121)$$

wie erwartet werden mußte.

Leitet man in beliebigem Maßstab aus dem Kurbelkreise eine Sinuslinie über der Basis $2\,\pi$ ab, so ist die Fläche zwischen dieser und der Abszissenachse, auf einer Seite derselben gemessen, gleich $2r$ und stellt demnach die Fördermenge der Pumpe pro qcm der wirksamen Kolbenfläche während einer Kurbelumdrehung dar. Durch Multiplikation mit F ergibt sich daraus die gesamte Förderung während eines Doppelhubes. Man nennt diese Art der Darstellung das Leistungsdiagramm, dessen Vorzug in der klaren Übersichtlichkeit der Arbeitsweise einer Pumpe gegebener Bauart besteht. Fig. 69, 70 zeigt das Leistungsdiagramm einer einfachwirkenden Pumpe (Ansaugen und Fortdrücken erfolgt nacheinander), Fig. 71, 72 dasjenige einer doppeltwirkenden Pumpe (Saugen und Drücken findet gleichzeitig auf beiden Kolbenseiten statt), Fig. 73, 74 das zweier unter 90^{0} Kurbelversetzung gekuppelter, doppeltwirkender Pumpen (die Flächen überdecken sich teilweise und ergeben durch Summierung der Ordinaten das durch größere Strichstärke hervorgehobene resultierende Diagramm), Fig. 75, 76 und 77, 78 die Leistungsdiagramme dreier unter 120^{0} Kurbelversetzung gekuppelter, einfach- und doppeltwirkender Pumpen und endlich Fig. 79, 80 das Diagramm einer Differentialpumpe (während einer Umdrehung erfolgt einmal Ansaugen und zweimal Fortdrücken).

Aus allen diesen Diagrammen ist die während einer Kurbelumdrehung geförderte Wassermenge durch Ausmessen der Fläche

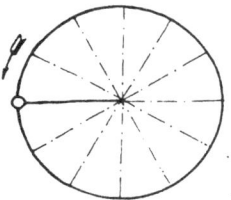
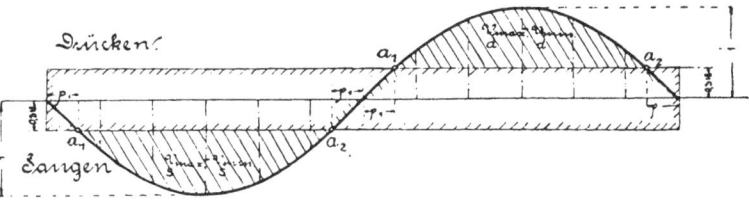

Fig. 69.   Fig. 70.

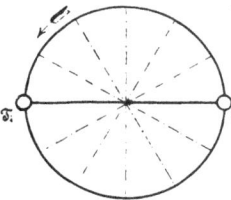
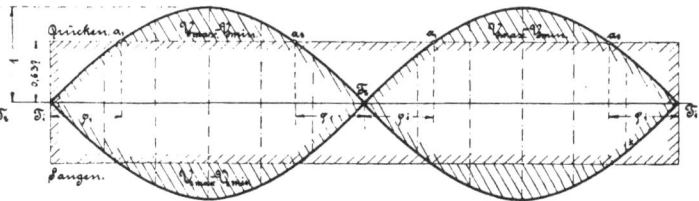

Fig. 71.   Fig. 72.

Dahme, Die Kolbenpumpe.   5

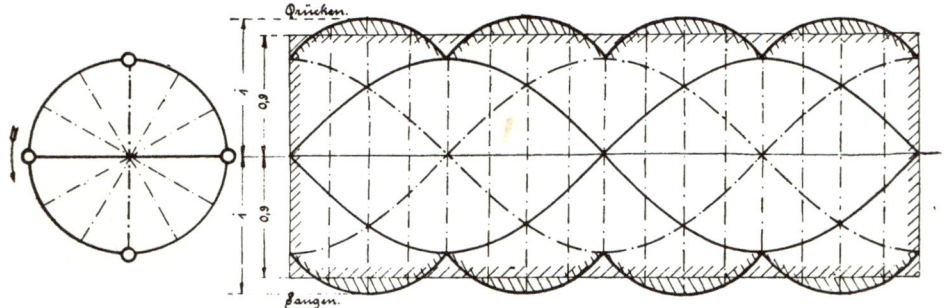

Fig. 73.   Fig. 74.

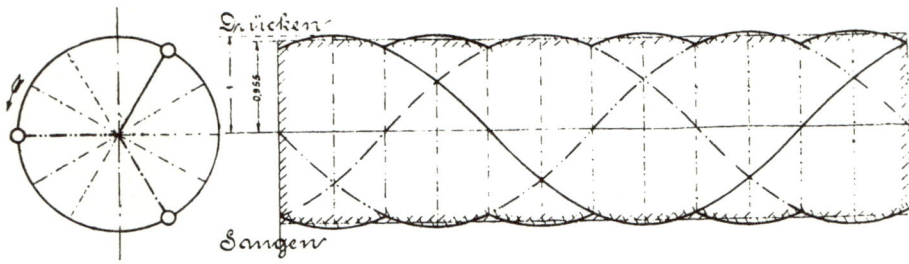

Fig. 75.   Fig. 76.

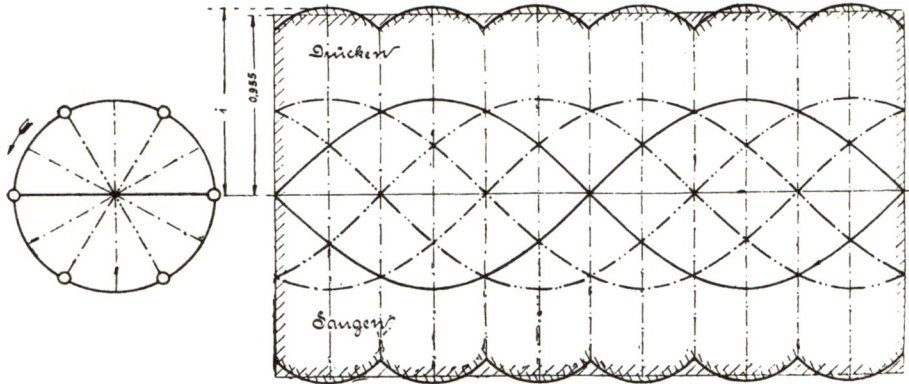

Fig. 77.   Fig. 78.

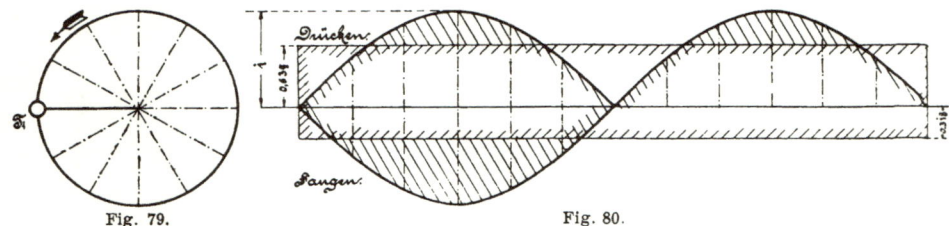

Fig. 79.   Fig. 80.

zwischen der resultierenden Kurve und der Abszissenachse (natürlich nur auf einer Seite derselben) und Multiplikation mit dem
wirksamen Kolbenquerschnitt zu ermitteln. Sind verschiedene Kolben-
querschnitte vorhanden, so müssen die Diagramme einzeln behandelt
werden. Das kann z. B. eintreten bei doppeltwirkenden Pumpen,
bei denen auf der einen Seite der Stangenquerschnitt vom Kolbenquerschnitt abgezogen werden muß [Gleichung 4)]. Bei Differentialpumpen ist auf der Saugseite der Hauptkolbenquerschnitt maßgebend,
auf der Druckseite jedoch nur die Fläche des Gegenkolbens.

Will man bei doppeltwirkenden Pumpen mit verschieden großen
Kolbenflächen oder bei Differentialpumpen den Verlauf der Gesamt-
förderung pro Doppelhub zur unmittelbaren Anschauung bringen,
so sind die Sinuslinien über derselben Basis 2π (im beliebigen Maßstab) aus Kreisen vom Radius $F \cdot r$ abzuleiten. Es sind dann also
so viel Kreise zugrunde zu legen, als verschieden große Kolbenflächen
vorhanden sind. — Die Genauigkeit der Leistungsdiagramme leidet
durch die in keinem Falle zutreffenden Annahmen, daß der volumetrische Wirkungsgrad $100\,\%$ betrage und die Geschwindigkeit des
Kurbelzapfens während einer Umdrehung konstant sei. Auch darf
die Schubstangenlänge nur bei Anwendung einer Kurbelschleife
gleich unendlich gesetzt werden.

Wir kehren zurück zur Betrachtung der Vorgänge im Saugwindkessel einer einfach wirkenden Pumpe.[1] Beim Anlassen befindet sich die Wassermenge im Zuflußrohr in Ruhe und
kommt erst allmählich in Bewegung nach Maßgabe der im Windkessel durch fortgesetzte Wasserentnahme steigenden Luftverdünnung. Der Beharrungszustand ist erreicht, wenn die während eines
Doppelhubes in den Windkessel eintretende Wassermenge gleich der
in derselben Zeit aus ihm entnommenen ist. Setzen wir den Idealfall
vollkommen gleichmäßiger Zuflußgeschwindigkeit v_s'' voraus, so ist
die in der Zeit dt in den Windkessel eintretende Wassermenge
konstant; wir erhalten ein Bild dieses Vorganges, wenn wir die
Fläche des Leistungsdiagramms über derselben Basis in ein Rechteck
verwandeln (Fig. 70). Die dadurch im Abstande h erhaltene, zur
Abszissenachse parallele Gerade schneidet die Sinuslinie in den
Punkten a_1 und a_2, deren Abszissen den Drehwinkeln φ_1 und $180^0 - \varphi_1$
der Kurbel entsprechen. Zwischen a_1 und a_2 verläuft die Sinus-
linie außerhalb des Rechtecks, d. h. während dieser Zeit wird dem Kessel

---

[1] Die folgenden Betrachtungen gelten auch für die Differentialpumpe, welche
sich beim Ansaugen wie eine einfachwirkende Pumpe verhält (vgl. Fig. 70 u. 80).

beständig mehr Wasser entnommen, als ihm zufließt, der Wasserspiegel im Windkessel muß sinken, der Luftinhalt in gleichem Maße zunehmen. Außerhalb der beiden Punkte ist das Entgegengesetzte der Fall, daher muß bei a_1 der Luftinhalt ein Minimum, bei a_2 ein Maximum sein. Die schraffierte Fläche zwischen der Sinuslinie und dem Rechteck ergibt also durch Multiplikation mit F die dem Windkessel entnommene Wassermenge; je größer diese im Verhältnis zum Hubvolumen Fs ist, um so ungünstiger ist der Windkessel belastet. Die Größe dieser Fläche ist aber

$$V_{s\,max} - V_{s\,min} = F \left[2\,r \int_{\varphi_1}^{\frac{\pi}{2}} \sin\varphi\,d\varphi - h\,(\pi - 2\,\varphi_1)\right];$$

da nun

$$h = \frac{2\,r \int_{0}^{\frac{\pi}{2}} \sin\varphi\,d\varphi}{2\,\pi} = \frac{r}{\pi},$$

so folgt:

$$V_{s\,max} - V_{s\,min} = F\,r \left[2 \int_{\varphi_1}^{\frac{\pi}{2}} \sin\varphi\,d\varphi - \frac{1}{\pi}\,(\pi - 2\,\varphi_1)\right],$$

worin φ_1 bestimmt ist aus

$$\sin\varphi_1 = \frac{h}{r} = \frac{1}{\pi}$$

zu

$$\varphi_1 = 18^0\,34'.$$

Demnach:

$$V_{s\,max} - V_{s\,min} = 1{,}1 \cdot F\,r = 0{,}55\,Fs \quad . \quad . \quad . \quad . \quad 122)$$

Wird nun verlangt, daß dieser Wert nicht mehr als $\frac{1}{m}$ des mittleren Luftvolumens betragen soll, so folgt aus

$$V_{s\,max} - V_{s\,min} = \frac{1}{m}\,V_{s\,m}$$

der gesuchte erforderliche Luftinhalt:

$$V_{s\,m} = m\,(V_{s\,max} - V_{s\,min}), \quad . \quad . \quad . \quad . \quad 123)$$

also für die einfachwirkende Pumpe:

$$V_{s\,m} = m \cdot 0{,}55\,Fs. \quad . \quad . \quad . \quad . \quad . \quad 124)$$

Vorausgesetzt, daß die Zustandsänderungen der im Windkessel enthaltenen Luft isothermisch vor sich gehen, gilt für das Verhältnis der kleinsten zur größten im Windkessel auftretenden Luftspannung das Mariottesche Gesetz, d. h. es muß sein

$$\frac{A_s'_{min}}{A_s'_{max}} = \frac{V_{s\,min}}{V_{s\,max}};$$

da aber

$$V_{s\,\text{max}} - V_{s\,\text{min}} = \frac{1}{m}\,V_{s\,m},$$

also

$$V_{s\,\text{max}} = V_{s\,m} + \frac{1}{2\,m}\,V_{s\,m},$$

$$V_{s\,\text{min}} = V_{s\,m} - \frac{1}{2\,m}\,V_{s\,m},$$

so folgt

$$\frac{A_s'\,\text{min}}{A_s'\,\text{max}} = \frac{2\,m - 1}{2\,m + 1}. \quad \cdots \cdots \cdots \quad 125)$$

Von der Größe dieses Verhältnisses hängt aber die Gleichförmigkeit der Zuflußgeschwindigkeit zum Windkessel ab. Der günstigste Wert wäre 1; dann müßte aber $m = \infty$ sein und auch $V_{s\,m} = \infty$, wie aus den Gleichungen 125) und 124) unmittelbar folgt. Begnügt man sich z. B. mit $\dfrac{A_s'\,\text{min}}{A_s'\,\text{max}} = 0,9$, so folgt $m = 9,5$ und $V_{s\,m} = 9,5\,(V_{s\,\text{max}} - V_{s\,\text{min}})$, für eine einfachwirkende Pumpe mithin

$$V_{s\,m} = \sim 5,2\ F_{s}. \quad \cdots \cdots \cdots \quad 126)$$

Wie groß $\dfrac{A_s'\,\text{min}}{A_s'\,\text{max}}$ zu wählen ist, hängt von der Länge der mit konstanter Geschwindigkeit zu bewegenden Wassersäule ab.

Für die doppeltwirkende Pumpe gilt:

$$h = \frac{2\,r}{\pi},$$

$$\sin \varphi_1 = \frac{h}{r} = \frac{2}{\pi},$$

$$\varphi_1 = 39^0\,32',$$

$$V_{s\,\text{max}} - V_{s\,\text{min}} = 0,21\ F_s \quad \cdots \cdots \quad 127)$$

Für drei unter 120^0 Kurbelversetzung gekuppelte einfachwirkende Pumpen mit gemeinsamem Saugwindkessel:

$$h = \frac{3\,r}{\pi},$$

$$\sin \varphi_1 = \frac{h}{r} = \frac{3}{\pi},$$

$$\varphi_1 = 72^0\,44',$$

$$V_{s\,\text{max}} - V_{s\,\text{min}} = 0,009\ F_s \quad \cdots \cdots \quad 128)$$

Bei der letztgenannten Anordnung stellen sich also die Verhältnisse weitaus am günstigsten; bei gleichem Werte $\dfrac{A_s{}'\min}{A_s{}_{\max}}$ wird $\dfrac{V_{sm}}{F \cdot s}$ erheblich kleiner oder bei gleichem Werte $\dfrac{V_{sm}}{F \cdot s}$ die Druckschwankung beträchtlich geringer, die Förderung sehr viel gleichmäßiger. Deshalb hat sich diese Anordnung besonders für rasch laufende Pumpen bewährt.

Wie aus diesen Darlegungen ersichtlich, ist das Verhältnis der mittleren zur maximalen Ordinate des Leistungsdiagramms ein Maß für die Gleichförmigkeit der Lieferung einer Pumpe. In den Fig. 69 bis 80 ist deshalb, um einen Vergleich der verschiedenen Bauarten zu gestatten, dies Verhältnis angegeben, indem die maximale Ordinate gleich 1 gesetzt wurde. Man ersieht auch hieraus die Überlegenheit der sog. Dreiplungerpumpe, dreier unter 120^0 Kurbelversetzung gekuppelter einfachwirkender Pumpen, die durch doppelte Wirkung nicht mehr gesteigert werden kann (vgl. Fig. 76 und 78).

Was für den Saugwindkessel abgeleitet wurde, gilt natürlich in ganz gleicher Weise für den Druckwindkessel. An Stelle des Zeigers s ist alsdann nur der Zeiger d zu setzen. Wegen der häufig sehr langen Druckleitung wird $\dfrac{A_d{}'\min}{A_d{}'\max}$ möglichst wenig kleiner als 1 genommen, z. B. 0,99 und darüber, woraus dann $m \curvearrowright 100$ (für eine doppeltwirkende Pumpe [1]) also $V_{dm} = 21\,Fs$) und mehr folgt. Da sich so große Volumina unmittelbar über den Druckventilen schlecht anbringen lassen, so führt man den Druckwindkessel als besonderes zylindrisches Gefäß meist in Schmiedeeisen, genietet oder geschweißt, aus und bringt ihn, stehend oder liegend, möglichst nahe der Pumpe unter, an einer Stelle, wo er nicht hinderlich ist. Sind mehrere Pumpen vorhanden, so fördern sie in einen gemeinsamen großen Windkessel, an welchen die Hauptdruckleitung anschließt. Die Pumpen selbst versieht man mit sog. Druckhauben, deren Größe sich nach der Entfernung des Druckwindkessels richtet.

Die oben abgeleiteten Beziehungen ändern sich natürlich etwas, wenn nicht, wie geschehen, die Länge der Schubstange gleich unendlich gesetzt wird. Hierüber enthält die »Hütte« einige Angaben (Teil I, S. 1286 unten). Doch sei daran erinnert, daß die Rechnung mehrfache nur angenähert zutreffende Annahmen enthält und daher mehr zum generellen Verständnis der Vorgänge im Windkessel als

---

[1]) Oder eine Differentialpumpe, weil deren Leistungsdiagramm auf der Druckseite mit dem einer doppeltwirkenden Pumpe übereinstimmt (vgl. Fig. 72 u. 80).

zur genauen Größenbestimmung geeignet ist; für letztere liegt alles
an der rein erfahrungsmäßig zu bestimmenden Größe m, deren rezi-
proken Wert man den **Ungleichförmigkeitsgrad des Windkessels** nennt.

Der nach obigem für einen Saugwindkessel ermittelte Wert V_{sm}
gilt für den Beharrungszustand, d. h. nachdem die Saugsäule im
Zuführungsrohr ihre Geschwindigkeit v_s'' erlangt hat. Dies tritt aber
erst ein, wenn, wie schon oben ausgesprochen, die Anfangspressung
im Windkessel $A_{s0}' = A - H_s''$ um den Betrag $\dfrac{v_s''^2}{2\,g} + W_s''$ abgenommen hat, was nur durch Wasserentnahme und entsprechende
Vermehrung des Luftvolumens im Windkessel geschehen kann. Bezeichnet V_{s0} den Luftinhalt des Saugwindkessels bei Stillstand der
Pumpe, so ergibt sich demnach aus

$$\frac{V_{s0}}{V_{sm}} = \frac{A_s'}{A_{s0}'}:$$

$$V_{s0} = V_{sm}\,\frac{A - H_s'' - \dfrac{v_s''^2}{2\,g} - W_s''}{A - H_s''} \quad \ldots \quad 129)$$

Ähnlich muß beim Druckwindkessel die Pressung von A_{d0}'
$= A + H_d''$ beim Anlassen um $\dfrac{v_d''^2}{2\,g} + W_d''$ allmählich steigen, was
nur unter entsprechender Verringerung des Luftvolumens möglich
ist. Bei Stillstand der Pumpe ist deshalb der Luftinhalt des Druckwindkessels:

$$V_{d0} = V_{dm}\,\frac{A_d'}{A_{d0}'} = V_{dm}\,\frac{A + H_d'' + \dfrac{v_d''^2}{2\,g} + W_d''}{A + H_d''} \quad \ldots \quad 130)$$

Beim Anlassen von Pumpen mit langer Druckleitung ist Vor-
sicht zu beobachten, damit nicht die Spannung im Druckwindkessel
unzulässig hohe Werte annimmt. Denn da die Drucksäule hinter
dem Windkessel noch in Ruhe ist, so muß das von der Pumpe zu-
strömende Wasser zunächst in den Windkessel treten, aus dem es
erst in dem Maße weiterfließen kann, als die Drucksäule, entsprechend
ihrer Masse und der Druckzunahme im Windkessel, sich in Bewegung
setzt. Die Spannungserhöhung im Windkessel hängt demnach ab
von der Schnelligkeit des Anfahrens, der Länge L_d'' des Druckrohres
hinter dem Windkessel und dem Luftinhalt des letzteren. Eine Gleichung zur Ermittelung der beim Anlassen auftretenden größten Windspannung findet sich in Weisbachs »Ingenieur- und Maschinen-

mechanik« [Dritter Teil; in der zweiten Auflage: S. 888, Gleichung 6)]. Diese Gleichung sei mit den Bezeichnungen des vorliegenden Buches und nach mehrfacher Umschreibung hier wiedergegeben. Wegen der Ableitung, die nur unter der nicht zutreffenden vereinfachenden Annahme gleichmäßiger Wasserlieferung aus der Pumpe in den Windkessel möglich ist, sei jedoch auf die genannte Quelle verwiesen. Danach ist

$$1 + \frac{L_d'' Q_a^2}{2g F_d'' V_{dm} A_d'} = ln\,\xi + \frac{1}{\xi}, \quad \ldots \quad 131)$$

worin Q_a die Fördermenge beim Anlassen und ξ das Verhältnis der dabei auftretenden größten Windspannung $A_{d'max}$ zu A_{d0}' bezeichnet. Q_a ist je nach der Bauart der Pumpe aus den Gleichungen 3), 14), 16) oder 18) zu bestimmen, indem darin n durch n_a, die Umlaufzahl beim Anlassen, ersetzt wird. Diese Gleichung gestattet also die Auffindung einer der drei Größen V_{dm}, n_a oder ξ, wenn die beiden anderen gewählt werden. Zur Bestimmung von ξ aus V_{dm} und n_a wird die graphische Darstellung der Funktion

$$\eta = ln\,\xi + \frac{1}{\xi}$$

gute Dienste leisten (Fig. 81). Da bei der Ableitunng dieser Gleichung die Strömungswiderstände in der Steigleitung unberücksichtigt blieben, so werden die daraus ermittelten Werte um so stärker von der Wahrheit abweichen, je größer der Einfluß dieser Widerstände auf die gesamte Förderhöhe ist, d. h. je größer das Verhältnis $\frac{A_d'}{A_{d0}'}$ wird.

Beispiel: Für die Pumpe mit den auf S. 50 gegebenen Abmessungen und $n = 112$ gelte ferner:

$$L_d'' = 300 \text{ m,}$$
$$F_d'' = 0,00785 \text{ qm,}$$
$$v_d'' \backsim 1 \text{ m,}$$
$$H_d'' = 25 \text{ m (siehe Fig. 59).}$$

Nach den Gleichungen 122) und 123) wird (mit $m = 100$):

$$V_{dm} = 55\, Fs = 0,243 \text{ cbm}$$

und nach Gleichung 105): $A_d' = A + H_d'' + \dfrac{v_d''^2}{2g} + W_d'' = 39$ m,

worin $W_d'' = 3,8$ m in gleicher Weise bestimmt wurde wie W_s'' in dem schon behandelten Beispiel. Aus diesen Werten folgt mit der

Annahme, daß die Pumpe mit der vollen Umlaufzahl von 112 in der Minute angelassen werden soll, (also mit $Q_a = 0{,}00784$ cbm/sek)

$$1{,}0127 = ln\,\xi + \frac{1}{\xi},$$

woraus sich mit Hilfe der Fig. 81 ergibt:

$$\xi \sim 1{,}19.$$

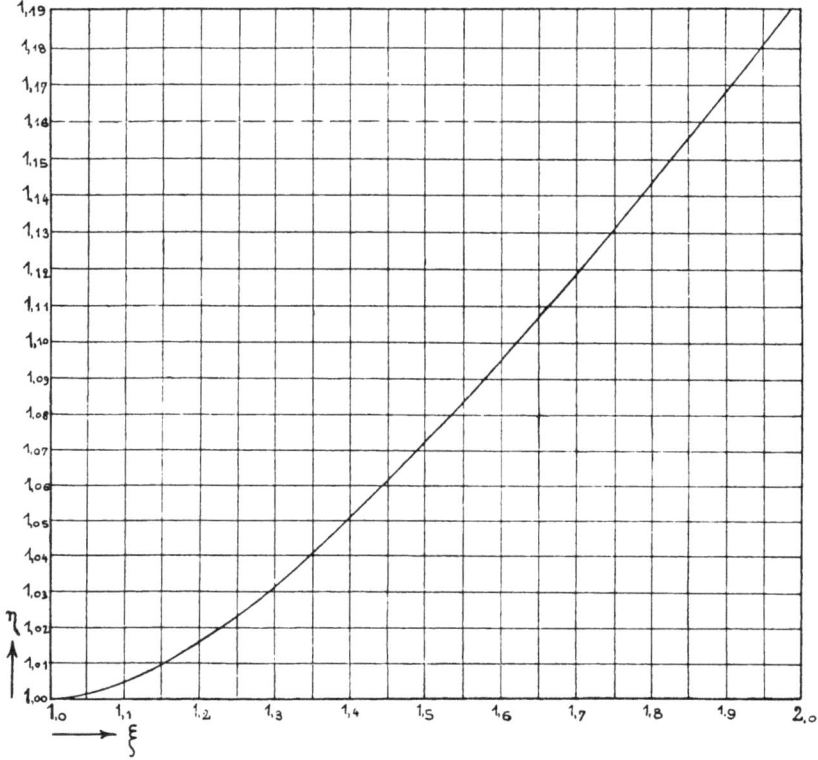

Fig. 81.

Da $A_{d0}' = A + H_d'' = 35{,}2$ m ist, so ist mithin die Wandstärke des Windkessels, das Triebwerk und die größte Leistung der An-triebsmaschine für eine Windpressung $A'_{d\,max} = 35{,}2 \cdot 1{,}19 \sim 42$ m $(= 3{,}2$ at Überdruck) zu berechnen.

Ist dagegen das Verhältnis der größten Leistung der Antriebs-maschine zur normalen begrenzt, so darf ξ höchstens eben so groß werden, woraus dann ein bestimmter Wert für V_{dm} folgt, wenn n_a angenommen wird — oder umgekehrt.

V. Theorie der Ventilbewegung.

A) Ohne Berücksichtigung der Pumpwirkung des Ventils.

Die Ventile dienen dazu, den Pumpenraum abwechselnd mit der Saugleitung und mit der Druckleitung in Verbindung zu bringen. Danach unterscheidet man an jeder Pumpe mindestens ein Saugventil und ein Druckventil, die in ihrer Wirkungsweise nur geringe Unterschiede aufweisen. Die weitaus überwiegende Mehrzahl der Pumpenventile ist selbsttätig, d. h. die Ventile werden nicht durch eine äußere Steuerung bewegt, sondern öffnen von selbst unter dem Einfluß des Flüssigkeitsdruckes und schließen infolge ihres Eigengewichtes oder einer Federbelastung in dem Maße, wie der Durchfluß aufhört. Hierbei ist es im Interesse ruhigen, stoßfreien Ganges erforderlich, daß die Ventile während ihrer Bewegung auf dem Flüssigkeitsstrome schwimmen und in ihrer Erhebung nicht durch eine Hubbegrenzung vorzeitig gehemmt werden, wie schon v. Bach in seinen 1884 veröffentlichten Versuchen über Ventilbelastung und Ventilwiderstand einwandfrei dargelegt hat. Aus dieser allgemein beachteten Forderung ergibt sich leicht das Bewegungsgesetz selbsttätiger Pumpenventile, wenn das Bewegungsgesetz des Pumpenkolbens bekannt ist.

Wir betrachten das selbsttätige Druckventil einer im Beharrungszustand befindlichen einfachwirkenden Pumpe mit Kurbelantrieb, setzen jedoch, um die Betrachtung zu vereinfachen, die Schubstangenlänge gleich ∞.[1]) Es handle sich um ein ebenes Tellerventil ohne Federbelastung mit oberer Führung (Fig. 82). Wir greifen aus dem Ventilspiel den Augenblick heraus, in welchem sich das Ventil um die Höhe h (in m gemessen) von seinem Sitz erhoben hat; in demselben Moment habe der Kolben die Geschwindigkeit c m/sek. Bezeichnet ferner f_v' den lichten Durchgangsquerschnitt des Ventilsitzes in qm, l den äußeren Umfang des Ventiltellers in m, c_v' in m/sek die Geschwindigkeit des Wassers im Querschnitt f_v', α den Kontraktionskoeffizienten im Spalt, c_v die Spaltgeschwindigkeit, d. h. die radial gerichtete Ausflußgeschwindigkeit senkrecht zur Fläche $\alpha h l$ in m/sek, so muß wegen des Zusammenhanges der Flüssigkeit sein

$$Fc = f_v' c_v', \qquad \ldots \ldots \ldots \quad 132)$$

---

[1]) Vgl. Fußnote S. 75.

wobei vorausgesetzt ist, daß der ganze Querschnitt $f_v{}'$ mit Wasser angefüllt ist. Dies wird der Fall sein, wenn der Ventilsitz genügend hoch und die Eintrittsöffnung zur Pumpe hin gut ausgerundet ist, so daß Kontraktion im Ventilsitz vermieden wird. Es ist ferner

$$f_v{}' c_v{}' = \alpha l h c_v, \quad \ldots \ldots \ldots \quad 133)$$

also auch

$$F c = \alpha l h c_v, \quad \ldots \ldots \ldots \quad 134)$$

woraus

$$h = \frac{F}{\alpha l c_v} c. \quad \ldots \ldots \ldots \quad 135)$$

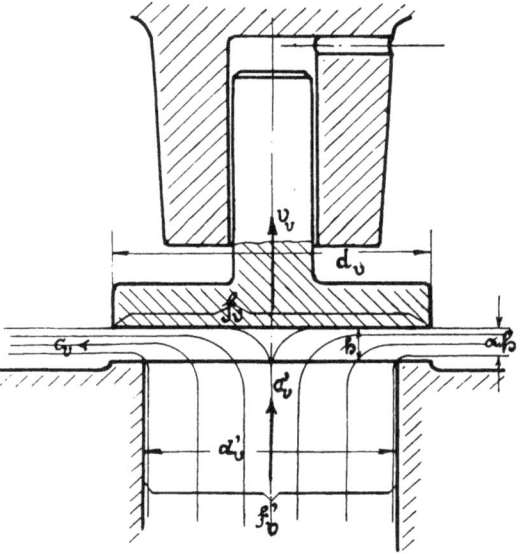

Fig. 82.

Nun ist die Spaltgeschwindigkeit, wie weiter unten des näheren gezeigt wird [Gleichung 63)] abhängig von der Ventilbelastung, muß also bei Gewichtsventilen (wenn der Einfluß der bewegten Ventilmasse vernachlässigt wird) über den ganzen Ventilhub konstant sein. Betrachten wir weiter auch den Kontraktionskoeffizienten als konstant, so erkennen wir aus obiger Gleichung den Ventilhub als lineare Funktion der Kolbengeschwindigkeit. Da aber nach früherem

$$c = u \sin \varphi,{}^1)$$

---

[1] Auf die Berücksichtigung der endlichen Schubstangenlänge wurde in den folgenden Ausführungen durchweg verzichtet, um diesen Abschnitt nicht zu sehr

so ist auch

$$h = \frac{Fu}{al c_v} \sin \varphi. \qquad \qquad \text{136)}$$

Schlägt man also mit $\dfrac{Fu}{al c_v}$ als Radius einen Halbkreis, so hat

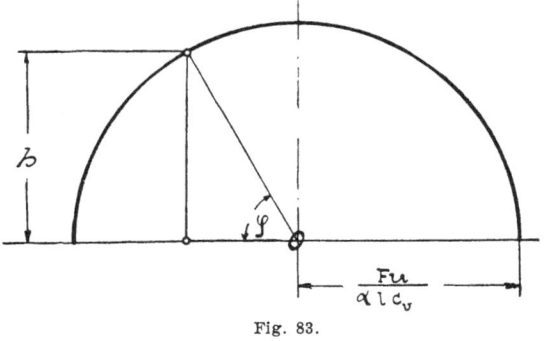

Fig. 83.

man in der Ordinate eines beliebigen Punktes desselben unmittelbar die Ventilerhebung für den zugehörigen Kurbelwinkel φ (Fig. 83). Die Darstellung läßt auch erkennen, daß bei Kolbentotlage $h = 0$, bei Kolbenmittelstellung

$$h = \frac{Fu}{al c_v} = h_{\max} \text{ ist.}$$

Aus der ersten Ableitung der Gleichung 136) folgt die Ventilgeschwindigkeit

$$v_v = \frac{dh}{dt} = \frac{Fu}{al c_v} \cos \varphi \, \frac{d\varphi}{dt}, \qquad \qquad \text{137)}$$

und mit

$$\frac{d\varphi}{dt} = \frac{u}{r}:$$

$$v_v = \frac{Fu^2}{al c_v r} \cos \varphi. \qquad \qquad \text{138)}$$

Da ferner $\cos \varphi = 1 - \dfrac{x}{r}$ (x der zu φ gehörige Kolbenweg aus der Totlage), so folgt:

$$v_v = \frac{Fu^2}{al c_v r}\Big(1 - \frac{x}{r}\Big) \qquad \qquad \text{139)}$$

Nun ist nach Gleichung 80) die Kolbenbeschleunigung

$$a_k = \frac{u^2}{r}\Big(1 - \frac{x}{r}\Big),$$

anwachsen zu lassen. Wird Wert darauf gelegt, so können die sämtlichen Gleichungen der Ventilbewegung durch Einführung von $c = u \sin \varphi \,(1 \pm \frac{r}{l} \cos \varphi)$ und $a_k = \frac{u^3}{r} (\cos \varphi \pm \frac{r}{l} \cos 2\varphi)$ dafür umgeschrieben werden. An den zwischen der Ventilbewegung und der Kolbenbewegung gezeigten Übereinstimmungen wird dadurch nichts geändert, das zeichnerische Verfahren aber sehr erschwert. (Vergl. Seite 90, Fußnote.)

mithin

$$v_v = a_k \frac{F}{\alpha l c_v}, \quad \ldots \ldots \ldots \; 140)$$

d. h. die Ventilgeschwindigkeit ist eine lineare Funktion der Kolben-beschleunigung, ihre graphische Darstellung als Funktion des Kolben-

weges muß also, wie diese, eine gerade Linie geben, die den Kolbenhub in der Mitte schräg schneidet (Fig. 84). In den Totlagen der Kurbel hat die Ventilgeschwindig-keit den Wert

$$\pm \frac{F u^2}{\alpha l c_v r},$$ d. h. das

Ventil beginnt seine Bewegung

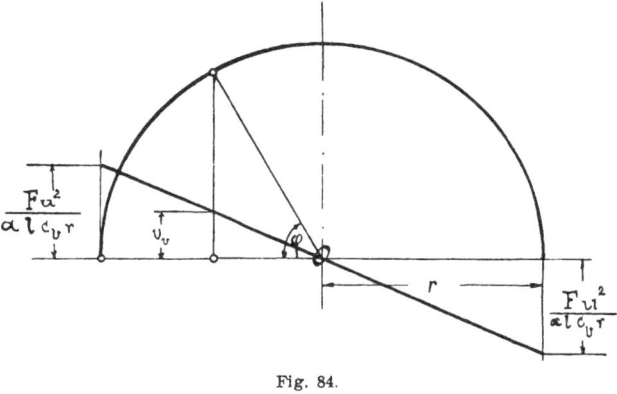

Fig. 84.

nicht mit der Geschwindigkeit Null, sondern stoßartig, und setzt sich in gleicher Weise auch wieder auf den Sitz.

Durch Ableitung der Gleichung 140) folgt die Ventilbe-schleunigung

$$a_v = \frac{d v}{d t} = - \frac{F u^2}{\alpha l c_v r} \sin \varphi \; \frac{d \varphi}{d t} = - \frac{F u^3}{\alpha l c_v r^2} \sin \varphi \; . \; . \; 141)$$

Die Beschleunigung ist also ständig negativ, d. h. nach unten ge-richtet, muß daher, während das Ventil steigt, als Verzögerung aufge-faßt werden. Im übrigen entspricht ihr Verlauf als Funktion des Kolbenweges dem des Ventilhubes und der Kolbengeschwindigkeit. Deshalb schlagen wir mit $\frac{F u^3}{\alpha l c_v r^2}$ als Radius nach unten einen Halb-kreis und haben in der Ordinate eines beliebigen Punktes desselben ohne weiteres die Ventilbeschleunigung bei dem zugehörigen Kurbel-winkel (Fig. 85).

Will man die Größen h, v_v, a_v, φ und x im Zusammenhang über-blicken, so zeichnet man die einzelnen Diagramme übereinander. Man schlägt mit $h_{max} = \frac{F u}{\alpha l c_v}$ (in mm gemessen) einen Halbkreis und um denselben Mittelpunkt O mit $a_{v\,max} = \frac{F u^3}{\alpha l c_v r^2} = h_{max} \frac{u^2}{r^2}$ einen

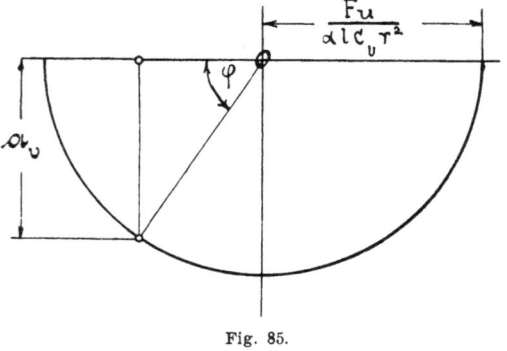

Fig. 85.

zweiten Halbkreis gleichfalls nach oben, da es ja nur auf den **absoluten** Wert der Beschleunigung ankommt. Ein dritter Halbkreis, am besten mit 50 mm Radius geschlagen, stellt den Kurbelkreis dar, sein Durchmesser $\overline{T_1 T_2}$ die Kolbenweglinie. In T_1 wird ein Lot errichtet von der Größe $v_{v\,max}$

$$= \frac{F u^2}{\alpha l c_v r} = h_{max} \frac{u}{r} \quad \text{und von}$$

dessen Endpunkt durch O eine Gerade gezogen bis zum Schnittpunkt mit dem Lote in T_2.

Es sei z. B.

$$F = 0{,}00385 \text{ m}^2, \qquad r = 0{,}1 \text{ m/sek},$$
$$l = 0{,}22 \text{ m}, \qquad u = 0{,}63 \text{ m/sek},$$
$$c_v = 2 \text{ m/sek}, \qquad \alpha = 0{,}7,$$

so folgt:

$$h_{max} \infty 8 \text{ mm},$$
$$v_{v\,max} = h_{max} \frac{u}{r} \infty 50{,}4 \text{ mm},$$
$$a_{v\,max} = h_{max} \frac{u^2}{r^2} \infty 318 \text{ mm/sek}^2.$$

Mit diesen Größen ist Fig. 86 gezeichnet, doch wurde der Halbkreis für $a_{v\,max}$ mit $r = 31{,}8$ mm geschlagen, so daß die Beschleunigungen in cm/sek^2 erhalten werden, der Ventilhub jedoch in mm, die Ventilgeschwindigkeit in mm/sek. Sollen z. B. für 20% Kolbenweg alle diese Größen bestimmt werden, so trägt man von T_1 aus 20 mm ab bis A, errichtet das Lot AB, welches die schräge Gerade in C schneidet, zieht den Radius BO, der die beiden andern Kreise in D und E schneidet und den Winkel φ mit der Horizontalen bildet, fällt die Lote DF und EG und hat sofort alle gesuchten Werte mit derjenigen Annäherung, welche die Voraussetzungen: $\frac{r}{l} = \frac{1}{\infty}$, $c_v = $ const., $\alpha = $ const., die Vernachlässigung der Ventilmasse und die Schätzung von α zulassen (mit $\alpha = 0{,}8$ wird z. B. $h_{max} \infty 7$ mm). Auf welche Weise man der wirklichen Ventilerhebungslinie näher kommen kann, wird im nächsten Abschnitt gezeigt werden. Hier sei nur erwähnt, daß

Prof. L. Klein, Hannover, an einem von ihm untersuchten einspaltigen Kegelringventil mit Gewichtsbelastung (Dinglers Polytechnisches Journal, 1907, S. 355) feststellte, daß die Ventilschlußgeschwindigkeit etwa das 1,6fache der theoretischen betrug,
also $v_{v\,max} = 1,6\,h_{max}\,\dfrac{u}{r}$ war.

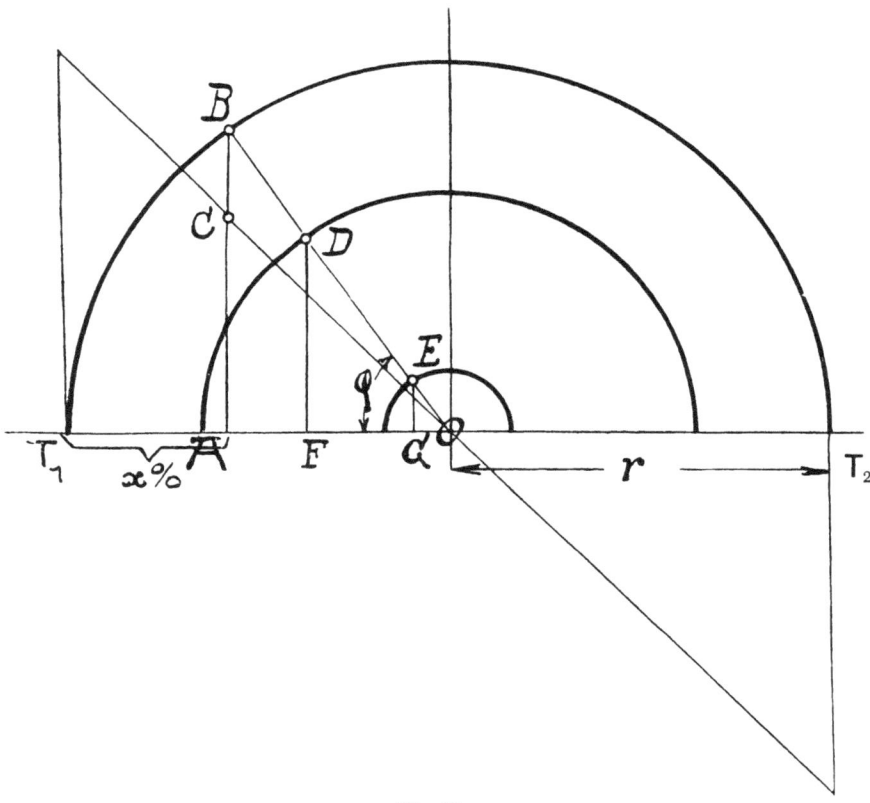

Fig. 86.

Für manche Untersuchungen ist es zweckmäßig, die soeben
betrachteten Größen nicht auf den Kolbenhub, sondern auf den abgewickelten Kurbelkreis (die Zeitbasis) zu beziehen. Alsdann treten
die Kurven für h und a_v als Sinuslinien, die Kurve für v_v als Kosinuslinie auf.

B) Mit Berücksichtigung der Pumpwirkung des Ventils.

Ein wichtiger Umstand ist bei der bisherigen Betrachtung des Ventilspiels unberücksichtigt geblieben, nämlich der, daß sich das Ventil in der beobachteten Lage Fig. 82 selber in Bewegung befindet. Es ist bestrebt, entsprechend seiner unteren Fläche f_v und seiner momentanen Geschwindigkeit v_v unter sich den Raum $f_v v_v$ freizugeben, der von dem aus der Pumpe nachströmenden Wasser ausgefüllt werden muß, ehe der Rest durch den Spalt in den Druckraum treten kann. Von der Menge $f_v' v_v' = Fc$ ist also in jedem Augenblick die Menge $f_v v_v$ in Abzug zu bringen, so daß die richtig gestellte Gleichung 134) nunmehr lautet:

$$Fc - f_v v_v = \alpha l h c_v. \quad \ldots \ldots \ldots \quad 142)$$

Dies ist die **Westphalsche Gleichung,** denn Westphal hat dieselbe zuerst aufgestellt. (»Beitrag zur Größenbestimmung von Pumpenventilen«, Zeitschrift des Vereins deutscher Ingenieure, 1893, S. 381.) Sie wurde dann von Otto H. Mueller wieder aufgenommen, der aus ihr in seinem Buche »Das Pumpenventil« (Leipzig, Artur Felix, 1900) eine Reihe interessanter Schlüsse zog.

Aus Gleichung 142) folgt unmittelbar

$$h = \frac{Fc - f_v v_v}{\alpha l c_v} \quad \ldots \ldots \ldots \quad 143)$$

Dies gilt für die Aufwärtsbewegung des Ventils. Beim Sinken ist v_v negativ einzuführen, so daß man erhält

$$h = \frac{Fc + f_v v_v}{\alpha l c_v}. \quad \ldots \ldots \ldots \quad 144)$$

Das Ventil wirkt demnach wie eine kleine Zusatzpumpe, deren Kurbel von der Länge $\dfrac{Fu}{\alpha l c_v}$ gegen die Hauptkurbel um 90^0 versetzt ist; man erkennt dies, wenn man in die Gleichungen 138) und 141) statt φ den Winkel $90^0 \pm \varphi$ einführt, wodurch sie, bis auf die Konstante, in Übereinstimmung mit dem Bewegungsgesetz des Hauptkolbens gebracht werden. Während also das Ventil steigt, saugt es von der Fördermenge der Pumpe einen, wenn auch nur kleinen Teil an, während des Sinkens pumpt es denselben zusammen mit dem vom Kolben geförderten Quantum in den Druckraum. Durch diesen Vorgang muß das Leistungsdiagramm notwendig eine Verschiebung erleiden, wie leicht zu zeigen ist. Schlägt man mit Fu um O einen Halbkreis, so ist die Ordinate irgend eines Punktes desselben gleich

$Fu \sin \varphi = q$. Die Kurve der Ventilförderung $q_v = \mp f_v v_v$ muß gleich der Kurve der Ventilgeschwindigkeit eine schräge Gerade durch O sein (Fig. 84), deren Endordinaten gleich $\mp f_v \dfrac{Fu^2}{\alpha l c_v r}$ sind. Verschiebt man die Ordinatenfußpunkte des Halbkreises an diese Gerade, so erhält man die Kurve der tatsächlichen Fördermengen für jede Kolbenstellung (Fig. 87).

Man ersieht aus dieser Darstellung die wichtige Tatsache, daß die Förderung nicht in der Totlage beginnt, sondern erst, nachdem der Kolben den Weg x_0 zurückgelegt hat, und daß die Förderung nicht mit Beendigung des Hubes aufhört, sondern offenbar noch fort-

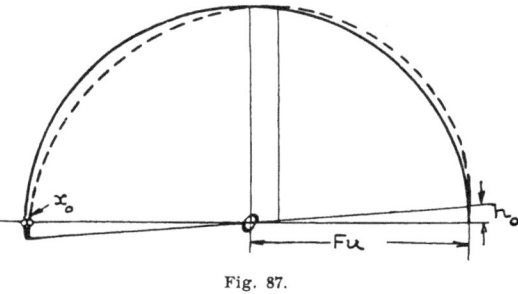

Fig. 87.

dauert, nachdem der Kolben bereits umgekehrt ist.

Wir hatten oben [Gleichung **143**)]:

$$h = \frac{1}{\alpha l c_v} (Fc - f_v v_v).$$

Um wiederum h als Funktion des Kolbenweges zu gewinnen, muß erst durch Ableiten dieser Gleichung v_v gefunden werden:

$$v_v = \frac{dh}{dt} = \frac{1}{\alpha l c_v} \left(F \frac{dc}{dt} - f_v \frac{dv_v}{dt} \right) \quad \ldots \quad \textbf{145)}$$

Prof. H. Berg, Stuttgart, macht in seiner interessanten Abhandlung: »Die Wirkungsweise federbelasteter Pumpenventile« (Mitteilungen über Forschungsarbeiten, Heft 30, Springer, Berlin), die für praktische Verhältnisse zulässige Annahme $f_v \dfrac{dv_v}{dt} = 0$, so daß er erhält:

$$v_v = \frac{F}{\alpha l c_v} \frac{dc}{dt} \quad \ldots \ldots \ldots \quad \textbf{146)}$$

[vgl. Gleichung 140)] und durch Einsetzen in Gleichung 143):

$$h = \frac{F}{\alpha l c_v} \left(c - \frac{f_v}{\alpha l c_v} \frac{dc}{dt} \right), \quad \ldots \ldots \quad \textbf{147)}$$

woraus mit

$$c = u \sin \varphi$$

und

$$\frac{dc}{dt} = \frac{u^2}{r} \cos \varphi$$

folgt:

$$h = \frac{Fu}{a\,l\,c_v}\left(\sin \varphi - \frac{f_v\,u}{a\,l\,c_v\,r} \cos \varphi\right). \quad \ldots \quad 148)$$

Das erste Glied dieser Gleichung: $\dfrac{Fu}{a\,l\,c_v}$ sin φ unterscheidet sich von dem Ausdruck für die Pumpenförderung nur durch die Konstante, ebenso ist das zweite Glied: $\dfrac{Fu}{a\,l\,c_v}\dfrac{f_v\,u}{a\,l\,c_v\,r}$ cos φ nur durch die Konstante von dem Ausdruck für die Ventilförderung verschieden. Die graphische Darstellung beider Kurven und mithin auch der ganzen Funktion muß demnach mit Fig. 87 übereinstimmen; d. h. die dort für $q - q_v$ gefundene Kurve bedeutet in anderem Maßstab zugleich die Ventilerhebungslinie, aus deren Verlauf hervorgeht, daß das Ventil erst öffnet, nachdem der Kolben den Weg x_o zurückgelegt hat, und erst schließt, nachdem der Kolben die Totlage überschritten hat. Ferner, daß der höchste Ventilhub erst nach Überschreitung der höchsten Kolbengeschwindigkeit erreicht wird.

Für die Tatsache der Eröffnungs- und Schlußverspätung des Ventils gibt Otto H. Mueller in dem oben angeführten Buche (»Das Pumpenventil«, S. 29) die zweifellos zutreffende Erklärung, daß das an sich sinnlose, zu x_o gehörige negative Stück der Erhebungslinie des betrachteten Druckventils als Darstellung der Schlußbewegung des Saugventils aufgefaßt werden muß, da ja die Pumpe als im Beharrungszustand befindlich vorausgesetzt wurde. Ebenso ragt der Druckventilabschluß in die Saugperiode hinein. Es kann das eine Ventil erst eröffnen, nachdem das andere geschlossen hat, das Spiel beider Ventile erfolgt verspätet. Die oben für Ventilgeschwindigkeit und Ventilbeschleunigung gefundenen Kurven sind danach ebenfalls um das Stück x_o im Sinne der Kolbenbewegung zu verschieben.

Nunmehr bestätigt sich auch, was bei der Untersuchung der Saugwirkung ausgesprochen wurde (S. 38), daß nämlich bei jeder vollkommen korrekt arbeitenden Kurbelpumpe ein Abreißen der Saugsäule im Totpunkt eintreten muß. Denn kann die Bewegung der Saugsäule erst beginnen, nachdem der Kolben den Weg x_o zurückgelegt, also bereits die Geschwindigkeit $c_o = u \sin \varphi_o$ (φ_o der zu x_o

gehörige Kurbelwinkel) erlangt hat, so muß der Kolben dem Saugwasser zunächst voraneilen, bis nach allerdings ganz kurzer Zeit infolge der größeren Beschleunigung der freien Saugsäule der Zusammenhang wieder hergestellt ist. Daß dieser geringfügige Stoß
nicht wahrnehmbar wird, liegt an den stoßmildernden Einflüssen
der im Wasser enthaltenen Luft, der Elastizität der Pumpenwan-
dungen usw. Jedenfalls ist es also gerechtfertigt, wie in dem Kapitel über die Saugwirkung geschehen, die Anfangsbeschleunigung
des Saugventils im Zusammenhang mit der frei beschleunigten Saugsäule zu betrachten. Dieser Unterschied wird sich in der Ventilerhebungslinie, deutlicher aber in der Geschwindigkeits- und Be-
schleunigungskurve des Saugventils ausdrücken (Fig. 88). (Vgl. Otto
H. Mueller, »Das Pumpenventil«, S. 55.)

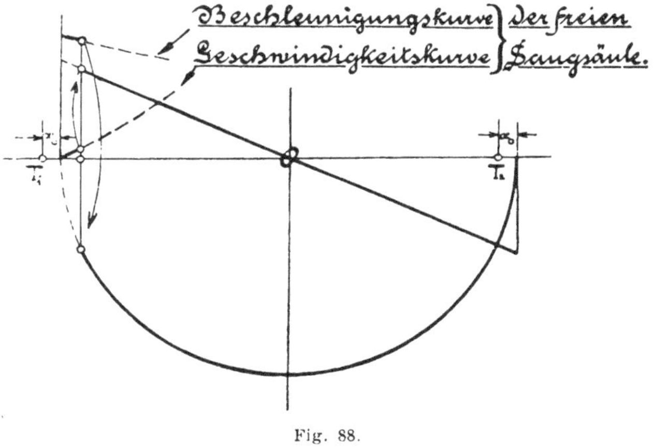

Vollkommen ab-
weichend von den
geschilderten Vor-
gängen gestaltet sich
die **Ventilbewegung
bei den direkt wir-
kenden Dampfpum-
pen.** Diese besitzen
keinerlei drehende
Teile; die gemein-
same Kolbenstange
trägt einerseits den
Dampfkolben, an-
dererseits den Pum-
penkolben, welche

Fig. 88.

ohne die strenge Gesetzmäßigkeit der mittels Kurbeltrieb be-
wirkten Kolbenbewegung unter dem Einfluß der auf sie wirkenden Kräfte frei hin und her gehen. Und zwar geschieht diese
durch den Dampfdruck hervorgerufene Bewegung solange mit
wachsender Geschwindigkeit, bis die schnell zunehmenden Widerstände den zur Beschleunigung verfügbaren Kräfteüberschuß ver-
zehren. Da dieser Zustand unmittelbar nach Beginn des Hubes
eintritt und die durch Dampfkompression bewirkte Verzögerung
am Hubende die Massen schnell zur Ruhe bringt, so kann man die
Kolbengeschwindigkeit als über den ganzen Hub konstant betrachten, sehr im Gegensatz zur Pumpe mit Kurbelantrieb. Dem-
entsprechend wird das Ventil nach rascher Eröffnung unter dem

6*

Einfluß eines gleichbleibenden Wasserdurchflusses über den größten
Teil des Hubes in unveränderter Lage verharren und gegen Ende
schnell schließen. Sehr begünstigt wird der Ventilschluß durch
Hubpausen, wie sie bei den Duplexpumpen (zwei nebeneinander-
liegenden, sich gegenseitig steuernden, direktwirkenden Dampfpumpen
gleicher Bauart) auftreten. Die Kolben verharren infolge der Eigenart der Steuerung einen Augenblick in der Totlage, ehe sie den
neuen Hub antreten. Ein anschauliches Bild der Arbeitsweise solcher
Pumpen erhält man durch die Aufnahme von Kolbenweg-Zeit-
diagrammen (Fig. 89).[1])

Eine mit der Achse parallel zur Pumpenachse liegende Papier-
trommel wird durch einen kleinen Elektromotor mit genau feststell-

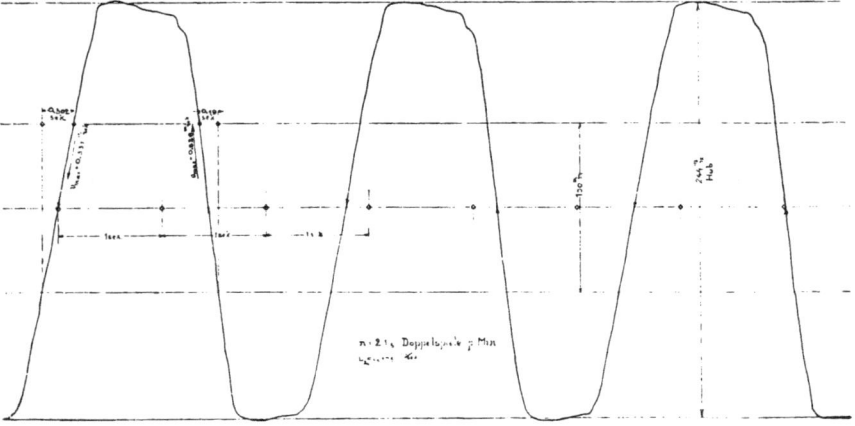

Fig. 89.

barer Geschwindigkeit in Drehung versetzt, während der an der
Kolbenstange befestigte Schreibstift das Diagramm aufzeichnet. Die
Ordinaten desselben bedeuten den Kolbenweg, die Abszissen die
Zeit; die Geschwindigkeit in einem beliebigen Punkt des Hubes ist
aus der Neigung der Kurventangente gegen die Abszissenachse zu
erkennen. Da sich diese aber fast über den ganzen Hub nicht
ändert (die Kurve erscheint als Gerade), so bestätigt sich, daß die
Kolbenbeschleunigung konstant ist. Die kurze Anfangsbeschleunigung, die etwas längere Endverzögerung und die Hubpause sind
deutlich zu erkennen.

---

[1]) Von Herrn Betriebsingenieur Linder, Stettin, dem Verfasser liebenswürdigst
zur Verfügung gestellt.

Während dieser Hubpause schließt nun das durch die Endverzögerung schon seinem Sitz genäherte Ventil völlig ab, unter durchaus anderen Bedingungen als bei der Kurbelpumpe. Dort erfolgt der Schluß erst nach der Kolbenumkehr, und zwar bei unzulänglicher Belastung so spät, daß durch das Absaugen des zwischen den Sitzflächen befindlichen Wassers in das Pumpeninnere ein harter, metallischer Schlag entsteht; hier jedoch bewegt sich das Ventil im ruhenden Wasser gegen seinen Sitz, so daß das unter ihm befindliche Wasser nur durch den Spalt nach außen entweichen kann. Da aber alsdann $f_v v_v = l h\, c_v$ sein muß (mit $\alpha = 1$), so wird in dem Augenblick, wo das Ventil mit endlicher Geschwindigkeit den Sitz berührt, $c_v = \infty$. Das aber ist nicht möglich, also kann das Ventil überhaupt nicht völlig schließen; es wird vielmehr eine sehr dünne Wasserschicht zwischen den Sitzflächen zurückbleiben, durch welche ein geräuschloser Ventilschluß gesichert ist. (Vgl. H. Berg, »Die Wirkungsweise federbelasteter Pumpenventile«. Mitteilungen über Forschungsarbeiten, Heft 30, S. 17, und Otto H. Mueller, »Das Pumpenventil«, S. 1).

VI. Ventilgröſse und Ventilbelastung.

Aus Gleichung 142) folgt für die höchste Stellung des Ventils:

$$\alpha\, l\, h_{\max}\, c_v = F c_{\max}\ (da\ v_v = 0) \quad \ldots \ldots \quad 149)$$

und mit

$$c_{\max} = u = \frac{\pi s n}{60}$$

sowie nach Einführung der sekundlichen Fördermenge einer einfachwirkenden oder einer Kolbenseite einer doppeltwirkenden Pumpe:

$$Q = \lambda \frac{F s n}{60}$$

[Gleichung 16)], woraus

$$F = \frac{60\, Q}{s n \lambda} :$$

$$l h_{\max} = \frac{\pi}{\alpha \lambda} \cdot \frac{Q}{c_v} ; \quad \ldots \ldots \quad 150)$$

d. h. der größte Spaltquerschnitt ist direkt proportional der sekundlich durch das Ventil geförderten Wassermenge und umgekehrt proportional der Spaltgeschwindigkeit.

Wird also h_{max} und c_v nach den besonderen jeweils vorliegenden Betriebsverhältnissen der Pumpe gewählt, so hängt die Ventilgröße nur von Q ab. Der Ventilumfang wird

$$l = \frac{\pi}{\alpha \lambda c_v h_{max}} Q \qquad \qquad 151)$$

Von dieser Gleichung oder auch von Gleichung 149) wird zur Zeit bei Ventilberechnungen allgemein ausgegangen. Wenn nicht ein besonders ungünstiger Lieferungsgrad zu erwarten ist, so kann $\lambda = 1$ gesetzt werden in Anbetracht der Ungenauigkeit, die in der Annahme von α liegt, und des Umstandes, daß unter normalen Verhältnissen bei guten Ausführungen λ tatsächlich nur sehr wenig kleiner als 1 wird. Man wählt c_v so, daß der dadurch bedingte Druckhöhenverlust möglichst klein bleibt im Verhältnis zur gesamten Druckhöhe der Pumpe, woraus hervorgeht, daß bei Pumpen mit großen Förderhöhen oder Preßpumpen (die schon aus Festigkeitsgründen kleine Ventilabmessungen erhalten müssen) c_v höher angenommen werden kann (**2 ÷ 5 m/sek** und darüber) als bei Pumpen geringer Förderhöhe (**1 ÷ 2 m/sek**). Für mittlere Verhältnisse (Wasserwerkspumpen etc.) ist **2 m/sek** ein häufig gewählter Wert. Bei Saugventilen sollte derselbe jedenfalls möglichst nicht überschritten werden, wenn man auf große Saughöhe bedacht ist, da H_v [Gleichung 157)] mit dem Quadrate von c_v wächst. (Vgl. Otto H. Mueller, »Das Pumpenventil, S. 91 ff.)

Für die Wahl von h_{max} ist die Umdrehungszahl der Pumpe maßgebend, indem man erfahrungsgemäß den Ventilhub um so kleiner annimmt, je mehr Ventilspiele in der Minute erfolgen, je geringer also die für Eröffnung und Schluß des Ventils verfügbare Zeit ist, ungefähr in den Grenzen:

$h_{max} = 4 \dots 10$ mm

für $n = 100 \dots 40$ Umdrehungen in der Minute.

Dabei muß immer $n h_{max} \backsim 400$ sein.[1]

Bei den direkt wirkenden Dampfpumpen mit Hubpause kann mit den Ventilerhebungen weit höher gegangen werden; für 40 Doppelhübe pro Minute noch 20 mm und darüber. Die Gründe

---

[1] Über das Produkt $n \cdot h_{max}$ siehe auch Gleichung 182) und die Fußnote unter Seite 99.

wurden am Schluß des vorigen Kapitels angeführt. Otto H. Mueller (»Das Pumpenventil«, S. 12) erwähnt einen von ihm gemachten Versuch, bei welchem die auf ursprünglich 22 mm Hub eingestellten 48 Ventile einer Worthingtonpumpe von 12 cbm minutlicher Fördermenge bei unverminderter Hubzahl (36 bis 40 Doppelhübe i. d. M.) auf 65 mm gebracht wurden, ohne daß Stöße aufgetreten wären. Für derartige Ventile lautet Gleichung 149):

$$\alpha\, l\, h\, c_v = F c,$$

worin h und c als angenähert konstant zu betrachten sind. Wird hierin, wie üblich, c aus der Hublänge und Anzahl der minutlichen Doppelspiele bestimmt, also

$$c = \frac{s\, n}{30}$$

gesetzt, so darf man sich nicht darüber täuschen, daß alsdann die wirklich auftretende Kolbengeschwindigkeit weit größer ist, da die Hubpausen unberücksichtigt bleiben. Für die Pumpe, von welcher das Diagramm Fig. 89 entnommen wurde, folgt z. B.

$$c = \frac{s\, n}{30} = 0,176,$$

während sich aus dem Diagramm

für den Aufgang $c = 0,526,$
für den Niedergang $c = 0,331$

ergibt, im Mittel also ein um etwa 140 % höherer Wert!

In bezug auf die Größe des Kontraktionskoeffizienten α ist zu beachten, daß dieselbe zugleich eine Korrektur für die nicht genau zutreffende Annahme senkrecht zur Fläche $\alpha\, h\, l$ erfolgenden Wasseraustritts enthalten muß; im übrigen hängt sie von der Ventilform ab und ist mit der Hubhöhe veränderlich. Für Ventile mit kegelförmigen Sitzflächen ist α wegen der geringen Ablenkung größer als für solche mit ebenen Sitzflächen, bei großen Ventilhüben kleiner als bei niedrigen. Man wähle im Mittel, je nach den sonstigen Umständen, für ebene Sitzflächen $\alpha \sim 0,7 \div 0,8$, für kegelförmige Sitzflächen $\alpha \sim 0,8 \div 0,9$. Bei sehr geringen Hüben nähert sich α der Einheit.

Daß die Werte c_v und h_{max} auch wirklich in den angenommenen Größen auftreten, ist Sache der **Ventilbelastung,** von der sie abhängen. Die rechnerische Vorherbestimmung der erforderlichen Größe dieser Ventilbelastung begegnet jedoch nicht unerheblichen

Schwierigkeiten, weil ihre Genauigkeit von der Kenntnis mehrerer Koeffizienten abhängig ist, die nur auf dem Versuchswege gewonnen werden können und für alle Ventilformen und Betriebsverhältnisse abweichende Werte besitzen. Solche Versuche liegen jedoch zur Zeit noch sehr spärlich vor. In erster Linie müssen hier die schon erwähnten sehr wertvollen und sorgfältigen Untersuchungen v. Bachs genannt werden (»Versuche über Ventilbelastung und Ventilwiderstand«, Berlin, 1884), die an neun ihrer Form nach voneinander verschiedenen Ventilen ohne Federbelastung durchgeführt wurden. Bei diesen Versuchen wurden die Ventile durch Belastungsgewichte auf einem mit konstanter Geschwindigkeit durch den Ventilsitz tretenden Wasserstrom in der Schwebe gehalten (s. auch Zeitschr. d. V. d. I. 1906, S. 2104). Für diesen Fall hatte Bach schon 1883 in der Arbeit: »Die allgemeinen Grundlagen für die Konstruktion der Kolbenpumpen« (Anhang zu dem Werke: »Die Konstruktion der Feuerspritzen«) für die Ventilbelastung die Gleichung aufgestellt:

$$P = 1000 f_v' \frac{v_v'^2}{2g} \left[\varkappa + \left(\frac{f_v'}{\mu' h l} \right)^2 \right] \quad . \quad . \quad . \quad . \quad 152)$$

und durch die genannten Versuche die [Koeffizienten $\varkappa$ und μ' dieser Gleichung bestimmt. Dieselben sind in der »Hütte« (S. 773) angegeben (sie heißen dort λ und μ) und gestatten die Berechnung des erforderlichen Ventilgewichts, wenn die Abmessungen und der Hub bekannt sind und das Ventil auf dem Wasserstrom ruhend angenommen wird. Faßt man den ganzen Klammerausdruck der Bachschen Gleichung zu dem mit dem Ventilhub veränderlichen Koeffizienten ζ' zusammen, so nimmt sie die Form an:

$$P = 1000 f_v' \zeta' \frac{v_v'^2}{2g}, \quad . \quad . \quad . \quad . \quad 153)$$

welche deutlicher erkennen läßt, daß für einen gegebenen Ventilhub die Ventilbelastung als Funktion der Wassergeschwindigkeit im Ventilsitz erhalten wird; die Größe der Spaltgeschwindigkeit, die von der Ventilbelastung unmittelbar abhängt, ist aus der Gleichung nicht zu ersehen. Zur Ermittelung der Wirkungsweise federbelasteter Ventile mit geringer Masse, wie sie heutzutage überwiegend Verwendung finden, leitet deshalb Prof. Berg in seiner oben erwähnten Abhandlung aus der Bachschen Gleichung eine Beziehung zwischen Ventilbelastung und Spaltgeschwindigkeit ab von der Form

$$P = \gamma f_v \zeta \frac{c_v^2}{2g}, \quad . \quad . \quad . \quad . \quad . \quad 154)$$

woraus

$$c_v = \frac{1}{\sqrt{\zeta}} \sqrt{2g\,\frac{P}{\gamma f_v}} \quad . \quad . \quad . \quad . \quad . \quad 155)$$

Nun ist auch

$$P = G_w + \mathfrak{F} + \frac{G_l}{g}\, a_v. \quad . \quad . \quad . \quad . \quad 156)$$

Unter Vernachlässigung der durch die Ventilbeschleunigung entstehenden Massenkraft werde diese Ventilbelastung ersetzt durch eine Wassersäule vom Querschnitt f_v, deren Höhe nach früherem [Gleichung 57)]:

$$H_v = \frac{G_w + \mathfrak{F}}{f_v\,\gamma}.$$

Damit wird

$$c_v = \frac{1}{\sqrt{\zeta}} \sqrt{2g\,H_v}. \quad . \quad . \quad . \quad . \quad 157)$$

Wird dieser Wert in Gleichung 148) eingeführt, so lautet dieselbe, nachdem noch α und ζ zu dem Koeffizienten $\mu = \frac{\alpha}{\sqrt{\zeta}}$[1]) zusammengezogen wurden:

$$h = \frac{F\,u}{\mu\,l\sqrt{2g\,H_v}} \left(\sin\varphi - \frac{f_v\,u}{\mu\,l\,r\sqrt{2g\,H_v}}\cos\varphi\right) \quad . \quad . \quad 158)$$

und ist in dieser Form zur Ermittelung der Ventilbelastung H_v für einen gegebenen Ventilhub zu verwenden, wenn μ bekannt ist.

Berg unternahm zur Ermittelung von μ Versuche an derselben Pumpe, an der schon Bach seine Ventiluntersuchungen angestellt hatte. Von dem Druckventil, einem einfachen, federbelasteten Tellerventil mit ebener Sitzfläche, wurden zahlreiche Ventilerhebungsdiagramme entnommen und aus jedem für eine Reihe verschiedener Ventilhübe nach Bestimmung von φ und H_v die zugehörigen Werte von μ berechnet. Die Mittel aus den so erhaltenen Werten sind in der nachstehenden Zahlentafel zusammengestellt und zur Aufzeichnung der Kurve Fig. 90 verwendet worden. Diese läßt bis $h = 0,6$ mm ein schnelles Ansteigen, von da an ein allmähliches Sinken erkennen. Mit Hilfe dieser Kurve und der Gleichung 158) kann eine rechnungsmäßige Rekonstruktion des Ventilerhebungs-

---

[1]) Dieser Koeffizient ist nicht zu verwechseln mit dem Ausflußkoeffizienten $\mu = \alpha\varphi$ (»Hütte«, S. 239), welcher das Verhältnis der wirklichen zur theoretischen Ausflußmenge bei gegebener Druckhöhe angibt.

diagrammes vorgenommen werden.[1]) Daß auch dieses sich mit der wirklichen Erhebungslinie noch nicht völlig deckt, liegt an dem Einfluß der in der Rechnung nicht berücksichtigten Massen des Ventils. Da die Eröffnung stoßartig erfolgt, so wird der Ventilmasse eine gewisse lebendige Kraft mitgeteilt, infolge deren sie ihre Anfangsgeschwindigkeit beizubehalten sucht und schneller steigt als die errechnete Kurve. Diese schnelle Bewegung erfährt jedoch wegen der noch geringen Wassergeschwindigkeit im Ventilsitz sehr bald eine ziemlich plötzliche Dämpfung und mit zunehmender Wassergeschwindigkeit abermals eine Beschleunigung (vgl. Fig. 234), infolge deren das Ventil **einen größeren** Hub vollführt als das masselose Ventil. Diese Erscheinung begründet die allgemein beachtete For-

---

[1]) Zu diesem Zweck ist punktweise für eine Anzahl von Ventilstellungen der zugehörige Kurbelwinkel zu ermitteln, worauf die Verzeichnung der Ventilerhebungslinie erfolgen kann. — Das hierfür von Prof. Berg angegebene zeichnerische Verfahren leidet an dem Übelstand, daß der Winkel φ nur auf dem Näherungswege gefunden werden kann. Das nachstehende Verfahren vermeidet diesen Übelstand.

Gleichung 158) kann man schreiben:

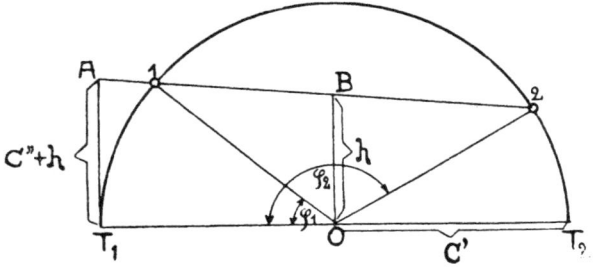

$$h + C'' \cos \varphi = C' \sin \varphi,$$

worin $C' = \dfrac{F\,u}{\mu\,l\,\sqrt{2\,g\,H_v}}$ und $C'' = \dfrac{F\,f_v\,u^2}{2\,g\,H_v\,\mu^2\,l^2}$ nach Bestimmung von μ und H_v für einen beliebigen Wert h zu berechnen sind. Nun schlägt man einen Halbkreis mit dem Radius C' (s. Fig.), errichtet die Lote $\overline{T_1 A} = C'' + h$ und $\overline{OB} = h$ und legt eine Gerade durch A und B, deren Schnittpunkte 1 und 2 mit dem Halbkreis ohne weiteres die zu h gehörigen Winkel φ_1 und φ_2 ergeben. Daß jede der Ordinaten in 1 und 2 gleich $C' \sin \varphi$, ergibt sich unmittelbar aus der Figur; daß sie auch gleich $h + C'' \cos \varphi$ sind, ist leicht zu beweisen, wenn man eine Parallele zu $\overline{AB}$ durch O legt.

Umständlicher wird das Verfahren, wenn man die endliche Länge der Schubstange berücksichtigen will. Dann schreibt sich obige Gleichung:

$$h + C'' \left(\cos \varphi \pm \frac{r}{l} \cos 2\,\varphi\right) = C' \sin \varphi \left(1 \pm \frac{r}{l} \cos \varphi\right),$$

und an die Stelle des Halbkreises und der schrägen Geraden, welche (abgesehen von den Konstanten) mit den Kurven für Kolbengeschwindigkeit und Kolbenbeschleunigung übereinstimmen, treten punktweise zu bestimmende Kurven nach den in der ›Hütte‹, S. 720 und 721, gegebenen Konstruktionen.

derung, bei·schnellaufenden Pumpen die Ventilmasse aufs äußerste
zu beschränken und die erforderliche Belastung durch Federn, welche
nur geringen Ventilhub zulassen, zu bewirken.

Es muß noch ausdrücklich bemerkt werden, daß die μ-Kurve
allein für das untersuchte Tellerventil Giltigkeit besitzt und
nicht ohne weiteres auf andere Ventilformen übertragen werden darf;

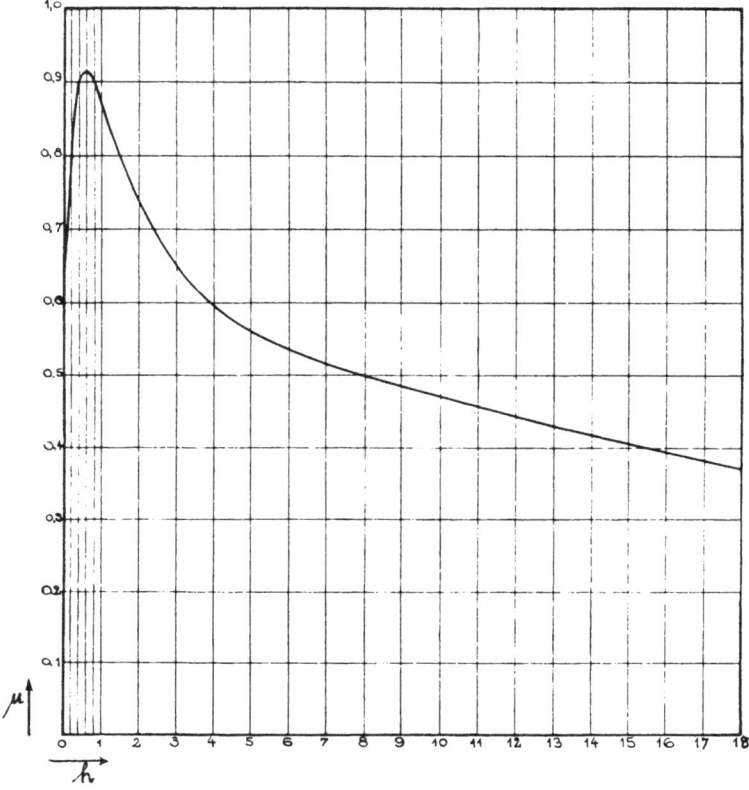

Fig 90.

selbst die Form und Abmessungen des Ventilgehäuses dürften von
Einfluß sein. Wir sind noch weit davon entfernt, ein umfassendes,
alle modernen Formen selbsttätiger Ventile und die Arten ihres
Einbaues berücksichtigendes Versuchsmaterial zu besitzen, um so
weniger, als sogar über die Grundlagen noch abweichende Ansichten
bestehen. (Vgl. L. Klein, »Über freigehende Pumpenventile«,
Z. d. V. d. I. 1905, S. 485, 618, 894.)

Um unter diesen Umständen die erforderliche Ventilbelastung beim größten Hub wenigstens ungefähr vorausbestimmen zu können, sei (nach Bergs Vorschlag) angenommen, daß für gleiche Werte $\frac{f_v}{l\,h}$ der Koeffizient μ für alle Ventilformen mit ebener Sitzfläche übereinstimme. Ist also der Ventilumfang aus Q, c_v und $h_{\max}$ bestimmt und die Sitzbreite angenommen [siehe die Gleichungen 183) bis 185)], so kann $\frac{f_v}{l\,h_{\max}}$ berechnet und μ der Zahlentafel entnommen werden.

Zahlentafel für μ und μ^2.

h mm	$\frac{f_v}{l\,h}$	μ	μ^2	h mm	$\frac{f_v}{l\,h}$	μ	μ^2
0,0	—	0,650	0,423	6	2,50	0,532	0,283
0,1	150,00	0,710	0,504	6,5	2,31	0,523	0,274
0,2	75,00	0,780	0,608	7	2,14	0,515	0,265
0,3	50,00	0,845	0,714	7,5	2,00	0,507	0,257
0,4	37,50	0,890	0,792	8	1,87	0,500	0,250
0,5	30,00	0,911	0,830	8,5	1,76	0,493	0,243
0,6	25,00	0,913	0,834	9	1,67	0,485	0,235
0,8	18,75	0,902	0,814	9,5	1,58	0,477	0,228
1	15,00	0,870	0,757	10	1,50	0,472	0,223
1,5	10,00	0,788	0,621	11	1,36	0,459	0,211
2	7,50	0,732	0,536	12	1,25	0,445	0,198
2,5	6,00	0,690	0,476	13	1,15	0,431	0,186
3	5,00	0,650	0,423	14	1,07	0,420	0,176
3,5	4,28	0,622	0,387	15	1,00	0,407	0,166
4	3,75	0,599	0,359	16	0,94	0,395	0,156
4,5	3,33	0,578	0,334	17	0,88	0,381	0,145
5	3,00	0,560	0,314	18	0,83	0,370	0,137
5,5	2,73	0,545	0,297				

Aus den Gleichungen 154) und 156) folgt (wenn in letzterer das dritte Glied wieder vernachlässigt wird) für den größten Ventilhub:

$$G_w + \mathfrak{F}_{\max} = \gamma f_v\,\zeta\,\frac{c_v^2}{2\,g} \quad\ldots\ldots\quad 159)$$

und hieraus mit dem Bergschen Koeffizienten $\mu = \dfrac{\alpha}{\sqrt{\zeta}}$ oder $\zeta = \left(\dfrac{\alpha}{\mu}\right)^2$, sowie nach Einführung von $\gamma = 1000$:

$$G_w + \mathfrak{F}_{\max} = 51 f_v \left(\frac{\alpha\,c_v}{\mu}\right)^2 \quad\ldots\ldots\quad 160)$$

Diese Gleichung ist sehr bequem; sie enthält allerdings neben μ noch den der Schätzung unterliegenden Wert α, doch dürften die dadurch entstehenden Abweichungen innerhalb der sonstigen Genauigkeitsgrenzen dieser Berechnung bleiben (siehe das weiter unten durchgeführte Beispiel). α verschwindet, wenn man aus Gleichung 150) (mit $\lambda = 1$)

$$\alpha\, c_v = \frac{\pi\, Q}{l\, h_{\max}}$$

entnimmt und in Gleichung 160) einführt, wodurch man erhält:

$$G_w + \mathfrak{F}_{\max} = 51\, f_v \left(\frac{\pi\, Q}{\mu\, l\, h_{\max}}\right)^2, \quad \ldots \ldots \quad 161)$$

worin natürlich μ für den Wert $\dfrac{f}{l\, h_{\max}}$ der Zahlentafel zu entnehmen ist.

In der Praxis wird in Anbetracht der Unsicherheit des rechnerischen Verfahrens meist rein empirisch vorgegangen, indem die Ventilbelastung zunächst so bemessen wird, wie sie sich bei ähnlichen Ausführungen bewährt hat. An der fertigen Pumpe wird dann erforderlichenfalls durch Ändern der Federspannung oder Einsetzen einer anderen Feder die Belastung korrigiert, bis das Ventilspiel befriedigt.

Für das richtige Arbeiten des Ventils sind zwei Kennzeichen vorhanden; nämlich erstens die Übereinstimmung des tatsächlichen maximalen Ventilhubes mit dem beabsichtigten und zweitens der geräuschlose Ventilschluß. Der letztere ist durch das Gehör leicht festzustellen; es genügt, wenn der Ventilschlag in der Nähe der Pumpe sehr wenig oder gar nicht und mit aufgelegtem Ohr als dumpfer Stoß vernehmbar ist. Zur Ermittelung des maximalen Ventilhubes sind jedoch besondere Vorkehrungen nötig, so daß, sehr zu Unrecht, in den allermeisten Fällen darauf verzichtet wird. Man hat alsdann keine Gewähr dafür, daß die Spaltgeschwindigkeit in der beabsichtigten Größe auftritt. Der sorgfältige Konstrukteur, welcher Wert darauf legt, die seiner Berechnung zugrunde gelegte Spaltgeschwindigkeit auch wirklich zu erhalten, wird diese Untersuchung in wichtigeren Fällen nicht unterlassen. (Vgl. Z. d. V. d. I. 1905, S. 1030.)

Ein beim Aufsetzen des Ventils entstehender, neben der Pumpe deutlich hörbarer Schlag ist unter allen Umständen zu vermeiden, da er die Lebensdauer des Ventils durch Vernichtung der Dichtungsflächen abkürzt oder selbst Ventilbrüche hervorruft. Er entsteht

durch die Vernichtung der lebendigen Kraft des Ventiles im Moment
des Abschlusses; seine Stärke hängt daher von der Geschwindigkeit,
mit welcher das Ventil auf den Sitz trifft, und von der Ventilmasse
ab. Hieraus entspringt für nicht ganz langsam laufende Pumpen
die bereits betonte Notwendigkeit leichtester Ausbildung der
bewegten Ventilteile und Herstellung der erforderlichen
Belastung durch Federn. Otto H. Mueller (»Das Pumpenventil«, S. 61) fügt hierzu noch die Forderung möglichst kurzer Wasser-
wege vom Saugventil zum Druckventil sowie über demselben bis zum
Windkesselwasserspiegel bei möglichst großen Querschnitten, da diese
Wassermassen am Stoß beteiligt sind. Ferner muß eine möglichst
kleine Ventilschlußgeschwindigkeit angestrebt werden. Westphal gibt auf Grund eigener Versuche mit Ventilen verschiedener
Form als höchst zulässigen Wert 0,1 m/sek an (Z. d. V. d. I. 1893,
S. 385). Zur Berechnung dieser Geschwindigkeit bestimmt man zuerst
den Verspätungswinkel φ', d. h. den Kurbelwinkel im Moment
des Ventilschlusses, indem man in Gleichung 158) $h = 0$ setzt und
$\varphi = 180^0 + \varphi'$; man erhält dann

$$tg\ \varphi' = \frac{f_v\,u}{\mu\,l\,r\,\sqrt{2\,g\,H_v{}'}}. \qquad \ldots \ldots \quad 162)$$

Die Kolbengeschwindigkeit ist gleichzeitig

$$c = u\sin(180^0 + \varphi') = -\,u\sin\varphi' \quad \ldots \ldots \quad 163)$$

und da nach den Gleichungen 142) und 157) $\left(\text{mit } \mu = \frac{\alpha}{\gamma\, \varepsilon}\right)$:

$$\mu\,l\,h\,\sqrt{2\,g\,H_v{}'} = Fc - f_v v'_v \ . \ \ldots \ldots \quad 164)$$

oder (da $h = 0$ ist) $\qquad Fc = f_v\,v_v{}',$

so folgt die Schlußgeschwindigkeit des Ventils:

$$v_v{}' = -\,\frac{F}{f_v}\,u\sin\varphi' \quad \ldots \ldots \quad 165)$$

Setzt man nach Westphal diesen Wert gleich 0,1 und errechnet
daraus φ', so bestimmt sich alsdann aus Gleichung 162) die Ventilbelastung $H_v{}'$, wenn alle anderen Größen gegeben sind.

Diese Rechnungsweise bietet nach Berg (Heft **30** der »Mitteilungen über Forschungsarbeiten«, S. 37) eine Unsicherheit, die darin
beruht, »daß der Koeffizient μ für die Ventilbewegung nach der
Kolbenumkehr, während deren das Wasser unter dem Ventil nach
zwei Richtungen (durch den Spalt und in den Zylinder) abströmt,

ziemlich unbestimmt ist. Die Verschleppung des Ventilschlusses ist im allgemeinen um so größer, je kleiner die Geschwindigkeit ist, mit welcher der Kolben die Wasserschicht zwischen Ventilteller und Dichtungsfläche ansaugt. Wegen der Unbestimmtheit des Verspätungswinkels läßt sich auch die Schlußgeschwindigkeit des Ventils nicht mit einer Genauigkeit bestimmen, welche gestattet, bei der Berechnung der Ventilgröße von der Schlußgeschwindigkeit, also der Stärke des Ventilschlages, auszugehen.«

Er schlägt deshalb vor, von der Größe des während der Kurbeltotlage vorhandenen Ventilhubes h_0 auszugehen, den er für das von ihm untersuchte Tellerventil an der Grenze hörbaren Ventilschlages auf ~ 1 mm ($\sim \frac{1}{60}$ des Tellerdurchmessers) festgestellt hat.

Aus Gleichung 158) folgt:

$$h_0 = \frac{F f_v u^2}{r \left(\mu l \sqrt{2 g H_{v0}}\right)^2}, \quad \ldots \ldots \quad 166)$$

worin H_{v_0} die zu h_0 gehörige Ventilbelastung bezeichnet (siehe Gleichung 170); da nun $\left(\text{wegen } F = \frac{60\,Q}{s\,n}, \; u = \frac{\pi s n}{60}\right) F u = \pi\,Q$ ist, so wird auch

$$h_0 = \frac{\pi\,Q f_v u}{r \left(\mu l \sqrt{2 g H_{v_0}}\right)^2} \quad \ldots \ldots \quad 167)$$

Wird nun zur sicheren Vermeidung hörbaren Ventilschlages bei Tellerventilen ohne untere Führung gefordert, daß der Ventilhub im toten Punkt nicht mehr als etwa $^1/_4$ des von Berg ermittelten ungefähren Grenzwertes betragen soll, so muß (abgerundet)

sein. $\qquad\qquad h_0 \leqq \frac{1}{250}\, d_v < 0,004\, d_v \quad \ldots \ldots \quad 168)$

Dann wird $\dfrac{f_v}{l\,h_0} = 62,5$ wofür aus der Zahlentafel

$$\mu \sim 0,80$$

entnommen wird.

Mit diesen Werten und nach Einführung von

$$u = \frac{2 \pi r n}{60}$$

erhält man aus Gleichung 169) als Bedingung für geräuschlosen Ventilschluß die von Berg aufgestellte Gleichung:

$$H_{v_0}\, l = 1,63\, Q n. \quad \ldots \ldots \quad 169)$$

Nun ist

$$H_{v_0} = \frac{G_w + \mathfrak{F}_0}{f_v \gamma}, \quad \ldots \ldots \quad 170)$$

da man aber wegen der außerordentlichen Kleinheit von h_0 unbedenklich $\mathfrak{F}_0$ gleich der Federspannung $\mathfrak{F}'$ bei geschlossenem Ventil setzen darf, so ist auch

$$H_v' l = \frac{G_w + \mathfrak{F}'}{f_v \gamma} \cdot l = 1{,}63\, Q n, \quad \ldots \ldots \quad 171)$$

und man erkennt, daß die **Belastung des geschlossenen Ventils der durch das Ventil zu fördernden Wassermenge und der Umdrehungszahl der Pumpe direkt, dem Ventilumfang aber umgekehrt proportional ist.**

Für gleiche Fördermenge und Umdrehungszahl kann also im Hinblick auf die Geräuschlosigkeit des Ventilschlußes entweder ein großes Ventil mit kleiner Belastung oder ein kleines Ventil mit großer Belastung gewählt werden, und je nachdem es nun in erster Linie auf Erreichung größter Saughöhe oder auf Knappheit und Billigkeit der Konstruktion ankommt, wird man sich bei Saugventilen zu ersterem oder letzterem entschließen.

Aus den Gleichungen 161) oder 160) und 171) ergeben sich nun die für die Ventilhübe $h = 0$ und $h = h_{\max}$ erforderlichen Federspannungen zu

$$\mathfrak{F}_{\max} = 51\, f_v \left(\frac{\pi\, Q}{\mu\, l\, h_{\max}} \right)^2 - G_w \quad \ldots \ldots \quad 172)$$

oder

$$\mathfrak{F}_{\max} = 51\, f_v \left(\frac{\alpha\, c_v}{\mu} \right)^2 - G_w \quad \ldots \ldots \quad 173)$$

und

$$\mathfrak{F}' = 1630\, \frac{Q\, n\, f_v}{l} - G_w. \quad \ldots \ldots \quad 174)$$

Daraus ermittelt sich die **Federkonstante** C, d. h. die Spannungszunahme pro mm Zusammendrückung, zu

$$C = \frac{\mathfrak{F}_{\max} - \mathfrak{F}'}{1000\, h_{\max}} = \frac{f_v}{h_{\max}} \left[0{,}051 \left(\frac{\pi\, Q}{\mu\, l\, h_{\max}} \right)^2 - 1{,}63\, \frac{Q\, n}{l} \right], \quad \ldots \quad 175)$$

oder nach Einführung von

$$Q = \frac{\alpha\, c_v\, l\, h_{\max}}{\pi} \quad \text{[nach Gleichung 150) mit } \lambda = 1\text{]}$$

zu

$$C = \alpha\, c_v f_v \left(0{,}051\, \frac{\alpha\, c_v}{\mu^2\, h_{\max}} - 0{,}52\, n \right) \quad \ldots \ldots \quad 176)$$

Durch diese Konstante ist die Belastungsfeder bestimmt.

Für eine zylindrische Schraubenfeder aus Stahldraht z. B. gilt mit den Bezeichnungen der »Hütte« (Teil I, S. 452):

$$f = \frac{64\,n\,r^3}{d^4}\,\frac{P}{G} \quad \ldots \ldots \ldots \quad 177)$$

Hierin bezeichnet:

f die Federdurchbiegung in cm,

n die Windungszahl,

r den mittleren Windungsradius,

d die Drahtstärke in cm,

P die Federbelastung,

G den Gleitmodul (»Hütte«, S. 357) = 750000 kg/qcm für guten, gehärteten Federstahl,

für $f = 0{,}1$ wird also $P = C$, und man hat

$$C = \frac{G\,d^4}{640\,n\,r^3} \quad \ldots \ldots \ldots \quad 178)$$

Wählt man zwei der Größen d, n und r, so ist alsdann die dritte bestimmt, und es kann die Länge der vorgespannten Feder bei geschlossenem Ventil angegeben werden. Diese ermittelt sich aus dem zwischen den einzelnen Federwindungen erforderlichen Abstande, der etwas größer als $\frac{h_{\max}}{n}$ (n = Windungszahl) sein muß, damit sich die Windungen nicht vor Erreichung des maximalen Ventilhubes aufeinanderlegen und eine Hubbegrenzung bilden. Die Größe der Vorspannung aber ist aus Gleichung 174) zu berechnen und aus Gleichung 177) mit $P = \mathfrak{F}'$ die zur Erzeugung derselben erforderliche Zusammendrückung, so daß endlich auch die Länge der ungespannten Feder angegeben werden kann. Die Drehungsbeanspruchung der Feder darf bei maximaler Zusammendrückung den Wert $k_d = 4500$ nicht übersteigen; dies kann durch die Gleichung (Bezeichnungen wie oben)

$$f = \frac{4\,\pi\,n\,r^2}{d}\,\frac{k_d}{G}$$

nachgeprüft werden, worin f gleich der Summe von $h_{\max}$ und der Zusammendrückung infolge der Vorspannung zu setzen ist.

Für Rohrfedern aus Paragummi sind die Rechnungsgrundlagen wegen der sehr verschiedenen Beschaffenheit des Gummis unsicher; deshalb muß die Federkonstante von Fall zu Fall durch den Versuch ermittelt werden.

Der Gang der Rechnung für ein zu entwerfendes Ventil ist nach den obigen Darlegungen demnach dieser:

1. **Bestimmung des Ventilumfanges aus Gleichung 151).**
2. **Berechnung der Belastungsfeder durch Bestimmung ihrer Konstante nach Gleichung 175) oder 176).**
3. **Ermittelung der erforderlichen Federvorspannung aus Gleichung 174).**

Die Anwendung dieser Gleichungen auf bestimmte Ventilformen geschieht im nächsten Abschnitt.

Dieses neue Rechnungsverfahren verspricht brauchbare Ergebnisse; zur Ermöglichung seiner allgemeinen Verwendung gehört allerdings, wie nochmals hervorgehoben werden soll, das Aufstellen der μ-Kurven für alle üblichen Ventilformen und Pumpenbauarten, namentlich auch die Bestimmung von μ für den Ventilhub im toten Punkt. Besonders auch darf das Verfahren nicht ohne weitere eingehende Versuche auf Ventile mit kegelförmiger Sitzfläche übertragen werden. Denn diese zeigen insofern ein abweichendes Verhalten, als bei ihnen, wie die Versuche von Prof. Klein, Hannover, (siehe Z. d. V. d. I. 1905, S. 618 ff.) ergeben haben, zwei verschiedene Strömungszustände, nämlich bei kleinen und großen Ventilhüben auftreten, welche auch den Verlauf der μ-Kurve nicht unwesentlich beeinflussen dürften.

Durch die Versuche Bergs wurden auch für federbelastete Ventile die nachstehenden, schon von v. Bach für Gewichtsventile erkannten und in der Zeitschrift des Vereins deutscher Ingenieure, Jahrg. 1886 (»Versuche zur Klarstellung der Bewegung selbsttätiger Pumpenventile«) veröffentlichten wichtigen Gesetze bestätigt. v. Bach fand nämlich, daß an der Grenze stoßfreien Ventilschlusses bei gleichbleibender Ventilbelastung die Beziehung besteht:

$$n^2 s = \text{konstant} \quad \ldots \ldots \ldots \quad 179)$$

Arbeitet also das Ventil einer Pumpe noch eben stoßfrei, so bleibt dieser Zustand auch bei einer Änderung des Hubes und der Umlaufzahl aufrecht erhalten, wenn dadurch der Wert $n^2 s$ nicht verändert wird. Er fand ferner, daß die Ventilbelastung diesem Wert und dem Kolbenquerschnitt F proportional ist. Da aber wieder die durch das Ventil geförderte Wassermenge dem Produkt $F s n$ proportional ist, so bestätigt sich Gleichung 171), welche ausspricht, daß die erforderliche Ventilbelastung direkt proportional ist der das Ventil pro Zeiteinheit passierenden Wassermenge und der Umlaufzahl der Pumpe.

Es sei noch darauf aufmerksam gemacht, daß nach Gleichung 88) auch die Kolbenanfangsbeschleunigung dem Produkt $n^2 s$ proportional ist. Weiter folgt aus Gleichung 140):

$$v_{v_0} = a_{k_0} \frac{F}{\alpha l c_v}, \quad \ldots \ldots \quad 180)$$

d. h. die Schlußgeschwindigkeit eines gegebenen Ventils (v_v ist von derselben nur sehr wenig verschieden) ist der Kolbenanfangsbeschleunigung proportional. Das durch Versuche gefundene Bachsche Gesetz kann also auch so ausgesprochen werden: An der Grenze stoßfreien Ventilschlusses darf die Ventilschlußgeschwindigkeit nicht weiter gesteigert werden; **dies geschieht durch Konstanthaltung der Kolbenanfangsbeschleunigung.**

Eine weitere interessante Beziehung ergibt sich aus Gleichung 143). Setzt man in dieser $c = c_{max} = u$, und

$$u = \frac{\pi s n}{60},$$

so folgt (da $v_v = 0$ beim größten Ventilhub, der allerdings mit c_{max} nicht genau zusammenfällt):

$$h_{max} = \frac{F \pi}{\alpha l c_v 60} \cdot s n \quad \ldots \ldots \quad 181)$$

d. h.: Für gleiche Spaltgeschwindigkeit, also gleiche Belastung und gleiche Spaltkontraktion, ist bei derselben Pumpe die größte Ventilerhebung dem Produkt aus Hub und Umdrehungszahl proportional. Hiermit liest sich das Bachsche Gesetz, Gleichung 179), auch wie folgt: **An der Grenze stoßfreien Ventilschlusses ist bei gleicher Ventilbelastung das Produkt aus Umdrehungszahl der Pumpe und größter Ventilerhebung konstant:**

$$n \, h_{max} = \text{konstant.} \quad \ldots \ldots \quad 182)$$

Durch Feststellung dieses Wertes an möglichst vielen, verschiedenartigen Pumpen könnten sichere Unterlagen für die Wahl des erlaubten größten Ventilhubes bei gegebener Umlaufzahl gewonnen werden.[1]

---

[1] Dieser hier aus dem Bachschen Gesetz abgeleitete Satz wird bestätigt durch Versuche von Prof. Klein-Hannover (›Über freigehende Pumpenventile.‹ Dinglers Polytechnisches Journal 1907, S. 374.) Klein stellt fest: ›Bei gleicher Ventilbelastung, aber verschiedenen Kolbenhüben, Umdrehungszahlen und Ventilhüben bleibt mit genügender Genauigkeit das Produkt aus

VII. Ventilformen.

Die einfachste Ventilform, das sog. Tellerventil, wird gebildet durch eine kreisrunde, ebene Platte, welche in schmaler Ringfläche auf den Ventilsitz aufgeschliffen ist und oben oder unten durch einen zentralen Stift oder drei bis vier angegossene Rippen geführt wird (Fig. 82, 131, 132). Ist die Sitzfläche nicht eben, sondern kegelförmig, so nennt man diese Ventilform Kegelventil (Fig. 91); bildet dagegen die Sitzfläche einen Teil einer Kugeloberfläche, so hat man es mit einem Kugelventil zu tun (Fig. 92). Im letzteren Falle kann das Ventil auch aus einer ganzen Kugel bestehen (Fig. 93). Alle diese Ventile, mit Ausnahme des letzten, können außer durch ihr Eigengewicht auch durch Federn belastet sein.

Die Ventilführung muß, ohne zum Festklemmen Veranlassung zu geben, dafür sorgen, daß das Ventil stets mit Sicherheit auf seinen Sitz zurückgelangt. Sie muß hierin von einer richtigen

Umdrehungszahl und (größtem) Ventilhub gleich groß.« Nebenstehende Figur ist dem genannten Aufsatz entnommen und zeigt die Umlaufzahl als Funktion des Ventilhubes (bei verschiedenen Ventilbelastungen und Kolbenhublängen) an dem untersuchten einspaltigen Kegelringventil mit Gewichtsbelastung von 166 mm mittlerem Spaltdurchmesser. Der Zusammenhang zwischen der von ihm festgestellten Tatsache und dem Bachschen Gesetz wird jedoch von Klein nicht erkannt. Dieser Zusammenhang ist leicht zu beweisen, indem sich zeigen läßt, daß bei den Kleinschen Versuchen (D. P. J., S. 374, Tab. 3) der Wert $s n^2$ mit ausreichender Genauigkeit bei gleicher Ventilbelastung konstant ist. Umgekehrt läßt sich aus den Bachschen Versuchen auch Gleichung 182) bestätigen, wobei man allerdings berücksichtigen muß, daß die Konstanz von $s n^2$ und der Ventilbelastung nur ungefähr vorhanden ist.

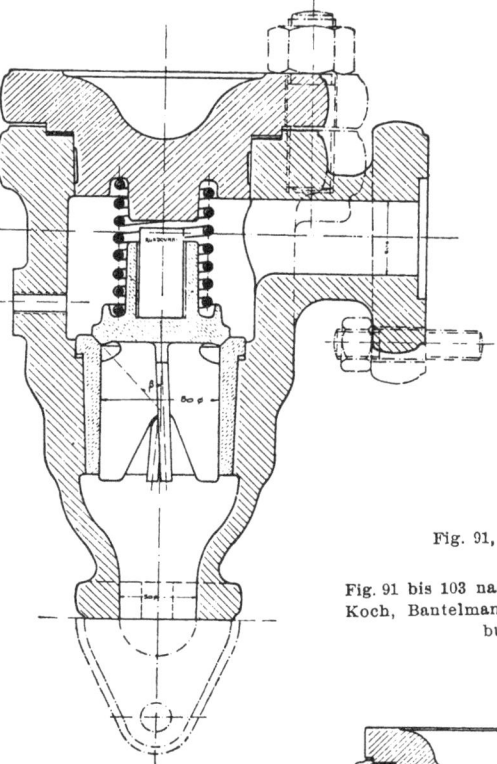

Fig. 91, 92 und 93.

Fig. 91 bis 103 nach Ausführungen von
Koch, Bantelmann u. Paasch, Magdeburg-B.

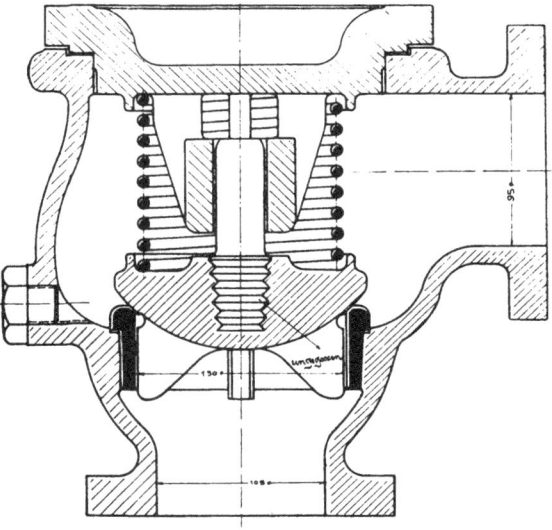

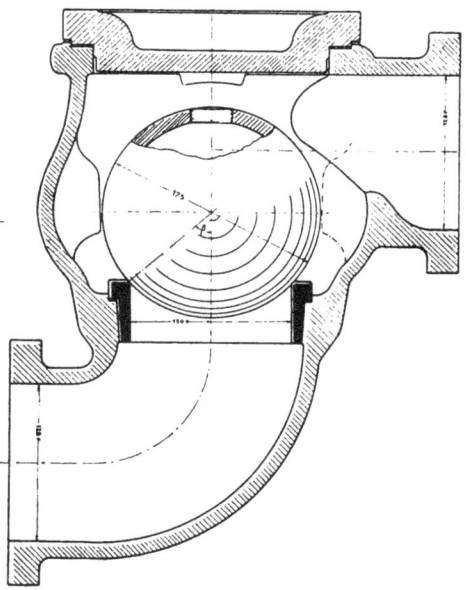

Ausbildung des Ventilgehäuses unterstützt werden, welche dem Wasers eine derartige Führung gibt, daß es nicht unmittelbar nach dem Austritt aus dem Ventil seitlich abgelenkt wird und dadurch Klemmungen des Ventils veranlaßt, sondern zunächst ein Stück parallel zur Ventilachse fließt (siehe Fig. 33, 35 u. a.).

Die Ventilsitze sind entweder dem Pumpengehäuse direkt angearbeitet oder als besondere Teile in dasselbe eingepreßt oder eingeschraubt. Eingesetzte Ventilsitze haben den Vorzug bequemer Bearbeitung der Dichtungsfläche und sind jedenfalls dann notwendig, wenn sie aus einem anderen Material bestehen sollen als der Pumpenkörper. Das Material für letzteren ist in den meisten Fällen Gußeisen, das wegen seiner geringen Festigkeit für Ventilsitze mit metallischer Dichtung nicht sehr geeignet ist. Man bevorzugt für diese Rotguß, bei hohen Pressungen auch Phosphorbronze und macht die Ventilteller aus dem gleichen Material. Gepreßte Ventilteller werden neuerdings den gegossenen bei weitem vorgezogen, da sie weniger Bearbeitung verlangen, leichter sind und besser halten. Auch gepreßte Ventilsitze werden hergestellt und verwendet. Für mäßige Drücke wendet man auch Dichtungen aus Leder, Gummi oder Hartgummi an. Für unreine Flüssigkeiten, welche fein verteilte feste Stoffe mit sich führen, ist die Anwendung weichen Dichtungsmaterials unerläßlich, da sonst durch Festklemmen fester Stückchen zwischen Ventil und Sitz der Abschluß unvollkommen wird und die Dichtungsflächen zerstört werden. Für die Sitzbreite b aufgeschliffener Metallventile fordert B a c h möglichst kleine Werte, da durch zu breite Sitzflächen der zur Eröffnung erforderliche Ventilüberdruck ungünstig beeinflußt wird [siehe Gleichung 69)]; er setzt für mittlere Pressungen:

$$b = 0{,}8 \sqrt{d_v'}, \ldots \ldots \ldots \ldots \text{183)}$$

wenn d_v' den lichten Durchmesser des Ventilsitzes in mm bezeichnet; doch bleibt man bei ruhig arbeitenden Ventilen und reiner Flüssigkeit unter diesem Wert, soweit es die Rücksicht auf gute Abdichtung irgend gestattet. Für Lederdichtungen empfiehlt B a c h:

$$b = 1{,}25 \sqrt{d_v'}. \ldots \ldots \ldots \ldots \text{184)}$$

Bei Pumpen mit hohem Gegendruck ist jedoch nachzuprüfen, ob die spezifische Flächenpressung zwischen Ventil und Sitz nicht zu groß ist. Es muß sein nach Gleichung 65):

$$p_s \left(f_o - f_u \right) = G_w + \mathfrak{F}' + p_o f_o - p_u f_u.$$

Diese Gleichung erlangt für metallische Dichtungsflächen nur bei hohen Wasserpressungen Bedeutung, in solchem Falle aber kann man G_w, $\mathfrak{F}'$ und p_u vernachlässigen und setzen:

$$f_o = f_u \frac{p_s}{p_s - p_o} \qquad \cdots \quad \cdots \quad 185)$$

Für p_s gibt die »Hütte« (Teil I, S. 772) folgende Höchstwerte:

für Rotguß . . . . . . 150 kg/qcm
» Phosphorbronze . . . 200 »
» Gußeisen . . . . . 80 »
» Hartgummi und Leder 50 »

Der Umfang eines Tellerventils mit oberer Führung ist nach Gleichung 151) (mit $\lambda = 1$):

$$l = \pi\, d_v = \frac{\pi}{\alpha\, c_v\, h_{max}}\, Q. \qquad \cdots \quad \cdots \quad 186)$$

Sind jedoch i untere Führungsrippen von der Dicke e (am äußeren Rande gemessen) vorhanden, so ist zu setzen:

$$l - ie = \frac{\pi}{\alpha\, c_v\, h_{max}}\, Q. \qquad \cdots \quad \cdots \quad 187)$$

Bei einem Kegelventil tritt an Stelle von h_{max}:

$$h'_{max} = h_{max} \sin \beta,$$

worin β den halben Spitzenwinkel des Ventilkegels bezeichnet, welcher gewöhnlich eine Größe von 45^0 erhält (Fig. 91). Für ein derartiges Ventil mit unterer Rippenführung ist demnach:

$$l - ie = \frac{\pi}{\alpha\, c_v\, h_{max} \sin \beta}\, Q \qquad \cdots \quad \cdots \quad 188)$$

und mit $\beta = 45^0$:

$$l - ie = 1{,}41 \frac{\pi}{\alpha\, c_v\, h_{max}}\, Q. \qquad \cdots \quad \cdots \quad 189)$$

Der äußere Sitzumfang der für schlammige Flüssigkeiten und Dicksäfte (Sirup, Teer, dickes Öl usw.) noch viel angewendeten Kugelventile kann nach derselben Gleichung unter Fortlassung des Gliedes ie (also wie bei einem Kegelventil mit oberer Führung) berechnet werden, da der Winkel β (Fig. 93) ebenfalls gleich 45^0 gemacht wird. Da das Gewicht der Kugeln mit der dritten Potenz des Durchmessers wächst, so müssen größere Kugeln hohl ausgeführt und durch teilweises Ausfüllen mit Drehspänen etc. auf das für ruhigen Abschluß erforderliche Gewicht gebracht werden (Fig. 93).

Abgesehen davon, daß untere Rippenführung bei Teller- und Kegelventilen den Ventilsitzquerschnitt und den Spaltquerschnitt verengt, spricht auch der Umstand gegen ihre Anwendung, daß der Schwerpunkt über der Führung liegt, wodurch das Ventil zum Kippen neigt und sich beim geringsten seitlichen Abströmen leicht klemmt. Dieser Übelstand wird am besten vermieden durch gleichzeitige Anwendung unterer und oberer Führung. Auch verursachen die Rippen eine ungleichmäßige Ausspülung des Sitzes, welchem Übel man vielfach dadurch begegnet, daß die Rippen schräg gestellt werden, wodurch eine Drehbewegung bei jedem Ventilspiel hervorgerufen werden soll. Bei vorhandener Federbelastung darf man an der Erreichung dieses Zweckes wegen der Reibung zwischen Feder und Ventil allerdings zweifeln (Fig. 91).

Verlangt man im Interesse guter Raumausnutzung, daß die maximale Wassergeschwindigkeit im Ventilsitz gleich der Spaltgeschwindigkeit sei, so folgt aus Gleichung 133) mit $c_v{'}_{\max} = c_v$:

$$f_v' = \alpha\, h_{\max}\, l,$$

woraus für ein Tellerventil mit oberer Führung:

$$\frac{\pi}{4}\, d_v'{}^2 = \alpha\, h_{\max}\, \pi\, d_v,$$

und mit der Annäherung $d_v' \backsim d_v$:

$$d_v' = 4\,\alpha\, h_{\max} \quad . \quad . \quad . \quad . \quad . \quad . \quad 190)$$

Der Ventilsitzdurchmesser muß also unter der Voraussetzung: $c_v{'}_{\max} = c_v$ nahezu gleich der vierfachen Hubhöhe sein, und da diese selbst bei langsam laufenden Pumpen besser nicht über 10 mm beträgt, so wäre der größtmögliche Durchmesser (mit $\alpha = 0,8$): $d_v' = 32$ mm. (Eine Ausnahme bilden auch hier wieder die Ventile für direktwirkende Dampfpumpen mit Hubpause, da bei ihnen, wie früher erwähnt, bedeutend größere Ventilhübe möglich sind.) Verzichtet man aber auf die Voraussetzung $c_v{'}_{\max} = c_v$, nimmt $h_{\max}$ an und berechnet daraus für die gegebene Fördermenge l und d_v', so ergeben sich zu große Durchmesser und infolgedessen aus Festigkeitsgründen starke und schwere Ventile. (Über die Berechnung durch Flüssigkeitsdruck belasteter ebener Platten siehe »Hütte«, S. 454.) Aus Gleichung 186) ergibt sich z. B. mit $c_v = 2$ m/sek für obiges Tellerventil: $Q \backsim 0,0005$ cbm/sek; für diese Fördermenge müßte bei 5 mm Hub sein:

$$l = \pi\, d_v = 196 \text{ mm},$$
$$d_v = 62,5 \text{ mm}, \quad d_v' \backsim 58 \text{ mm} = 11,6\, h_{\max}!$$

Aus Gleichung 133) folgt:

$$\frac{c_v'{}_{\max}}{c_v} = \alpha\, h_{\max}\, \frac{l}{f_v'};$$

d. h. wenn c_v, α und $h_{\max}$ gegeben sind, so ist

$$c_v'{}_{\max} = \text{konst.}\, \frac{l}{f_v'} \quad \cdots \cdots \cdots \quad 191)$$

für das Tellerventil daher: $c_v'{}_{\max} = \text{konst.}\, \dfrac{4}{d_v'}$. $c_v'{}_{\max}$ wird also mit wachsendem Durchmesser d_v' kleiner, die Raumausnutzung schlechter.

Diese Tatsache führte erstens zur Unterteilung großer Ventile in eine Anzahl kleiner (Gruppenventile), zweitens zur Konstruktion der Ringventile und endlich zur Anwendung des Zwangsschlusses (Riedler); auch gestattete sie, den Tellerventilen die konstruktiv sehr vollkommene, ringventilähnliche Ausbildung der Fig. 94, 95 zu geben, durch welche der Sitzquerschnitt stark verengt wird, ohne daß jedoch $c_v'{}_{\max}$ zu hohe Werte annimmt.

Wenden wir Gleichung 186) auf das Ringventil (Fig. 96, 97) an, so ist zu setzen

$$l = 2\,\pi d_m,$$

und wir erhalten (mit $\lambda = 1$):

$$d_m = \frac{Q}{2\,\alpha\, c_v\, h_{\max}} \quad . \quad 192)$$

Dann gilt unter der Annahme, daß keine querschnittverengenden Rippen vorhanden sind:

$$\pi d_m b_s c_v'{}_{\max} = \alpha\, 2\,\pi d_m h_{\max} c_v, \quad 193)$$

woraus mit $c_v'{}_{\max} = c_v$:

$$b_s = \alpha\, 2\, h_{\max} \quad . \quad 194)$$

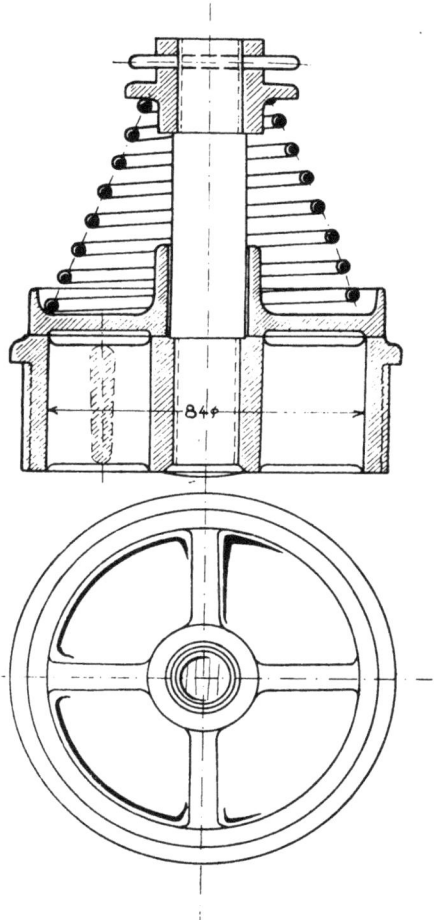

Fig. 94 und 95.

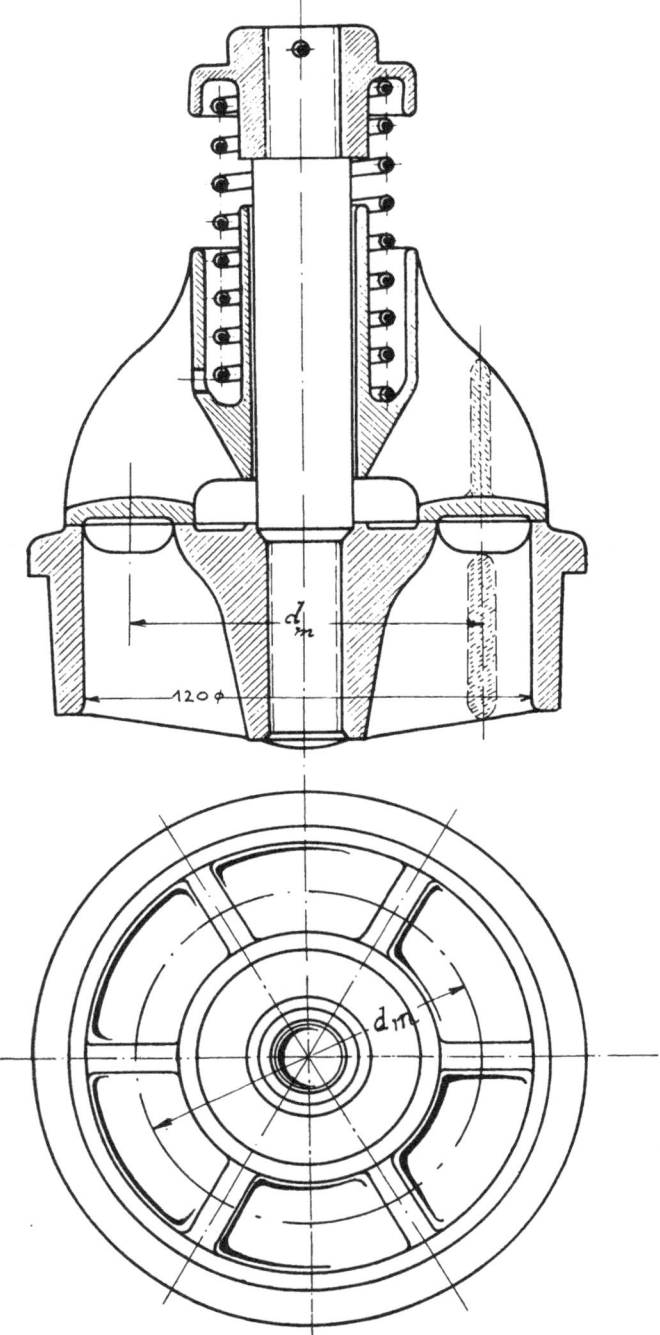

Fig. 96 und 97.

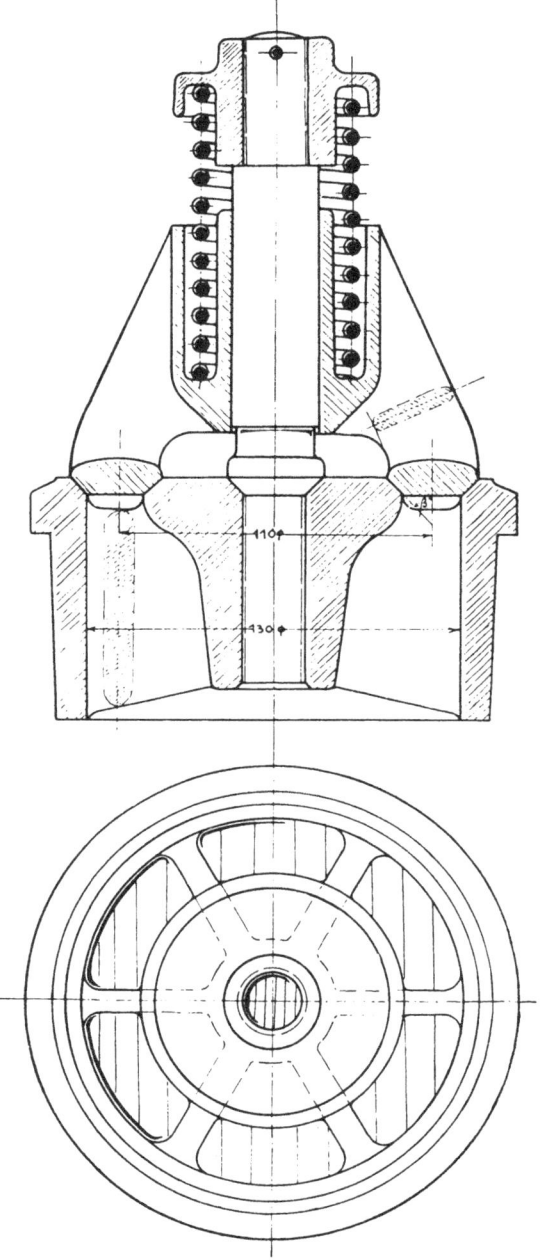

Fig. 98 und 99.

In dem Bestreben, $c_v'_{max}$ etwas kleiner als c_v zu halten, vielfach auch aus Herstellungsrücksichten, wird jedoch der Spalt häufig breiter ausgeführt, z. B. $b_s \sim 3\,h_{max}$. Dies rechtfertigt sich auch durch die häufig bis dicht an die Sitzfläche herangeführten Rippen. Bei kegelförmiger Sitzfläche (Fig. 98, 99) ist wieder die rechte Seite mit $\sin \beta$ zu multiplizieren, so daß für den fast stets ausgeführten Wert $\beta = 45^0$ wird:

$$b_s = \alpha\,1{,}41\,h_{max}, \qquad \dots \dots \dots \quad 195)$$

Fig. 101.

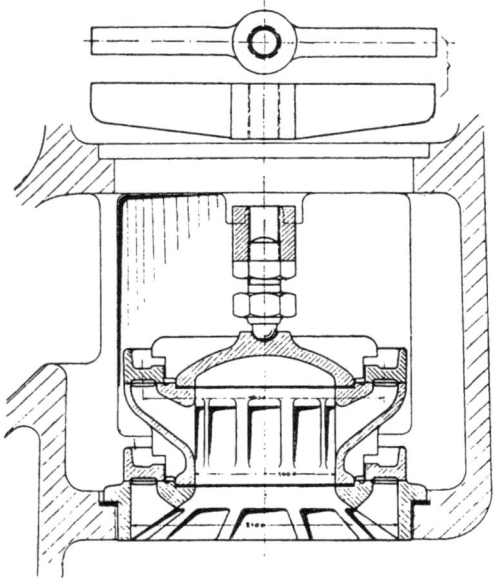

Fig. 102.

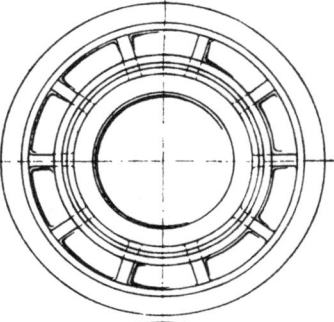

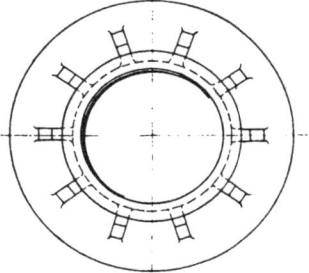

Fig. 100.

Fig. 103.

Ventil zu einer stehenden, doppeltwirkenden Pumpe von 300 mm Plungerdurchmesser, 250 mm Hub, $n = 53$ i. d. Min.

doch findet man auch hier größere Werte, z. B. $b_s \sim 2\,h_{max}$.

Die meist sehr schmalen Ringspalten lassen sich nicht gut durch den Guß herstellen, sondern werden besser aus dem geschlossen hergestellten Gußstück herausgedreht (siehe z. B. Fig. 112).

Aus Gleichung 193) folgt jetzt:

$$\frac{c_v'_{max}}{c_v} = \frac{\text{konst.}}{b_s} \qquad \dots \dots \dots \quad 196)$$

(wenn h_{max} und α gegeben sind). D. h.: da b_s für beliebige Ventildurchmesser gleich groß gehalten werden kann, so zeigt das Ringventil für alle Durchmesser dasselbe Verhältnis zwischen Sitz- und Spaltgeschwindigkeit, also immer gleich gute Raumausnutzung im Gegensatz zum Tellerventil.

Ergibt d_m aus Gleichung 192) einen zu großen Wert, so schreitet man zur Ausführung zwei- und mehrfacher Ringventile; für diese gilt dann (wiederum $\lambda = 1$ gesetzt):

$$\Sigma d_m = \frac{Q}{2\,\alpha\,c_v\,h_{max}} \quad \ldots \ldots \quad 197)$$

Hierbei hat man zwei Möglichkeiten: entweder die Dichtungsflächen werden in parallelen Ebenen übereinander angeordnet, oder sie liegen alle in einer Ebene. Die erstere Anordnung nennt man Etagenventile, die letztere mehrspaltige Ringventile. Das Etagenventil ist die ältere Bauart, die namentlich für Gewichtsventile Anwendung fand, doch auch mit Federbelastung ausgeführt wurde. Es hat dem vielspaltigen Ringventil gegenüber den Vorzug kleiner Durchmesser der Ventilkasten, erreicht aber bei großen Pumpen dafür eine unbequeme Bauhöhe. (Vgl. z. B. Zeitschr. d. V. d. I. 1902, S. 833.) Etagenventile zeigen die Figuren 100 bis 103 und 104, 105. Fig. 100 (Bauart Thometzek) läßt erkennen, wie durch einfaches Übereinandersetzen gleichartiger Teile nahezu beliebig große Querschnitte erzielt werden können, doch darf natürlich die Durchflußgeschwindigkeit durch die engste Stelle des untersten Ventilkörpers nicht zu groß werden.

Fig. 104 zeigt kegelförmige Sitzflächen mit nach oben kleiner werdenden Durchmessern (wodurch die Geschwindigkeit in allen Teilen gleichgehalten werden kann) und die zuerst von Fernis angegebene, nach ihm benannte Dichtung. Das Wesen derselben besteht in der Trennung des dichtenden und des druckfesten Bestandteils der Sitzfläche, welche es ermöglicht, auch bei hohen Pressungen Leder als Dichtungsmaterial zu verwenden. Sie wird überall da ausgeführt, wo die unreine Beschaffenheit des Wassers metallische Dichtungsflächen verbietet, und hat sich selbst bei größten Drucken vorzüglich bewährt. In den metallischen Sitzflächen der Fernisventile werden vielfach Nuten ausgespart, so daß bei Beginn des Hubes der zunehmende Wasserdruck zunächst das Leder entlastet und dann erst den Ring vom Sitz hebt, wodurch das Leder sehr geschont wird (Fig. 115). Als Material für Ringe und Sitze wird meist Stahlguß oder Rotguß verwendet.

Eine früher viel ausgeführte Form der Etagenventile, bei welcher der Rücken jedes Ringes unmittelbar den Sitz für den nächsten,

kleineren Ring abgab, ist in einer neueren Form in Fig. 106 und 107
wiedergegeben. (Das Ventil gehört der Pumpe Fig. 8 bis 11 an.)
Die sehr leichten Ringe aus Rotguß heben sich nacheinander ab,
und da Belastung fast nicht vorhanden ist, so steigen sie schnell
bis an den Fänger und bleiben bis kurz vor Schluß des Hubes an
·demselben liegen. Die Vermeidung des Schlages wird durch die

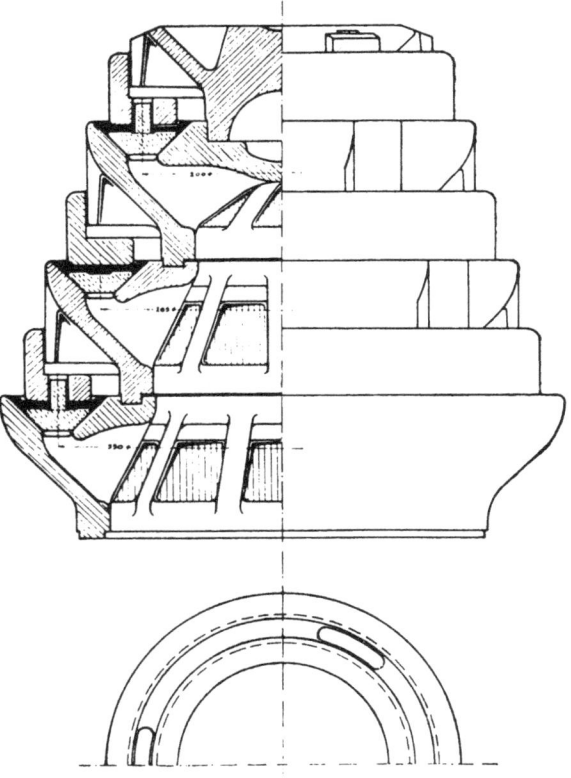

Fig. 104 und 105.

Nach einer Ausführung der A-G. Isselburger Hütte, Isselburg.

Kleinheit der bewegten Massen und durch reichliche Bemessung der
Sitzflächen erreicht, zwischen denen das Wasser beim Aufsetzen des
Ventiles sanft herausgedrückt wird und geräuschlosen Schluß erzeugt.
(Vgl. das Kinghornventil, Zeitschr. d. V. d. I. 1905, S. 1936.)

Auf die ungemein zahlreichen Formen der Etagenventile und
·der jetzt gleichfalls veralteten Glockenventile sei hier nicht näher

eingegangen. Einen interessanten Überblick über die zeitliche Entwickelung dieser Ventilformen gibt die Zusammenstellung auf S. 833
der Zeitschrift d. V. d. I., Jahrg. 1902, in dem Aufsatz von Schröder:
»Das Hamburger Wasserwerk und die Entwickelung seiner
Maschinenanlagen«. Die schwerfällige Form der genannten Ventil-

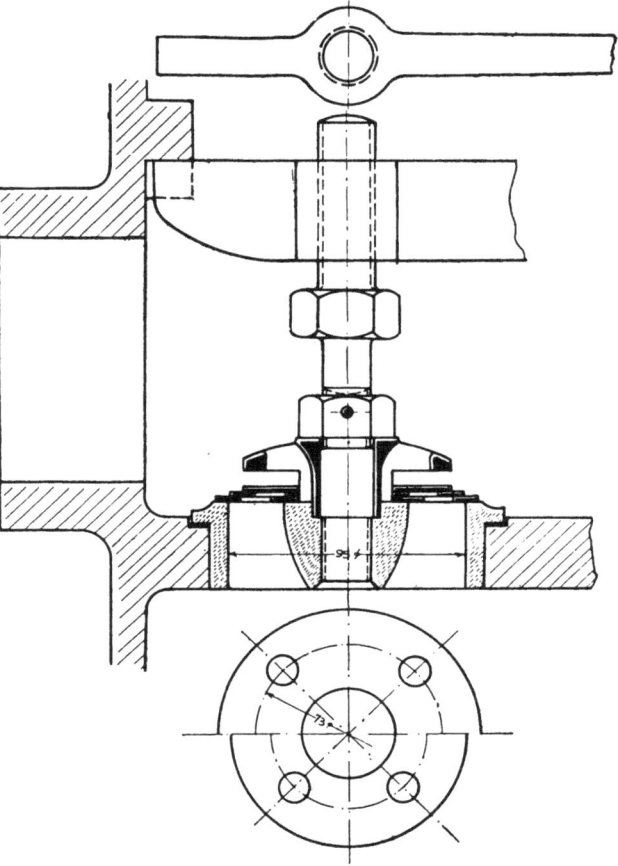

Fig. 106 und 107.

arten, die sich auch auf den Pumpenkörper überträgt, hat dazu geführt, daß sie den federbelasteten, leicht ausgeführten Ringventilen
das Feld räumen mußten.

Zur Bestimmung der mittleren Spaltdurchmesser eines
vielspaltigen Ringventils berechnet man zunächst, unter der

Annahme, daß z Ringe zur Ausführung gelangen sollen, aus Gleichung 197)

$$\Sigma d_m = d_{m_1} + d_{m_2} + d_{m_3} + \ldots + d_{m_s} = \frac{Q}{2\,\alpha\,c_v\,h_{\max}}, \quad . \quad 198)$$

sowie b_s je nach der Form der Sitzfläche aus Gleichung 194) oder

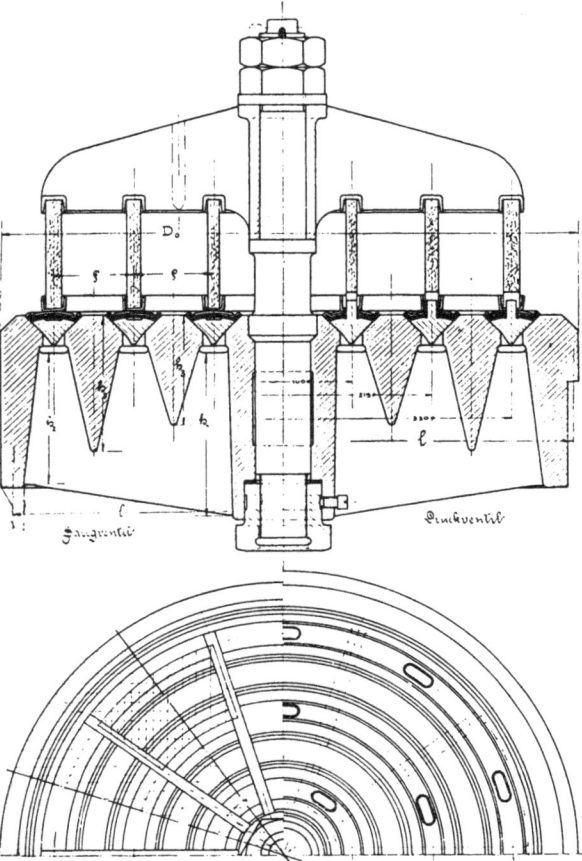

Fig. 108 und 109.
Fernis-Ringventil von Weise u. Monski, Halle a. d. S., für 46 Atm. Druck.

195); (letztere ist auch für Fernisventile maßgebend). Alsdann ist $D_m = \dfrac{\Sigma d_m}{z}$ der mittlere Durchmesser sämtlicher Ringe. Setzen wir den radialen Abstand von Mitte zu Mitte Spalt:

$$\varrho = 2\,(b_s + b), \quad \text{(Fig. 108, 109)} \quad . \quad . \quad . \quad . \quad 199)$$

so zeigt eine einfache Überlegung, daß die mittleren Durchmesser des größten und des kleinsten Ringes bestimmt sind durch die Gleichungen:

$$d_{m_z} = d_m' + \varrho\,(z-1), \quad \ldots \ldots \quad 200)$$
$$d_{m_1} = d_m' - \varrho\,(z-1). \quad \ldots \ldots \quad 201)$$

Der Rechnungsgang ist also folgender:

Man berechnet Σd_m, nimmt die Sitzbreite vorläufig an, bestimmt ϱ und sodann D_m, d_{m_z} und d_{m_1} für einige Werte von z, worauf man sich für den günstigsten Wert entscheidet, d. h. für diejenige Ringzahl, bei welcher d_{m_z} möglichst klein wird und d_{m_1} genügend groß zur Unterbringung der Ventilspindel; schließlich ist nachzuprüfen, ob die Flächenpressung im Sitz nicht zu hoch wird, andernfalls ist b_s entsprechend zu korrigieren und nochmals zu rechnen.

Beispiel. Es soll ein Ringventil für eine doppeltwirkende Pumpe entworfen werden, welche bei 60 Umdrehungen minutlich 3 cbm auf 80 m Widerstandshöhe fördert.

Durch das Ventil fließt in einer Sekunde die Wassermenge

$$Q = \frac{1,5}{60} = 0,025 \text{ cbm.}$$

Gewählt werde:

$$c_v = 2 \text{ m/sek}, \ h_{\max} = 6 \text{ mm}; \text{ geschätzt}: \ \alpha \sim 0,8.$$

Dann folgt aus Gleichung 82):

$$\Sigma d_m = \frac{0,025}{2 \cdot 0,8 \cdot 2 \cdot 0,006} = 1,3 \text{ m.}$$

Die Spaltbreite werde wegen der zu erwartenden Rippen etwas reichlicher gewählt als nach Gleichung 194); es sei:

$$b_s = 15 \text{ mm};$$

wird nun angenommen

$$b = 2,5 \text{ mm,}$$

so wird

$$\varrho = 35 \text{ mm.}$$

Für $z = 3$ erhalten wir sodann in mm:

$$D_m = \frac{1300}{3} = 433,$$
$$d_{m_3} = 433 + 35 \cdot 2 = 503,$$
$$d_m = 433 - 35 \cdot 2 = 363.$$

Für $z = 4$:

$$D_m = \frac{1300}{4} = 325,$$
$$d_{m_4} = 325 + 35 \cdot 3 = 430,$$
$$d_{m_1} = 325 - 35 \cdot 3 = 220.$$

Für $z = 5$:

$$D_m = \frac{1300}{5} = 260,$$

$$d_{m_5} = 260 + 35 \cdot 4 = 400,$$

$$d_{m_1} = 260 - 35 \cdot 4 = 120.$$

Für $z = 6$:

$$D_m = \frac{1300}{6} = 217,$$

$$d_{m_6} = 217 + 35 \cdot 5 = 392,$$

$$d_{m_1} = 217 - 35 \cdot 5 = 42.$$

Fünf Ringe ergeben demnach die günstigsten Verhältnisse, doch auch bei vier Ringen wird das Ventil nur wenig größer, wofür man einen Ring spart.

Man findet für $z = 5$ jetzt leicht die Durchmesser sämtlicher Ringe:

$$d_{m_1} = 120,$$

$$d_{m_2} = d_1 + 2\,\varrho = 190,$$

$$d_{m_3} = d_2 + 2\,\varrho = 260,$$

$$d_{m_4} = d_3 + 2\,\varrho = 330,$$

$$d_{m_5} = 400.$$

Dieser Rechnungsgang wird wesentlich vereinfacht durch Benutzung der Tafel II, welche aus der minutlich durch das Ventil zu fördernden Wassermenge sowie den Größen α, $h_{\max}$, c_v und z die sofortige Ablesung von D_m gestattet. Die Koordinatenachsen sind mit logarithmischer Teilung versehen, wodurch gleiche prozentuale Genauigkeit der Ablesungen für große und kleine Ventile erzielt wird sowie auch die zeichnerische Annehmlichkeit, daß die Kurven für konstante Fördermengen als gerade Linien auftreten. Die Handhabung der Tafel wird durch Fig. 110 erklärt, welche erkennen läßt, wie man, von $\alpha\,h_{\max}$ ausgehend, mit dreimaliger Richtungsänderung um je 90^0 zu D_m gelangt. Geschieht es hierbei, daß die Kurve für c_v erst jenseits des Tafelrandes erreicht wird, so geht man nur bis an den rechtwinklig zurückgebogenen, strichpunktiert dargestellten Ast der Kurve, muß dann aber bei der Kurve für z natürlich dasselbe tun. Die Tafel gestattet auch eine schnelle Nachprüfung der Spaltgeschwindigkeit ausgeführter Ventile, wenn ihre größte Erhebung bekannt ist oder angenommen wird. Man geht zu diesem Zweck von D_m und $\alpha\,h_{\max}$ zugleich aus unter je einmaliger Richtungsänderung um 90^0. (Siehe die punktierten Richtungspfeile in Fig. 110.)

Die Belastung der Ringventile ermittelt sich nach Gleichung 175) oder 176), worin zu setzen ist:

$$f_v = \pi z D_m (2b + b_s)$$

und

$$l = 2 \pi z D_m.$$

Da ferner

$$\frac{f_v}{l\,h_{max}} = \frac{2b + b_s}{2\,h_{max}}$$

ist, so wird die Federvorspannung [aus Gleichung 174)]:

$$\widetilde{\mathfrak{F}}' = 815\,Qn\,(2b + b_s) - G_w. \quad\quad\quad\quad 202)$$

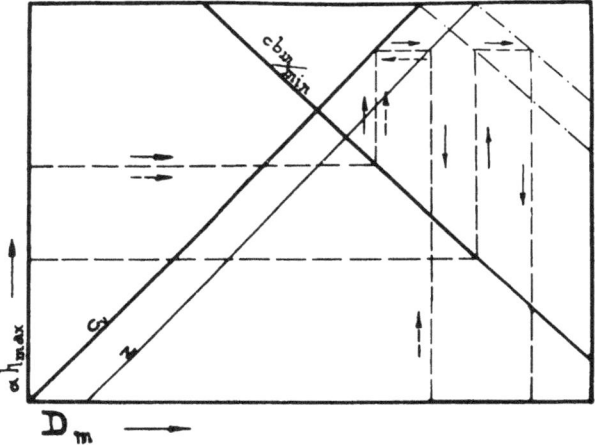

Fig. 110.

Für das Rechnungsbeispiel wird alsdann nach Gleichung 175):

$$C = \frac{0.0817}{0.006}\left(0.051\left[\frac{\pi \cdot 0.025}{0.485 \cdot 8.17 \cdot 0.006}\right]^2 - 1.63\,\frac{0.025 \cdot 60}{8.17}\right) = 3.53\ \text{kg},$$

oder nach der bequemeren Gleichung 176):

$$C = 0.8 \cdot 2 \cdot 0.0817\left(0.051\,\frac{0.8 \cdot 2}{0.235 \cdot 0.006} - 0.52 \cdot 60\right) = 3.48\ \text{kg}.$$

Der geringe Unterschied dieser beiden Ergebnisse kommt bei der Bemessung der Feder in praktisch fühlbarer Weise nicht mehr zum Ausdruck; denn bestimmt man nach Annahme der Drahtstärke zu 12 mm und des mittleren Windungsradius zu 50 mm aus Gleichung 178) die Anzahl n der Windungen, so erhält man die beiden Werte:

$$n = 5.51 \quad \text{und} \quad n = 5.58.$$

$\mathfrak{F}'$ schließlich kann nach Aufzeichnung des Ventils und Berechnung des Gewichtes der bewegten Teile im Wasser aus Gleichung 202) ermittelt oder nach Fertigstellung ausprobiert werden. Wird das Ventil (etwa nach Fig. 108, 119, 120) so ausgeführt, daß jeder Ring unabhängig vom anderen für sich spielt, und sollen alle Ringe die gleiche maximale Erhebung besitzen, so läßt Gleichung 176) erkennen, daß die Stärke der für jeden Ring erforderlichen Einzelfeder im Verhältnis der mittleren Ringdurchmesser von innen nach außen zunehmen muß, da mit Ausnahme von f_v sämtliche Größen dieser Gleichung allen Ringen gemeinsam sind. (Auch μ, dessen

Wert von $\dfrac{f_v}{l h_{max}} = \dfrac{2\,b + b_s}{2\,h_{max}}$ abhängt.) Dasselbe gilt für die Vorspannung; denn die Fördermengen der einzelnen Ringe [Gleichung 192)] und ihre Gewichte (gleiches Profil vorausgesetzt) verhalten sich wie ihre mittleren Durchmesser.

Die Flächenpressung im Sitz folgt aus Gleichung 185) zu:

$$p_s = p_0 \frac{f_o}{f_o - f_u}.$$

Für einen beliebigen Ring ist

$$f_o = \pi\,d_m\,(b_s + 2\,b),$$
$$f_o - f_u = \pi\,d_m\,2\,b,$$

womit

$$p_s = p_0 \frac{b_s + 2\,b}{2\,b} \qquad . \quad . \quad . \quad . \quad . \quad . \quad 203)$$

Der Ringdurchmesser fällt also aus der Gleichung heraus, die Flächenpressung ist für alle Ringe gleich groß. Für das Beispiel wird (mit $p_0 \sim 9$ Atm. absolut)

$$p_s = 9\,\frac{1,5 + 0,5}{0,5} = 36 \text{ kg/qcm}.$$

Obwohl p_s so klein wird, verzichtet man besser auf eine weitere Reduzierung der Sitzbreite, um bei etwaigen Schlägen des Ventils die Dichtungsfläche nicht zu gefährden.

Die radialen Rippen des Ventilsitzes müssen den ganzen auf dem Ventil ruhenden Flüssigkeitsdruck aushalten und hinreichend steif sein, um eine die Dichtung schädlich beeinflussende elastische Durchbiegung zu verhüten. Bei den Festigkeitsrechnungen ist zu beachten, daß die Belastung zwischen Null und dem Höchstwert jedesmal bei Beginn des Hubes fast ohne Übergang wechselt, das Material also sehr ungünstig beansprucht wird.

$c = 0.2$ · 0.25 · 0.3 · 0.35 · 0.4 · 0.45 · 0.5 · 0.55 · 0.6 · 0.65 · 0.7 · 0.75 · 0.8 · 0.85 · 0.9 · 0.95

$c = 0.15$

$c = 0.1$

$c_i = 0.5$

$c_i = 1$

$c_i = 2\ \frac{m}{sec}$

$c_v = 3$ · $c_v = 4$ · $c_v = 5$ · $c_v = 6$ · $c_v = 7$

$z = 8$ · $z = 7$ · $z = 6$ · $z = 5$ · $z = 4$ · $z = 3$ · $z = 2$

$\alpha h_{max.}$

D_m

Dahme, Die Kolbenpumpe.

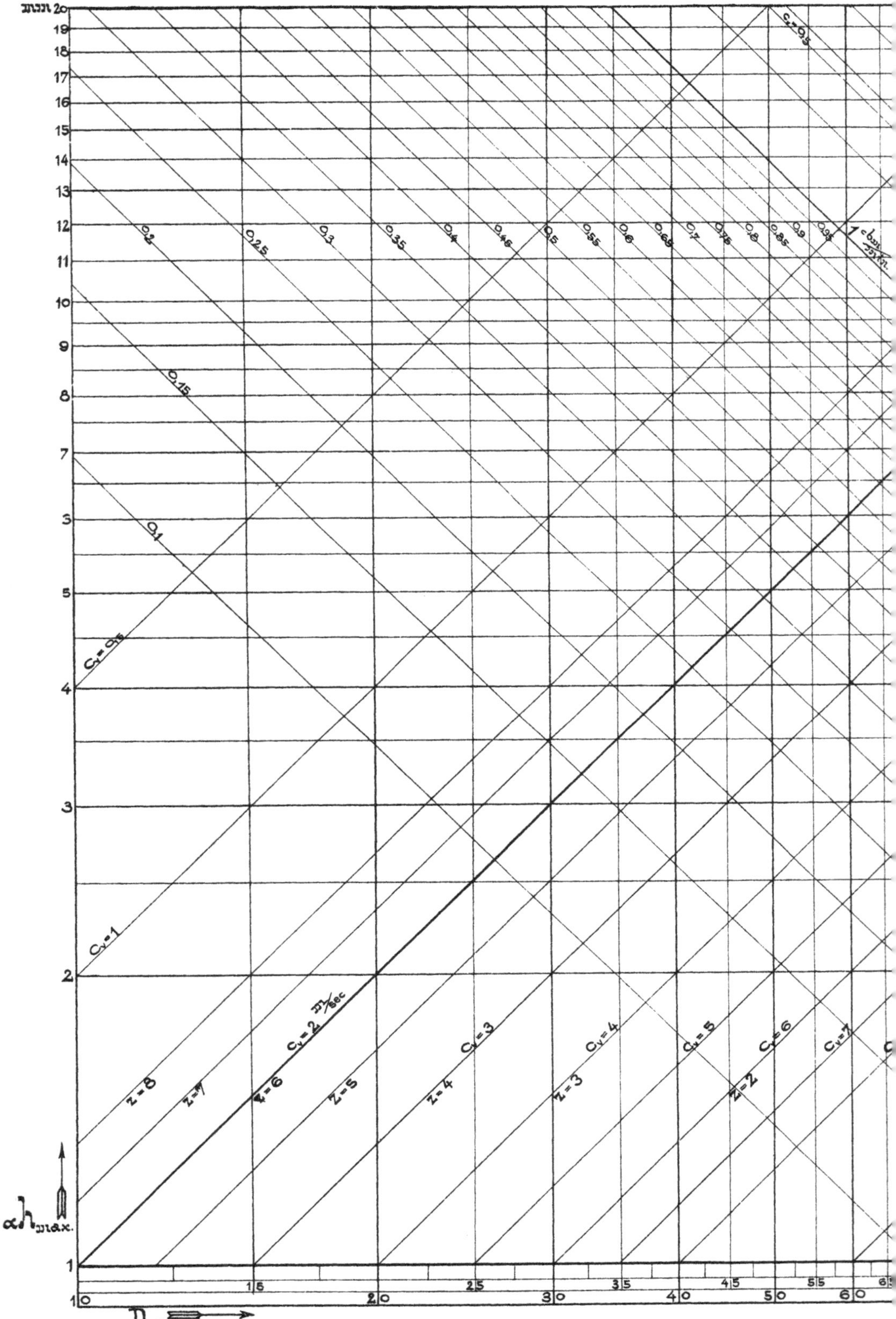

Durchmessers mehrspaltiger Ringventile.

Zur Berechnung nimmt man eine bestimmte Anzahl radialer Rippen an und teilt einer jeden die von ihr halbierten Kreissektoren als Belastungsfläche zu (Fig. 109). Denkt man sich diese Sektoren in schmale, konzentrische Strei-

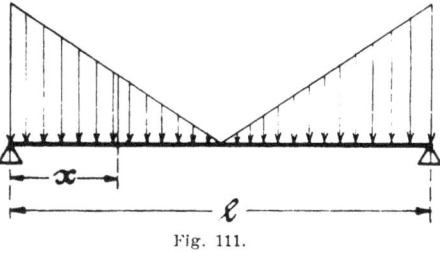

Fig. 111.

fen zerlegt und deren Last auf der Rippe vereinigt, so erhält man eine Belastung nach Fig. 111, da die Länge der Streifen linear mit dem Radius wächst. Das Maximalmoment liegt als-dann in der Mitte und ist (nach »Hütte«, Teil I, S. 408, Belas-tungsfall 13) mit den Bezeichnungen der Fig. 108

$$M_{\text{max}} = \frac{Pl}{12}\,^1) \quad . \quad . \quad . \quad . \quad . \quad . \quad 204)$$

worin, bei i durchgehenden Rippen:

$$P = \frac{\pi D_o{}^2}{4\,i}\,p_o. \quad . \quad . \quad . \quad . \quad . \quad 205)$$

Dieses Moment wird von der Spindelnabe aufgenommen. An einer beliebigen Stelle im Abstand x vom Ventilumfang (z. B. unmittelbar neben der Spindelnabe) ist das Moment:

$$M = P x \left(\frac{1}{2} - \frac{x}{l} + \frac{2}{3}\frac{x^2}{l^2} \right). \quad . \quad . \quad . \quad 206)$$

Dieses ist von der Rippe aufzunehmen, doch benutzt man bei nicht sehr starken Naben zur Ermittelung der Rippenstärke besser die bequemere Gleichung 204) und setzt

$$\frac{Pl}{12} = \frac{s\,h_1{}^2}{6}\,k_b, \quad . \quad . \quad . \quad . \quad . \quad 207)$$

worin s zu wählen und k_b durch das Material bestimmt ist. Man kann im allgemeinen nehmen:

für Rotguß: $k_b = 250$ kg/qcm,
für Stahlguß: $k_b = 300$ kg/qcm.

Am äußeren Rande muß die Höhe der Rippen der Scherfestigkeit genügen, so daß

$$P = \frac{\pi D_o{}^2}{4\,i}\,p_o = 2\,i\,h_2\,s\,k_s \quad . \quad . \quad . \quad . \quad 208)$$

---

[1]) In den Gleichungen 204) bis 208) haben x, l, h_1, h_2, s, abweichend von ihrer sonstigen Verwendung in diesem Buch, die aus Fig. 108 und 111 ersichtlichen Bedeutungen.

wird, woraus h_2 gefunden wird.   Man nehme

für Rotguß: $k_s = 125$ kg/qcm,

für Stahlguß: $k_s = 250$ kg/qcm.

Da jedoch h_2 im Interesse einer guten Wasserführung nicht zu klein werden darf, so nimmt man die äußere Rippenhöhe besser nach diesem Gesichtspunkte an und rechnet die Scherfestigkeit nach.

Die k o n z e n t r i s c h e n Rippen werden zwischen je zwei radialen Rippen auf Biegung beansprucht; die zu jedem derartigen Stück gehörige Belastungsfläche wird begrenzt durch die beiden benachbarten Spaltmittellinien und die Mitten der anliegenden Radialrippen (Fig. 109). Es genügt, das zu berechnende Bogenstück gestreckt anzunehmen und als beiderseits eingespannten Träger mit gleichmäßiger Belastung zu berechnen; den nach unten verjüngten Rippenquerschnitt wird man nach Schätzung durch ein Rechteck ersetzen. Für die zwischen dem n ten und $(n + 1)$ ten Spalt liegende Kreisrippe ist danach die Größe der Belastung bei i durchgehenden radialen Rippen:

$$P' = \pi \frac{d_n + d_{n+1}}{2} \cdot \frac{1}{2\,i}\, \varrho\, p_0 \quad \ldots \ldots \ldots \quad 209)$$

und mit $d_{n+1} = d_n + 2\,\varrho$:

$$P' = \frac{\pi\, p_0}{2\,i}\, \varrho\, (d_n + \varrho). \quad \ldots \ldots \ldots \quad 210)$$

Da aber $M'_{\text{max}} = \dfrac{P'\, l'}{12}$ (»Hütte«, S. 408, Belastungsfall 10), worin $l' = \dfrac{\pi}{2\,i}\, (d_n + \varrho)$ zu setzen ist, so folgt:

$$M'_{\text{max}} = 0,206\, p_0\, \varrho\, \left(\frac{d_n + \varrho}{i}\right)^2. \quad \ldots \ldots \quad 211)$$

Durch Gleichsetzung dieses Moments mit dem Widerstandsmoment folgt dann die Rippenhöhe, und man sieht, daß dieselbe für die außen liegenden Ringe größer sein muß als für die innen liegenden (Fig. 108, 115). Um die äußeren Kreisrippen zu entlasten, werden dieselben häufig durch kurze radiale Stege verbunden, wodurch l' nur halb so groß wird. (Die äußeren Kreisrippen sind dann meist niedriger oder nicht höher als die weiter innen liegenden [Fig. 112, 113].) In erster Linie ist jedoch auch hier gute Wasserführung und Steifheit der Konstruktion anzustreben; die Biegungsbeanspruchung ist dann, wenn nicht gerade sehr große Drücke oder Ventildurchmesser vorliegen, meist gering. Auch die Stege der Ventilringe werden aus ähnlichen Gründen nach außenhin

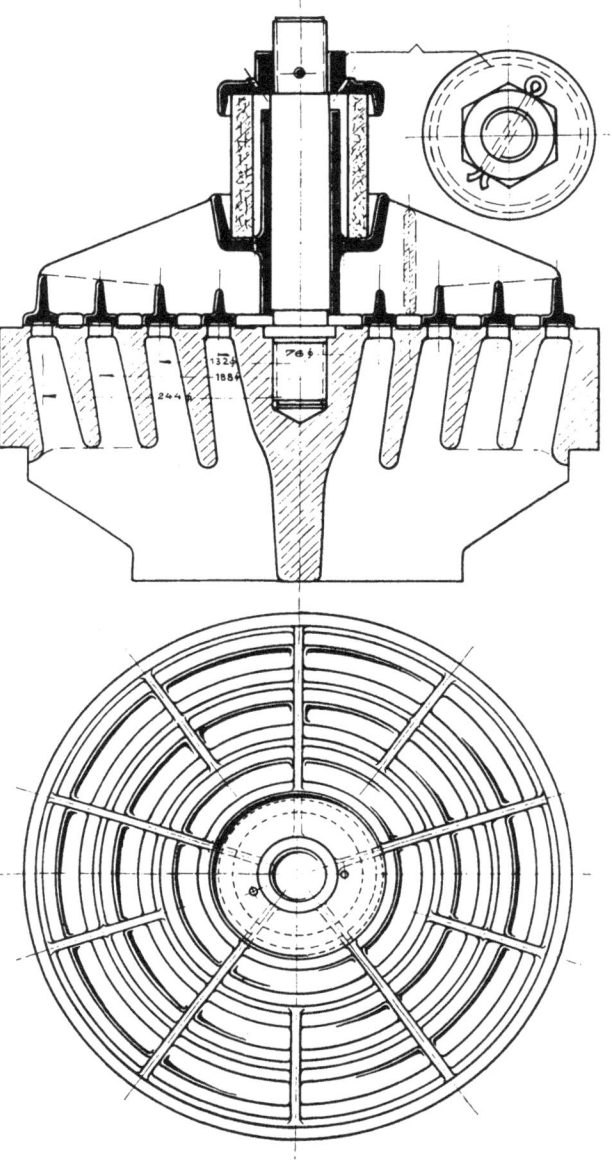

Fig. 112 und 113.

Saugventil der Wasserwerkspumpe von Gebr. Körting (Fig. 22 bis 24). Ausführung für 0,75 bis 1,08 cbm/min. Spaltbreite 11 mm. (Sitz: Gußeisen, Ringkörper: Bronze, Federteller: Messing, Spindel: Delta-Metall, Belastungsfeder: Weicher, reiner Paragummi.)

höher gemacht (Fig. 112, 116). Die radialen Rippen des Ventil-
ringkörpers sind möglichst schwach zu halten, damit die bewegten Teile leicht bleiben; sie müssen jedoch ohne Gefahr des
Bruches die Bearbeitung der Ringflächen gestatten und in der Richtung senkrecht zu den Ringen steif sein. Es empfiehlt sich, die
dem strömenden Wasser entgegengerichteten Kanten in eine Schneide
auslaufen zu lassen. Der Spindeldurchmesser ist zur Erzielung
guter Führung nicht zu schwach zu nehmen, die Führung selbst
lang zu halten, der Schwerpunkt des Ringkörpers möglichst
tief und genau in die Spindelachse zu legen, um einseitiges
Ecken des Ventils zu vermeiden. Vielfach wird mit Absicht
die Führung ganz lose ausgeführt, um Reibung fernzuhalten und
dem Ventil möglichst viel Freiheit zu geben, sich auf dem Sitz
zurechtzusetzen (Fig. 114). Die Ventilspindel wird aus rostfreiem
Material hergestellt; meist findet Deltametall (eine Legierung aus
Kupfer, Zink und Eisen) Verwendung. Wird Eisen oder Stahl genommen, so muß die Spindel mit einer aufgepreßten Rotgußbüchse
versehen werden (Fig. 115, 116).

Die Befestigung der Spindel im Sitz erfolgt bei kleineren Ventilen durch Einschrauben (Fig. 94, 96, 98, 106, 112 u. a.), bei größeren
durch Ausbildung einer langen Nabe am Ventilsitz, in welche die
Spindel genau zentrisch und senkrecht zur Sitzfläche eingeführt und
mit einem Absatz oder Konus zum Zwecke der Abdichtung gut
eingeschliffen wird; sie wird gehalten durch eine offene oder geschlossene Mutter (Fig. 108, 114), seltener durch einen Keil (Fig. 115).

Da bei größeren vielspaltigen Ventilen das gleichzeitige Auf-
schleifen aller Ringe auf den Sitz Schwierigkeiten bereitet, so trennt
man gern entweder alle oder wenigstens die größeren Ringe von
dem Ringkörper, so daß sie einzeln aufgeschliffen werden können.
Um an Durchmesser für das Ventilgehäuse zu sparen, hat man auch
die Sitzflächen nach außen von Ring zu Ring treppenartig steigend
angeordnet, wodurch es möglich wird, den radialen Abstand der
Ringmitten etwas zu verringern.

Die Belastung wird durch zylindrische oder kegelige
Schraubenfedern aus gehärtetem und vernickeltem Stahldraht
oder gehärtetem Messingdraht mit rechteckigem oder rundem Querschnitt oder auch durch Rohrgummifedern bewirkt; für beide
Arten geben die Figuren zahlreiche Beispiele; Fig. 114 zeigt auch
ein Ventil, welches gleichzeitig mit beiden Federarten belastet ist.
Bei dem Einbau der Rohrgummifedern ist darauf zu sehen, daß die

Ausbauchung der Feder bei der Zusammendrückung nicht behindert ist. Eine Bohrung im oberen oder unteren Federteller, durch welche das im Innern der Feder befindliche Wasser beim Ventilspiel hin und her fließen kann, trägt dazu bei (vgl. Fig. 112).

Bei dem Fernis-Ringventil Fig. 108 wird jeder Ring einzeln durch eine Rohrgummifeder belastet, deren Lage durch einen gefalzten Messingblechring mit Aussparungen für am Ventilring befindliche Warzen gesichert ist. Der Ringkörper, gegen den sich die Federn oben stützen, ist unbeweglich, so daß jeder Ring sich unabhängig vom anderen, seiner eigenen Belastung entsprechend, heben kann und die bewegten Massen sehr klein werden.

Von außerordentlicher Leichtigkeit der Konstruktion sind auch die Ventile der Expreßpumpe »Garvenswerke« (Fig. 117 bis 120), bei welchen jeder der sehr leicht ausgebildeten, mit Hartgummi armierten Ringe durch drei bis vier einzelne volle, zylindrische Gummifedern

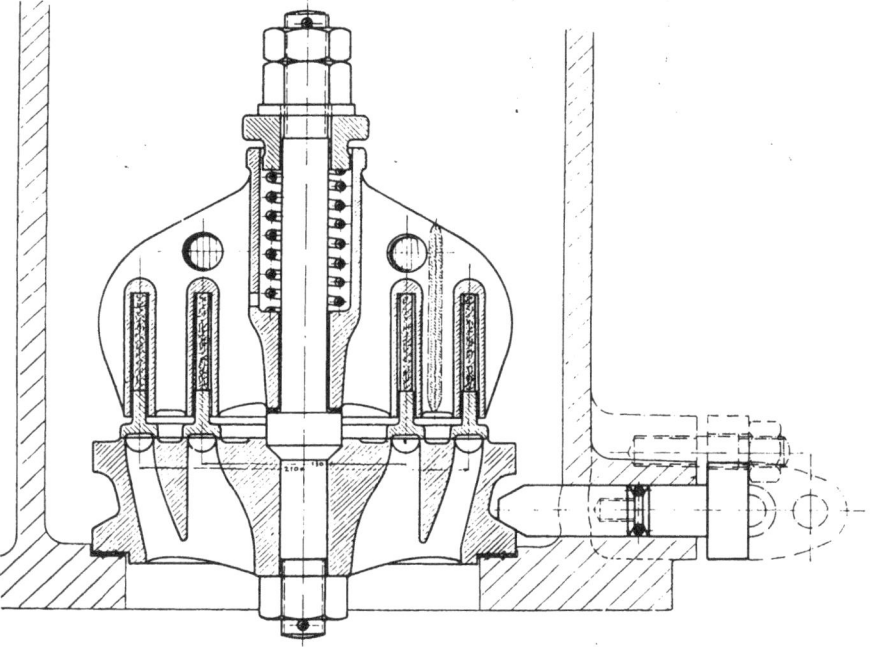

Fig. 114.

Nach einer Ausführung von Koch, Bantelmann und Paasch, Magdeburg-B., für eine Pumpe von 100 mm Plungerdurchmesser, 250 mm Hub, $n = 150$, $h_{max} = 5$ mm, $l h_{max} = 105$ qcm Sitz: Tiegelguß mit reichlichem Zusatz von Schmiedeisen, Fänger und Ringe: Rotguß, Spindel: Messing (gezogen), Federn: Stahl und bester Paragummi.

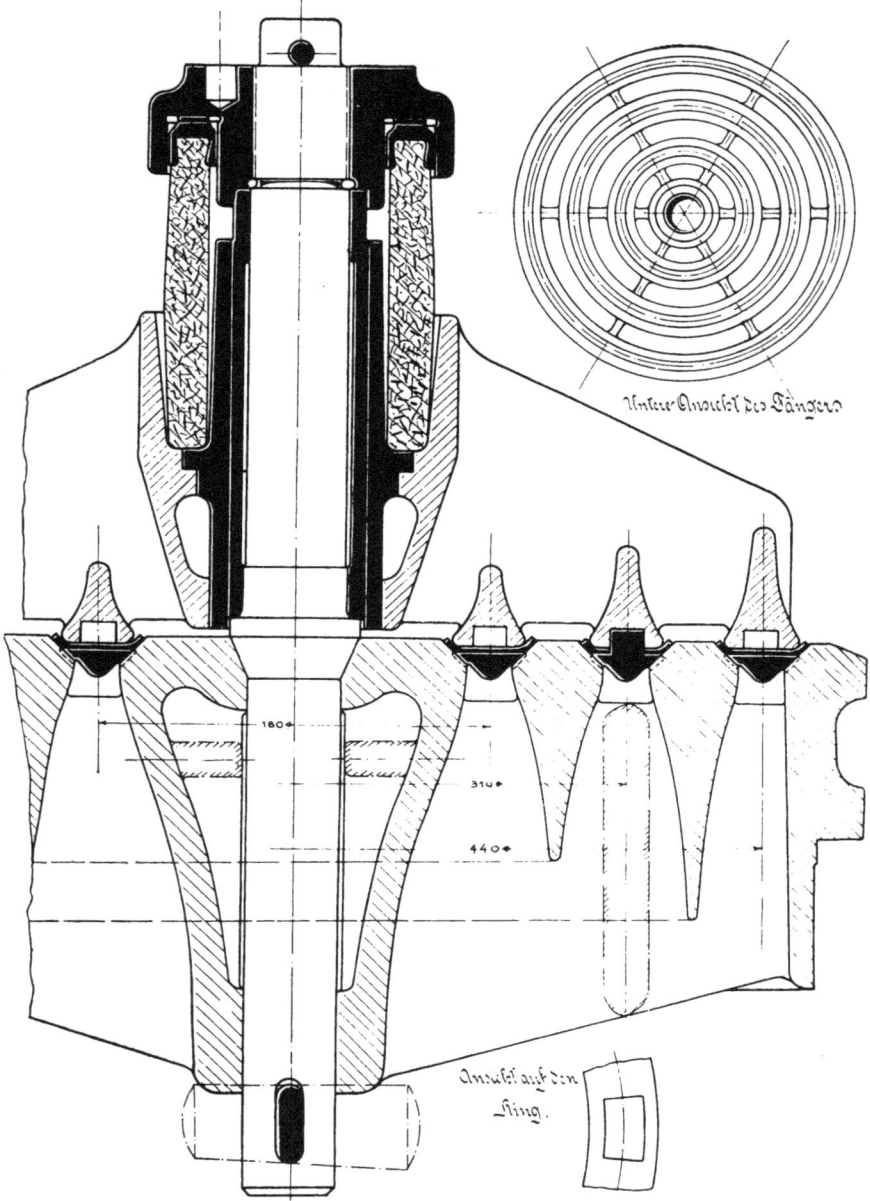

Unter Ansicht des Fängers.

Ansicht auf den Ring.

Fig. 115 und 116.

Saug- und Druckventil einer doppeltwirkenden, unterirdischen Wasserhaltungsmaschine für 50 m
Förderhöhe. Plungerdurchmesser 200 mm, Hub 1000 mm, $n = 50$. Sitz und Fänger: Stahlguß,
Spindel: Schmiedeisen, Büchse und Federteller: Rotguß.

belastet wird. Diese Ventile arbeiten normal bei 250 Umdrehungen, zeigen jedoch, nach Angabe der Firma, auch noch bei 400 Umläufen der Pumpe ruhigen Gang.

Eine ganz eigenartige Bauart ist das in Fig. 121 wiedergegebene Gummiringventil von Gebr. Körting, Körtingsdorf bei Hannover.

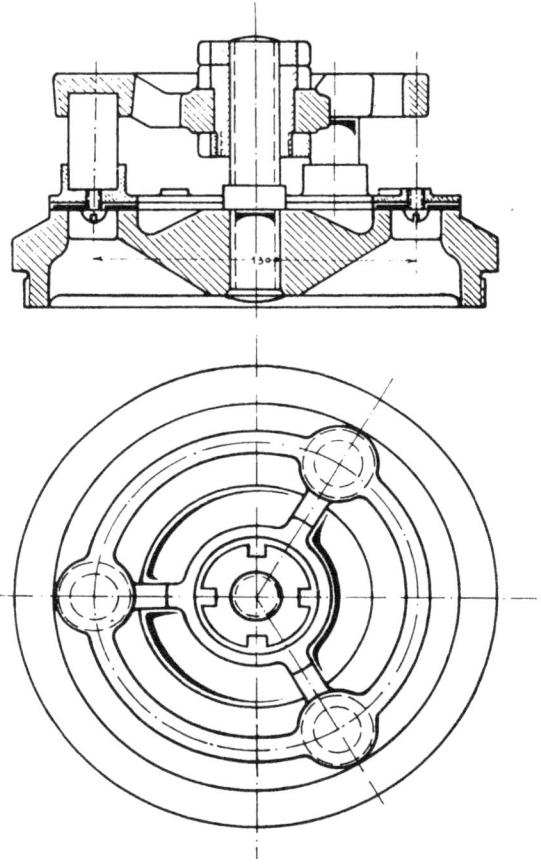

Fig. 117 und 118.

Ein harter Schlag kann bei diesem Ventil nicht auftreten, da die Ventilringe aus weichem Gummi hergestellt sind, deren Belastung in ihrer eigenen Spannung besteht. Bei eingetretenem Verschleiß ist Nachspannen möglich. Das Ventil eignet sich daher für schnellaufende Pumpen sowie zur Förderung unreinen, besonders sandhaltigen Wassers. Gebr. Körting bauen eine eigene, schnell-

laufende Pumpe mit diesem Ventil, doch kann es auch jeder anderen
Pumpe angepaßt werden.

Wie schon oben bemerkt wurde, besteht die andere Möglichkeit
zur Erzielung großer Ventilquerschnitte in der Anwendung von
Gruppenventilen. Das Gruppenventil ist älter als das vielspaltige

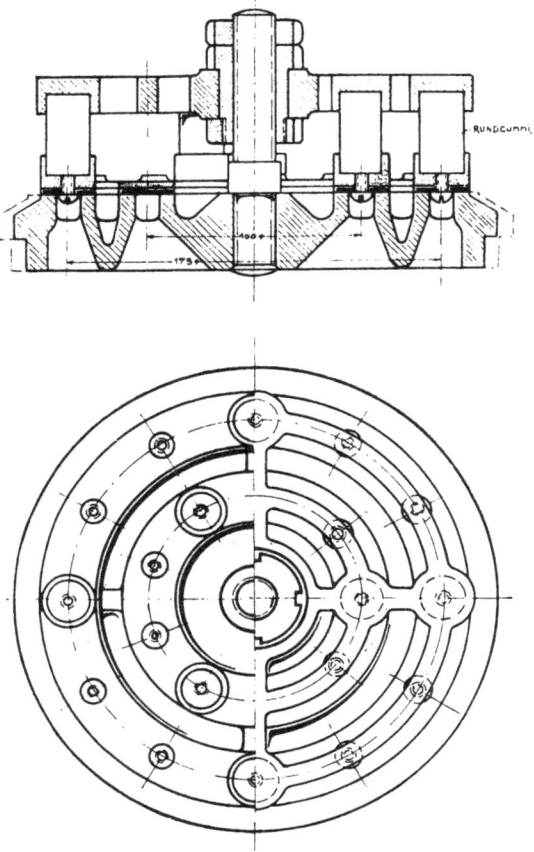

Fig. 119 und 120.

Ringventil, war aber vor letzterem eine Zeitlang in den Hinter-
grund getreten, um neuerdings wieder in steigende Aufnahme zu
kommen. Besonders das aus einspaltigen Ringventilen leichtester
Bauart zusammengesetzte Gruppenventil ist in modernen Ausführungen vielfach anzutreffen. Die obige Berechnung eines mehrspal-
tigen Ringventils hat gezeigt, daß für eine gegebene Wassermenge

und eine bestimmte Spaltgeschwindigkeit nur ein einziges, für den vorliegenden Fall besonders berechnetes und konstruiertes Ventil völlig entsprechen kann. Wünscht man also im Interesse billiger Fabrikation Ringventile nach möglichst übereinstimmenden Modellen für verschiedene Wassermengen herzustellen, indem immer ein Ring zu den vorhandenen außen hinzugefügt wird, so wird es sich nicht vermeiden lassen, daß für viele Fördermengen entweder größere Spaltgeschwindigkeiten oder größere Ventile als erforderlich angewendet werden müssen. Hat man dagegen z. B. ein einspaltiges Ringventil für eine kleine Durchflußmenge als Einheit, so wird sich durch Vereinigung der erforderlichen Anzahl dieser Ventile leicht

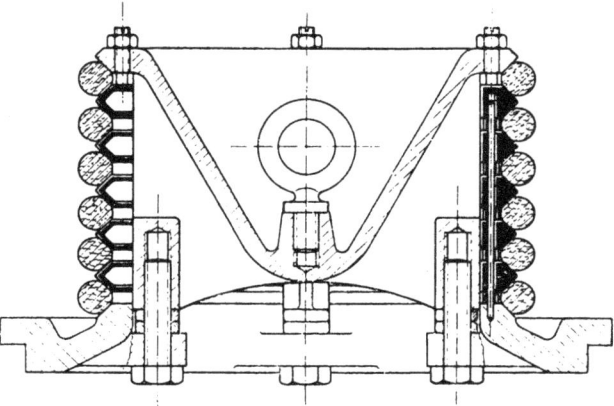

Fig. 121.

Die schnellaufenden Pumpen von Gebr. Körting (Antrieb mittels Riemen vom Elektromotor) mit diesen liegend eingebauten Ventilen werden ausgeführt für Fördermengen von 0,00833 bis 0,833 cbm/min, Saughöhen bis 6 m und Druckhöhen bis 30 m.

jede beliebige Fördermenge ohne merkbare Änderung der Spaltgeschwindigkeit bewältigen lassen. Auch wird zweifellos bei Anwendung geeigneter Spezialbearbeitungsmaschinen die Fabrikation billig, und im Betrieb können Störungen an einzelnen Ventilen unschwer durch Auswechseln derselben beseitigt werden. Dem Einwand, daß Gruppenventile mehr Fläche beanspruchen als Ringventile, tritt Otto H. Mueller in seinem mehrfach erwähnten Buche »Das Pumpenventil« (S. 102 u. ff.) entgegen. Tatsächlich werden denn auch Gruppenventile jetzt nicht allein, wie schon seit langem, in Amerika und England, sondern auch auf dem europäischen Kontinent vielfach ausgeführt.

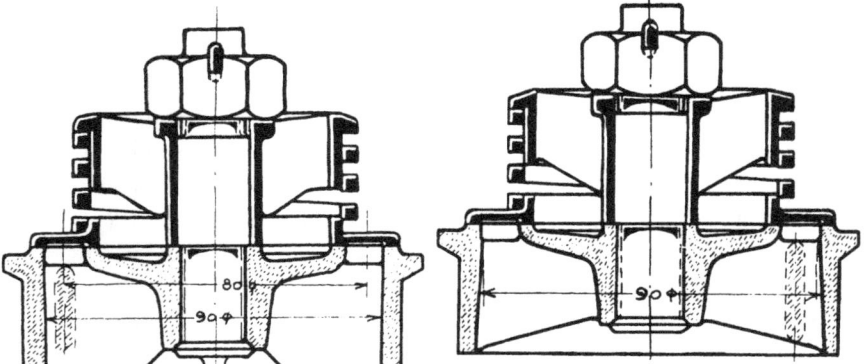

Fig. 123.

Fig. 122 und 123: Saug- und Druckventil zur Expreßpumpe »Frankenthal« (Fig. 140, 200, 211, 212).
$l\,h_{max} = 254$ qcm bei 5 mm größtem Ventilhub.
Sitze u. Fänger: Rotguß, Teller: Durana-Metall,
Spindel: Delta-Metall, Keilsplint, Schraubenfeder
und Rohr aus Messing. Das Rohr ist eingelötet
und genietet.

Fig. 122.

Als Beispiel dafür, wie große
Leistungen neuerdings mit Gruppenventilen bewältigt werden, mögen die Langschen Pumpmaschinen
des Budapester Wasserwerkes
dienen, veröffentlicht in der Zeitschrift d. V. d. I. 1905, Tafel 9.
Jede der beiden doppeltwirkenden
Pumpen besitzt auf jeder Kolbenseite 98 Saug- und 98 Druckventile, beide Pumpen zusammen
also 786 Ventile. Das auf S. 1030
desselben Jahrganges der genannten Zeitschrift abgebildete, mittels
Huberpressung (hierüber siehe Zeitschrift d. V. d. I. 1901, S. 584 u. 621)
hergestellte Ventil hat ein Gewicht
von nur 97 g.

Zur Verwendung bei Gruppenventilen gelangen, wie erwähnt,
meist leichte, einspaltige Ringventile, und zwar sowohl mit metallischer Sitzfläche (Fig. 122 u. 123), als auch mit Lederdichtung nach
Fernis (Fig. 16, 124, 125). Es sei hier auf das Saugventil Fig. 123 der

Maschinenfabrik Frankenthal in der Pfalz aufmerksam gemacht, welches aus Gründen besserer Wasserführung mit einem besonderen Taüchrohr versehen ist und so zu Gruppen zusammengestellt wird. Durch die Tauchrohre wird die Verhütung des Eindringens großer Luftmassen in die Pumpen infolge starker Schwankungen des Wasserspiegels bei umfangreichen Saugwindkesseln bezweckt, da als Folgeerscheinung dieses Vorganges heftige Schläge des Saugventils auftzutreten pflegen.

Die Vereinigung einzelner Ventile zur Gruppe geschieht entweder durch Einschrauben oder Eindrücken der Sitze in eine besondere, meist in Stahlguß hergestellte Ventilplatte (Fig. 16, 17, 27, 28, 126, 127, 128 bis 130) oder durch direkte Anbringung am Pumpenkörper (Fig. 8 bis 13).

Die Befestigung der Ventilsitze von Einzelventilen oder der Ventilplatten von Gruppenventilen im Pumpenkörper wird verschiedenartig bewirkt. Die Sitze kleinerer Ventile werden mit Gewinde versehen und in das Gehäuse eingeschraubt (Fig. 94, 118) oder äußerlich schwach konisch gedreht und eingetrieben oder eingepreßt (Fig. 91, 92, 93). Letztere Befestigungsart erfordert nachträglichesAufschleifen der Ventile, da sich die Dichtungsfläche durch das gewaltsame Eintreiben leicht verzieht. Für größere Etagen- und Ringventile kommen vielfach Druckschrauben zur Anwendung, die entweder durch den Deckel des Ventilgehäuses geführt sind (Fig. 12, 18) oder, wo dies nicht angeht, sich gegen besonders eingelegte oder an-

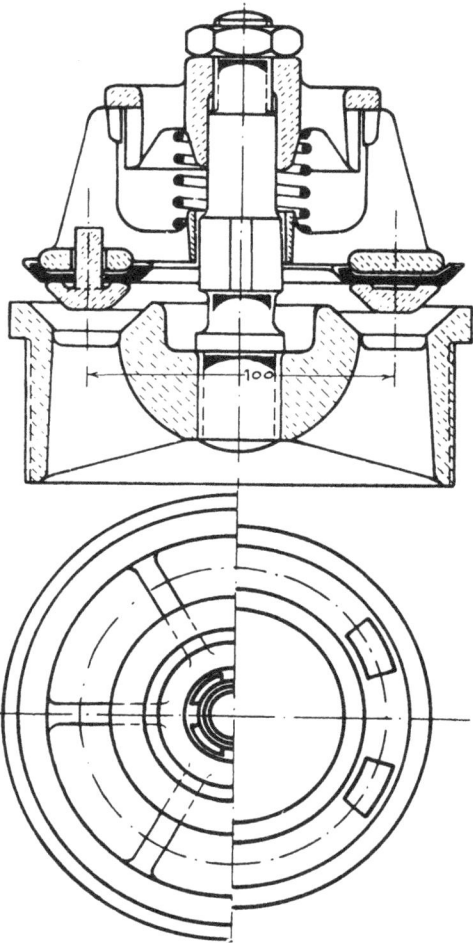

Fig. 124 und 125.
Ventil von Weise u. Monski. Hub 10 mm. Wird auch mit ebener Sitzfläche u. metallischer Dichtung ausgeführt.

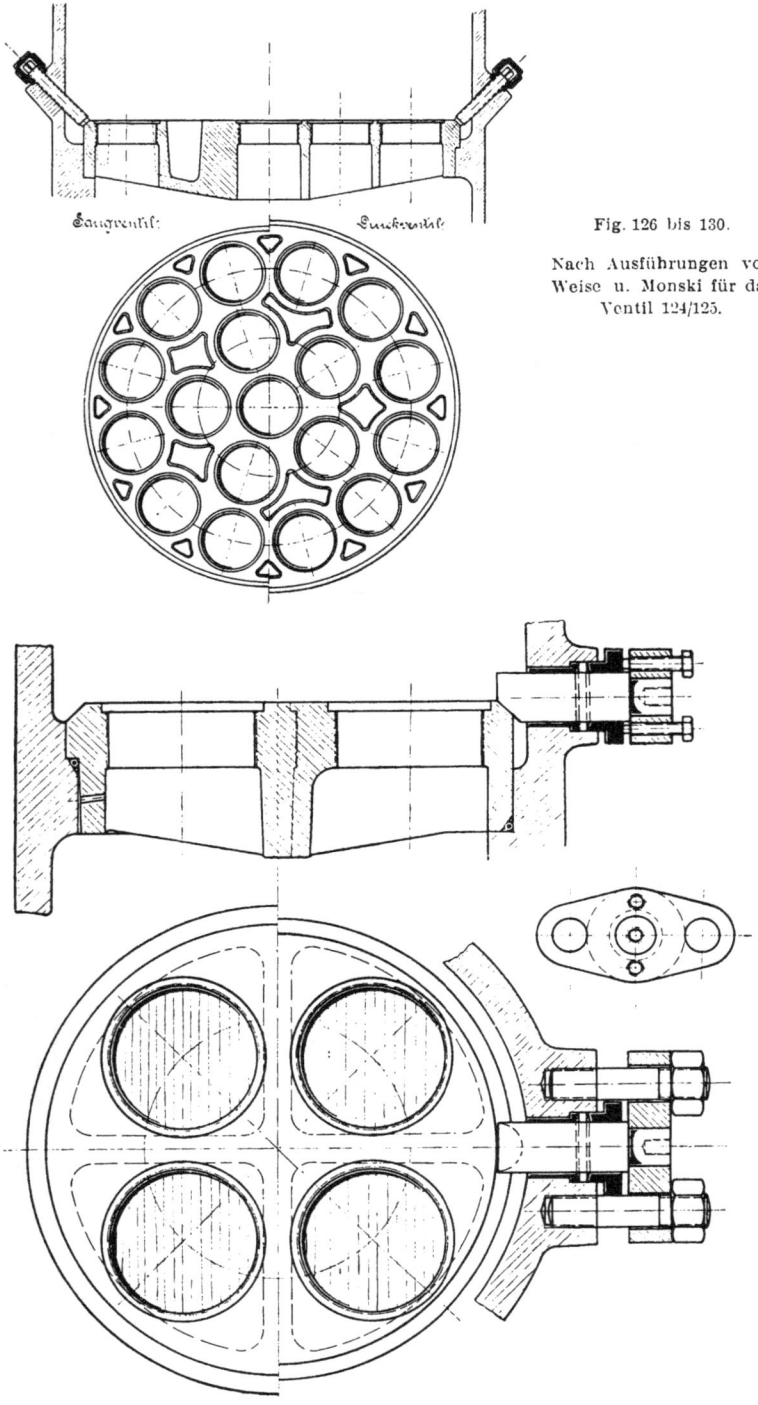

Saugventil.   Druckventil.

Fig. 126 bis 130.

Nach Ausführungen von
Weise u. Monski für das
Ventil 124/125.

gegossene Brücken stützen (Fig. 8, 9, 100, 101, 106). Die erste
Anordnung hat den sehr wichtigen Vorteil, daß man die Schrauben
im Betriebe nachziehen kann; als Nachteil ist aber zu betrachten,
daß bei einer Lösung des Deckels auch jedesmal der Ventilsitz ge-

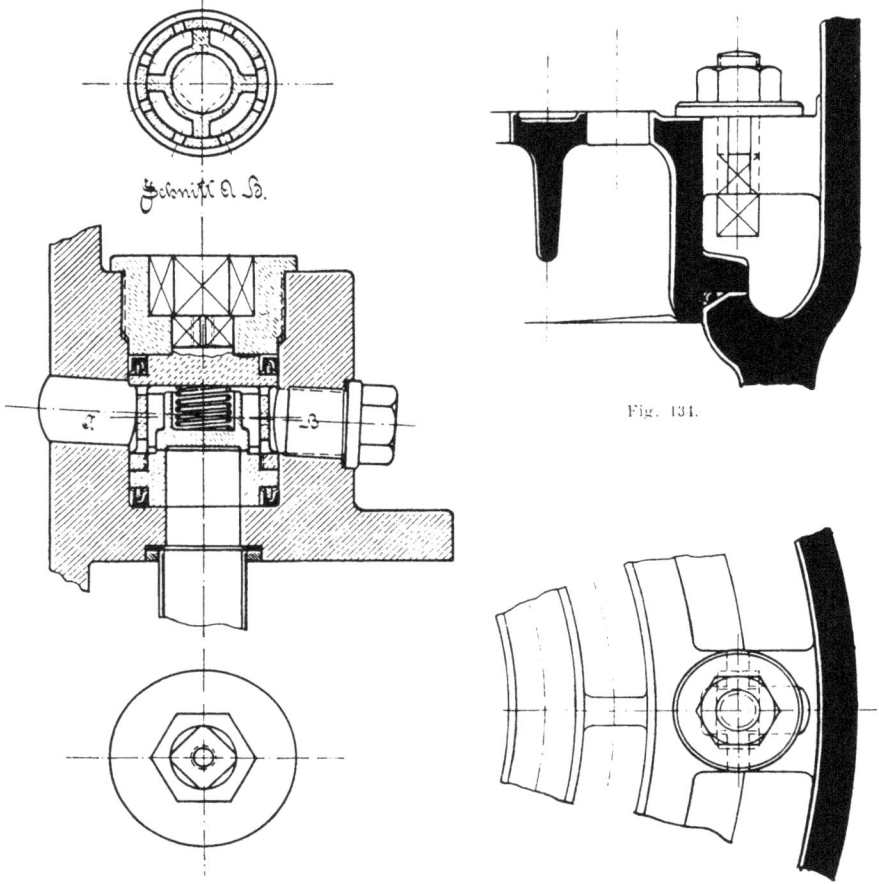

Fig. 134.

Fig. 131 bis 133.

Fig. 135.

Fig. 131 bis 133: Saugventil einer Preßpumpe für 75 Atm. Betriebsdruck der Maschinenfabrik
Frankenthal. Plungerdurchm. 40 mm, Hub 100 mm, $n = 150$. Alle Ventilteile aus Phosphorbronze.

lockert wird. Eine besondere, bei Preßpumpen viel verwendete Ausbildung dieser Befestigungsart, bei welcher der Gehäusedeckel zugleich
Druckschraube ist, zeigt Fig. 131 bis 133. Auch Klemmschrauben
nach Fig. 134, 135 wurden, namentlich für schwere Ringventile, viel
verwendet, haben aber den Nachteil der Unzugänglichkeit im Betriebe.

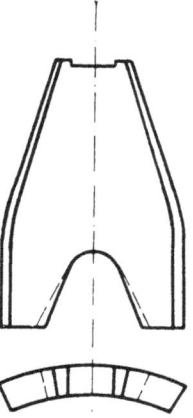

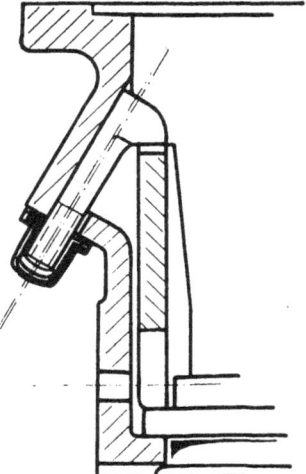

Fig. 139.

Fig. 136 und 137 gehört zum Ventil Fig. 115 und 116.

Fig. 138 und 139 gehört zur Pumpe Fig. 22 bis 24.

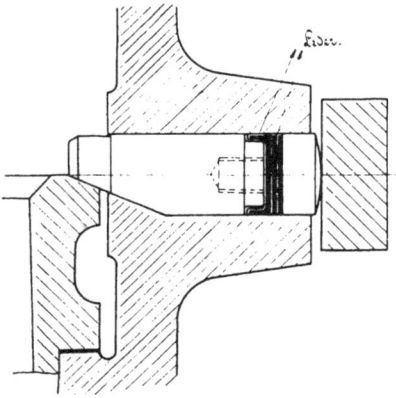

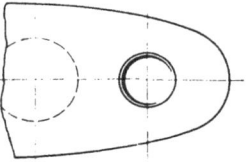

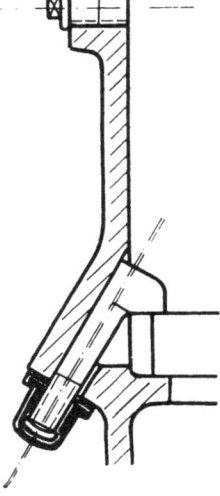

Fig. 136.   Fig. 137.   Fig. 138.

Neuerdings finden deshalb allgemein die in den Fig. 115, 126, 128 bis 130, 136, 137 dargestellten Druckbolzen Verwendung (siehe auch Fig. 28, 29 u. a.), welche alle Nachteile der genannten anderen Konstruktionen vermeiden. Der Pumpenkörper erhält, je nach der Größe des Ventils oder der Ventilplatte, drei bis vier Angüsse, durch welche ein zylindrischer Druckbolzen abgedichtet eingeführt werden kann, und zwar bei den Druckventilen horizontal, bei den (möglichst tief anzuordnenden) Saugventilen schräg nach unten (Fig. 213 u. a.). Hierbei kann entweder der Bolzen selber Gewinde erhalten (Fig. 126), oder er wird durch ein besonderes Druckstück, welches durch zwei seitliche Stiftschrauben nachgezogen werden kann, gegen den Ventilsitz gepreßt. Letztere Anordnung ist die bessere und jetzt meist ausgeführte. Die Bolzen müssen unter allen Umständen vor dem Einrosten geschützt werden, weshalb sie entweder aus rostfreiem aber festem Material (Deltametall) hergestellt oder durch eine Bronzebüchse eingeführt werden (Fig. 128, 129). Natürlich müssen sie auch abgedichtet werden; dies geschieht entweder durch Ledermanschetten (Fig. 136), die jedoch bei längerem Stillstand der Pumpe leicht eintrocknen und dann unbrauchbar werden, oder durch Rundgummi, der sich sehr gut bewährt hat, da er durch den inneren Überdruck in die eckige Nut eingedrückt wird und vorzüglich dichtet (Fig. 115). In Fig. 126 erfolgt die Dichtung durch eine geschlossene Überwurfmutter, die zugleich als Sicherung dient, während in Fig. 128, 129 eine reguläre Stopfbüchse ausgebildet wurde. Alle Bolzen erhalten zum Herausnehmen außen eine Anbohrung mit Gewinde. Gebrüder Körting, Hannover, verwenden für ihre Wasserwerkspumpen (Fig. 22 bis 24) hakenförmige Schrauben, welche schräg abwärts aus dem Pumpenkörper herausragen und mit einer auch im Betriebe leicht nachzuziehenden, geschlossenen Bronzemutter (Fig. 138, 139) versehen sind. Fig. 140 endlich zeigt, wie der Ventilsitz auch durch einfaches Einpassen zwischen Pumpenkörper und Saugwindkessel befestigt werden kann.

Die Abdichtung des Ventilsitzes gegen das Gehäuse ist natürlich gleichfalls von größter Wichtigkeit; die Figuren lassen verschiedene derartige Dichtungen erkennen (Fig. 100, 115, 128). Auch hier hat sich Rundgummischnur außerordentlich bewährt, selbst bei höchsten Drücken; man muß nur darauf achten, daß der spitzere Winkel der dreieckigen Nut, in welche der Gummi zu liegen kommt, in der Richtung des Überdruckes liegt, so daß die Schnur in diesen Winkel hineingedrückt wird; auch ist bei der Anordnung der Schnur und beim Einbringen des Sitzes darauf zu achten, daß der Gummi nicht an scharfen Kanten zerschnitten wird.

Liegt der Sitz des Druckventils nicht in seiner ganzen Höhe dicht am Gehäuse an, so muß durch seitliche Bohrungen (Fig. 128) dafür gesorgt werden, daß sich in dem Raum zwischen Sitz und Gehäuse kein Luftsack bilden kann, der den volumetrischen Wirkungsgrad der Pumpe verschlechtert (vgl. S. 165). Bei übereinander in einer Achse angeordneten Ventilen sind die äußeren Sitzdurchmesser so zu bemessen, daß das Saugventil von oben durch die Öffnung der Auflagefläche für den Druckventilsitz eingebracht

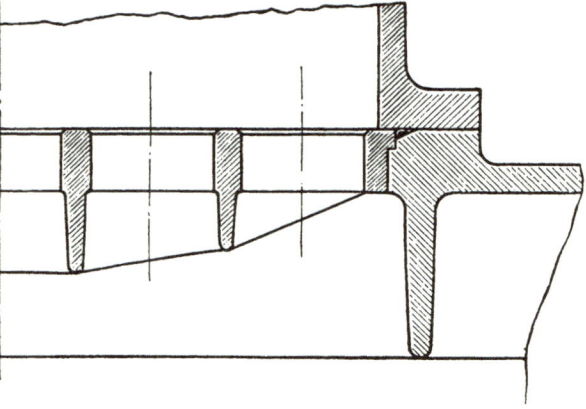

Fig. 140.
Gehört zur Expreßpumpe »Frankenthal« (Fig. 200, 211, 212).

werden kann, es sei denn, daß für die Einbringung des Saugventils eine seitliche Öffnung im Pumpenkörper vorgesehen ist. (Vgl. die Maßangaben in Fig. 30.)

Schwerere Ventile müssen in der oberen Stirnfläche der Spindel eine Bohrung mit Gewinde zum Einführen einer Heböse haben, oder die letztere muß mit Muttergewinde versehen sein, so daß sie sich über das zu diesem Zweck genügend weit vorstehende Gewinde der Spindel herüberschrauben läßt; man kann auch die den Federteller stützende Mutter unmittelbar als Heböse ausbilden oder der auf der Spindel sitzenden, in diesem Falle vierkantigen oder runden Mutter kräftige, seitliche zylindrische oder flügelartige Ansätze geben, an denen das ganze Ventil mit dem Sitz herausgehoben werden kann.

VIII. Klappen.

Unter Klappen versteht man Absperrorgane, welche sich nicht wie die Ventile parallel mit sich selbst senkrecht von der Sitzfläche abheben, sondern die Durchflußöffnung dadurch freigeben, daß sie sich um eine seitlich der Sitzfläche befindliche, zu dieser parallele Achse drehen.

Das Spiel der Klappe muß nach ganz ähnlichen Gesetzen wie die Ventilbewegung vor sich gehen; auf den Versuch einer Entwickelung dieser Bewegungsgesetze sowie der Größenbestimmung von Klappen werde jedoch hier verzichtet im Hinblick auf die geringere wirtschaftliche Bedeutung dieses Absperrorganes für den Pumpenbau und namentlich auch auf die wesentlich größere Unsicherheit der Rechnungsgrundlagen gegenüber dem Ventil. Schon die Annahme der Richtung des Wasserdurchtrittes durch den Spalt bereitet Schwierigkeiten, da die Beteiligung der trapezförmigen Seitenflächen der Spaltöffnung an der Wasserlieferung sehr zweifelhaft ist. Für die Vorausbestimmung der Klappenbelastung als Bedingung geräuschlosen Schlusses fehlt vollends jeder Anhalt. Die Verhältnisse gestalten sich hier insofern schwieriger, als nicht allein, wie beim Ventil, das Spiel der Kräfte sondern auch ihre Lage zum Drehpunkt der Klappe berücksichtigt werden muß; es handelt sich hier um Momente mit veränderlichen Kräften und teilweise auch veränderlichen Hebelarmen, worüber Bach in seiner Abhandlung: »Die allgemeinen Grundlagen für die Konstruktion der Kolbenpumpen« (Anhang zu: »Die Konstruktion der Feuerspritzen«, Stuttgart 1883) genauere Betrachtungen angestellt hat. Es sei auch noch auf das Taschenbuch der »Hütte«, Teil I, S. 777/78 verwiesen.

Abgesehen von der sehr ausgebreiteten Anwendung der Klappen bei den Kondensatorpumpen, auf welche hier nicht näher eingegangen werden soll, sowie als sogenanntes Fußventil zum Abschluß der Saugleitung (siehe Fig. 195, 197, 198), finden dieselben hauptsächlich da Anwendung, wo es sich um Schaffung großer, durch Rippen nicht beengter, gegen grobe Verunreinigungen unempfindlicher Durchflußöffnungen handelt, also besonders bei den Kanalisationspumpen.

Fig. 141, 142 zeigt eine derartige Pumpe und läßt die Einzelheiten der Konstruktion erkennen; allerdings sind die Klappen dieser Pumpe nicht selbsttätig, sondern gesteuert, wodurch es möglich wird, die erforderlichen großen Klappenhübe auch bei schnellerem Gang der Pumpe zu erzielen; [siehe Abschnitt IX, B)].

Für Pumpen von untergeordneter Verwendung und geringer Größe, bei denen die Frage nach der Wohlfeilheit an erster Stelle steht, eignet sich die Klappe in ihrer einfachsten Gestalt ganz besonders, wie die in Fig. 143 bis 145 dargestellte, weit verbreitete und selbst für sehr unreine Flüssigkeiten geeignete sogenannte »Kaliforniapumpe« erkennen läßt.

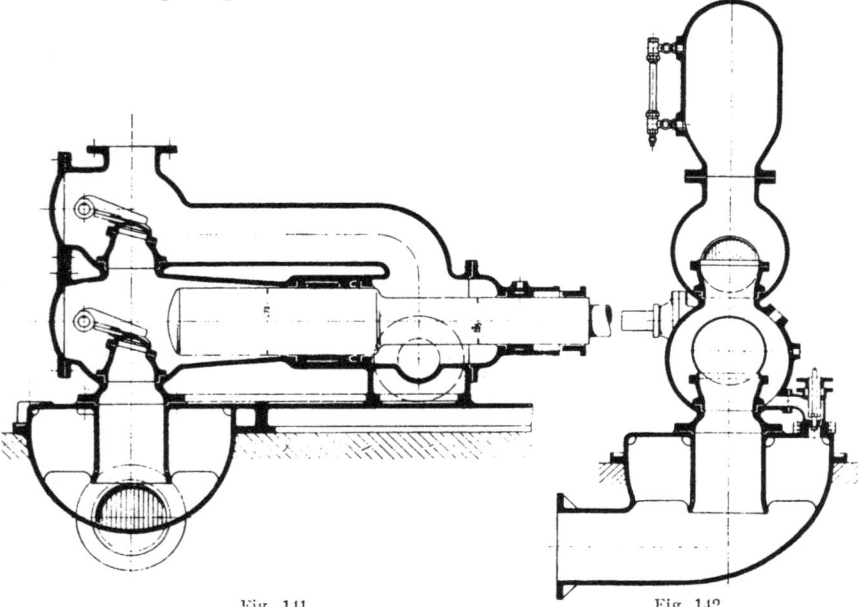

Fig. 141.   Fig. 142.

Kanalisationspumpe mit gesteuerten Klappen. (Nach einer von Herrn Geh.-Rat Riedler freundlichst überlassenen Zeichnung.)

Die Klappen lassen sich sowohl mit metallischen als auch mit lederarmierten Dichtungsflächen ausführen, für unreines Wasser kommen jedoch nur letztere in Betracht, da metallische Sitzflächen durch dazwischen geratende feste Unreinigkeiten schnell zerstört werden; im übrigen können die Klappen sowohl Gewichtsbelastung als Federbelastung erhalten. In letzterem Falle kommen Blattfedern zur Anwendung oder der Klapphebel wird selber aus federndem Material ausgeführt.

Nun besitzt zweifellos die Klappe gewisse Vorzüge gegenüber dem Ventil, die sie bei zweckentsprechender Ausgestaltung auch für

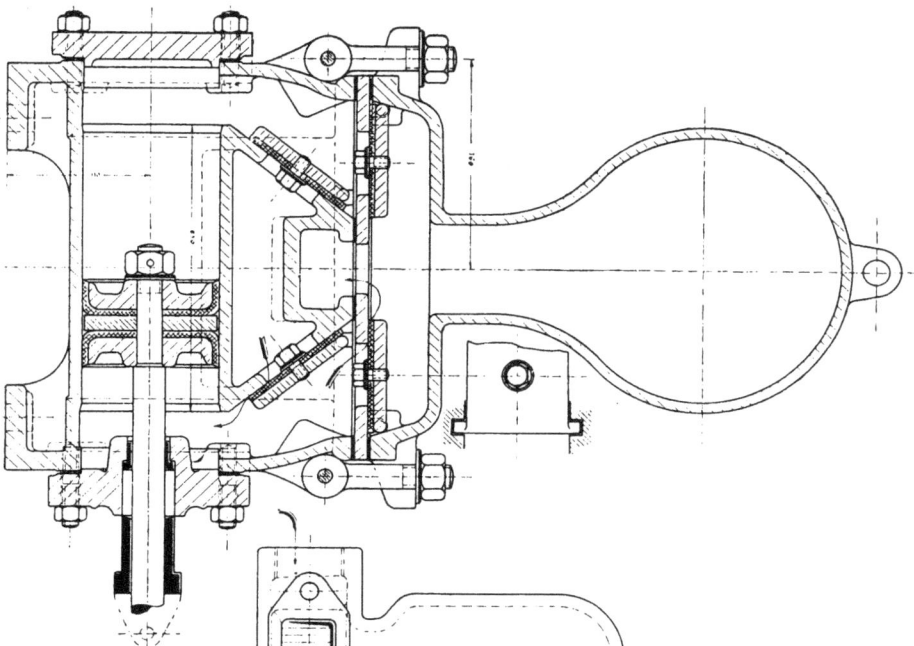

Fig. 142.

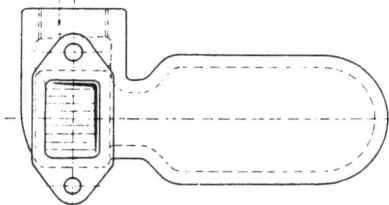

Fig. 143.

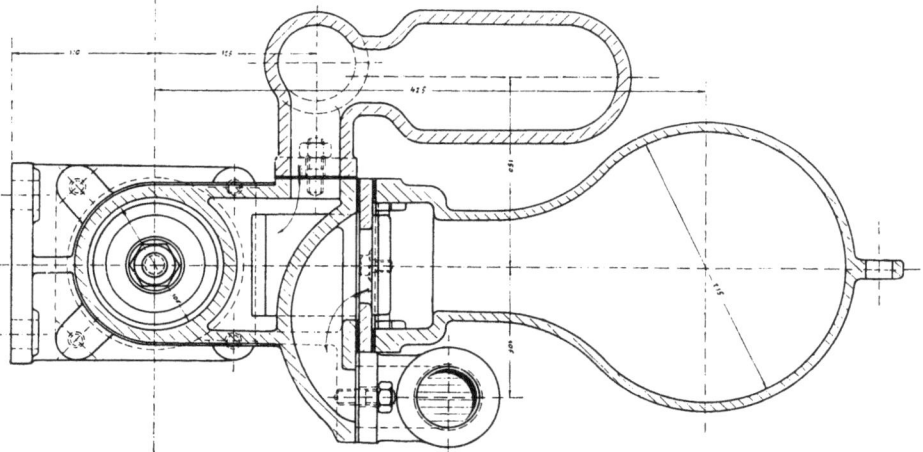

Fig. 141.

andere als Kanalisationspumpen und für hohe Umlaufzahlen geeignet erscheinen lassen. Namentlich ist die Wasserführung bedeutend besser als bei den Ventilen, besonders wenn die Kanäle der Klappensitze so geneigt sind, daß das Wasser entsprechend dem Eröffnungswinkel der Klappe in schräger Richtung die Sitzöffnung durchströmt und infolgedessen nur wenig abgelenkt wird (Fig. 146, 147). Dadurch ist eine natürliche Hubbegrenzung gegeben und die Klappenbelastung kann sehr gering werden, da sie dem strömenden Wasser nicht direkt entgegenwirkt wie beim Ventil, sondern nahezu senkrecht dazu.

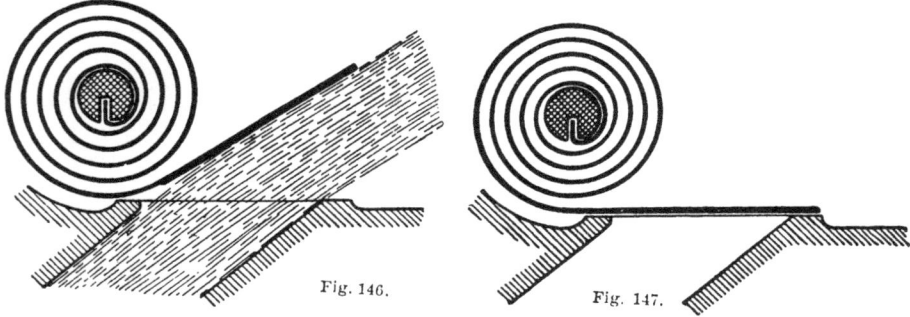

Fig. 146.   Fig. 147.

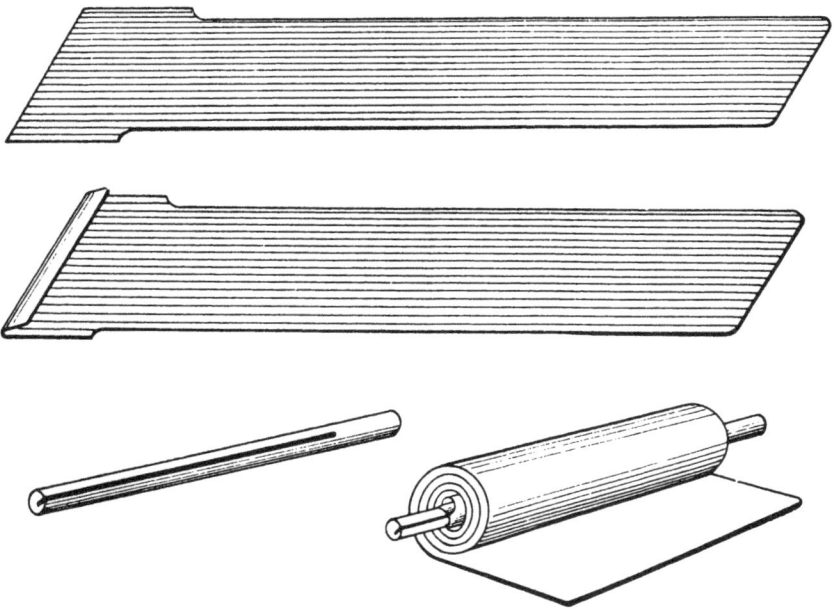

Fig. 148 bis 151.

Auf diesen Erwägungen beruht die Konstruktion der Guter-muth-Klappe (D.R.-P. Nr. 132429, Inhaber Prof. Gutermuth, Darmstadt). Dieselbe besteht aus einer einfachen, spiralförmig um einen Dorn gewickelten, rechteckigen Blechplatte aus Stahl oder Bronze von großer Festigkeit und Zähigkeit, deren freies, verdicktes Ende die Durchflußöffnung verschließt. Die Herstellung ist aus den

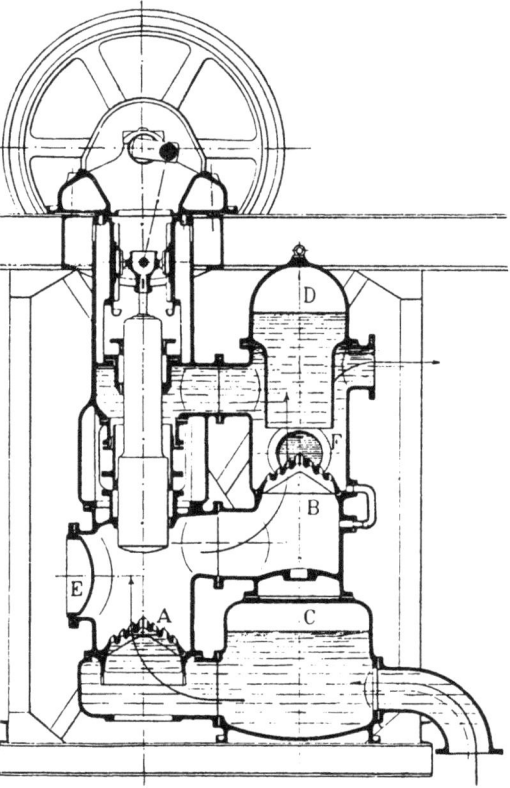

Fig. 152.

Fig. 148 bis 151 ersichtlich, aus welchen auch die große Einfachheit der Konstruktion hervorgeht. Fig. 146 und 147 zeigen die ohne jede Reibung bewegliche Klappe im geöffneten und geschlossenen Zustande im Schnitt. Eine mit Gutermuth-Klappen nachträglich ausgerüstete stehende Differentialpumpe zeigt Fig. 152. Nach Angabe der Prager Maschinenbau-Aktiengesellschaft, in deren Betrieb die Pumpe läuft, konnte nach dem Umbau die Umlaufzahl von 80 auf 180

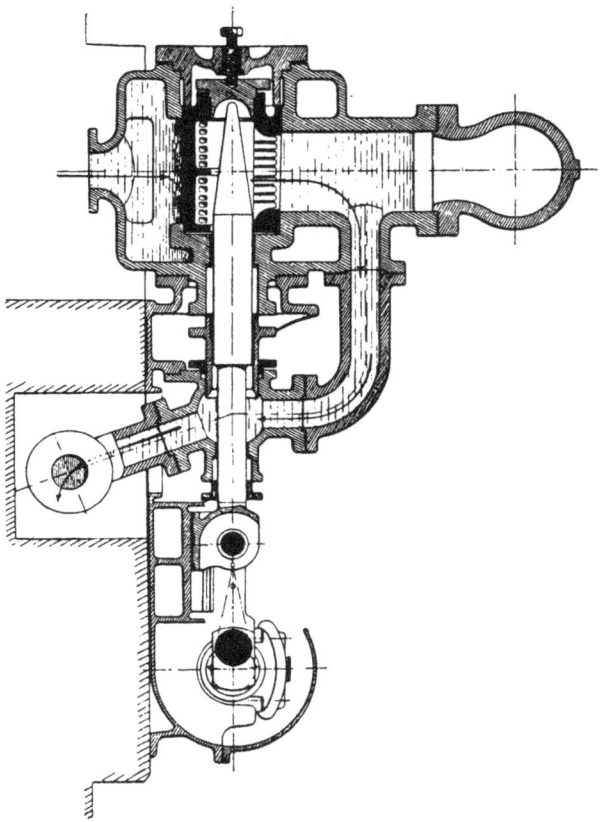

Fig. 153.

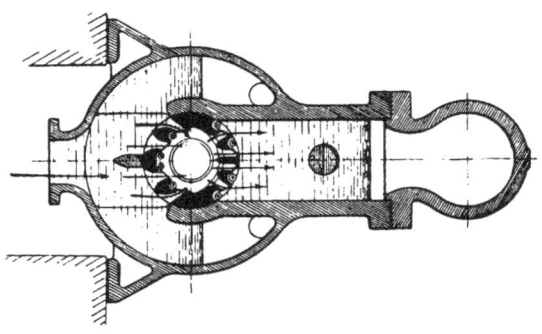

Fig. 154.

erhöht werden, ohne daß empfindliche Stöße aufgetreten wären. Fig. 153, 154 zeigen eine von vornherein mit Gutermuth-Klappen ausgerüstete liegende Differential-Wasserhaltungspumpe für hohe Pressungen, welche im Laboratorium der Technischen Hochschule in

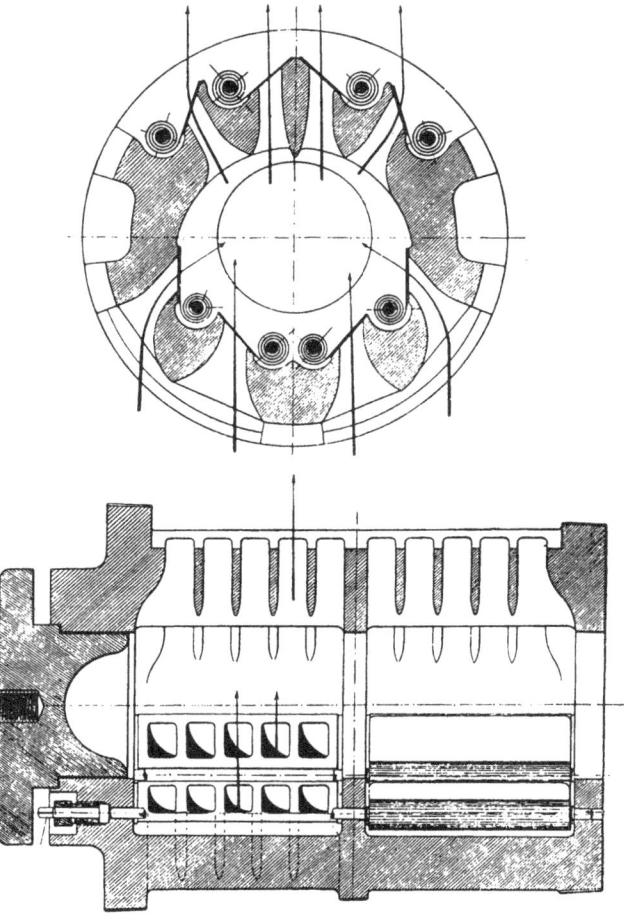

Fig. 155 und 156.

Darmstadt zu Versuchszwecken aufgestellt ist und normal mit 250 Um-drehungen i. d. M. läuft. Die Saug- und Druckklappen sind zu je acht in einem besonderen, konischen Ventileinsatz (Fig. 155, 156) vereinigt, der in den Pumpenkörper eingeschliffen ist und mittels einer durch den Deckel geführten Druckschraube festgehalten wird.

IX. Gesteuerte Absperrorgane.

A) Schieber.

Aus den Gleichungen 136), 140) und 141) geht hervor, daß die Bewegung selbsttätiger Pumpenventile, wenn man ihre eigene Pumpwirkung unberücksichtigt läßt, genau nach den Gesetzen des Kurbelantriebes erfolgt, und zwar muß die Kurbel, von welcher das Ventil angetrieben zu denken ist, gegen die Pumpenkurbel um 90° versetzt sein (siehe S. 80). Wollte man eine derartige Steuerung wirklich ausführen, so müßte ein Absperrorgan gewählt werden, welches sich nicht senkrecht zu der Sitzfläche bewegt, da alsdann die Nebenpumpwirkung eintritt, sondern in der dichtenden Fläche selber, d. h. kein Ventil, sondern ein Schieber. Das durch Gleichung 136) ausgedrückte Bewegungsgesetz eines selbsttätigen Ventils, dessen eigene Pumpwirkung vernachlässigt wurde, läßt sich also verwirklichen durch Anwendung eines gesteuerten Schiebers, dessen Antriebsexzenter gegen die Pumpenkurbel um 90° versetzt ist. Der verlockende Gedanke, auf diese Weise eine vollkommen richtig (d. h. mit konstanter Spaltgeschwindigkeit und Umsteuerung genau in den Totlagen) arbeitende Pumpe unter Vermeidung der zu Störungen neigenden selbsttätigen Ventile zu erhalten, hat früh zur Ausführung von Schieberpumpen geführt, die jedoch für größere Leistungen schwerfällig wurden und bei mangelnder Entlastung schnellen Verschleiß zeigten. Da außerdem die Schieber ohne Überdeckung arbeiteten, so war in der Nähe des Druckwechsels die Abdichtung des Schiebers sehr schlecht, der Lieferungsgrad infolgedessen ungünstig. Eine ältere Schieberpumpe mit schwingendem Zylinder zeigt Fig. 157, 158. Bei dieser Bauart bleibt, entgegengesetzt der bei Muschelschiebern sonst üblichen Anordnung, der Schieber in Ruhe, während der Schieberspiegel sich über ihn hin bewegt. Die dadurch bewirkte Steuerung ist aber die gleiche wie bei einem Muschelschieber ohne Überdekungen, dessen Antrieb durch ein um 90° gegen die Hauptkurbel versetztes Exzenter erfolgt. Da der Druck der Pumpflüssigkeit die Lauffläche entlastet, so muß durch ein paar von Hand nachziehbarer Schrauben die Dichtung gesichert werden.

Eine neuerdings in den Handel gebrachte derartige Pumpe scheint indessen die Übelstände der älteren Bauarten mit Erfolg ver-

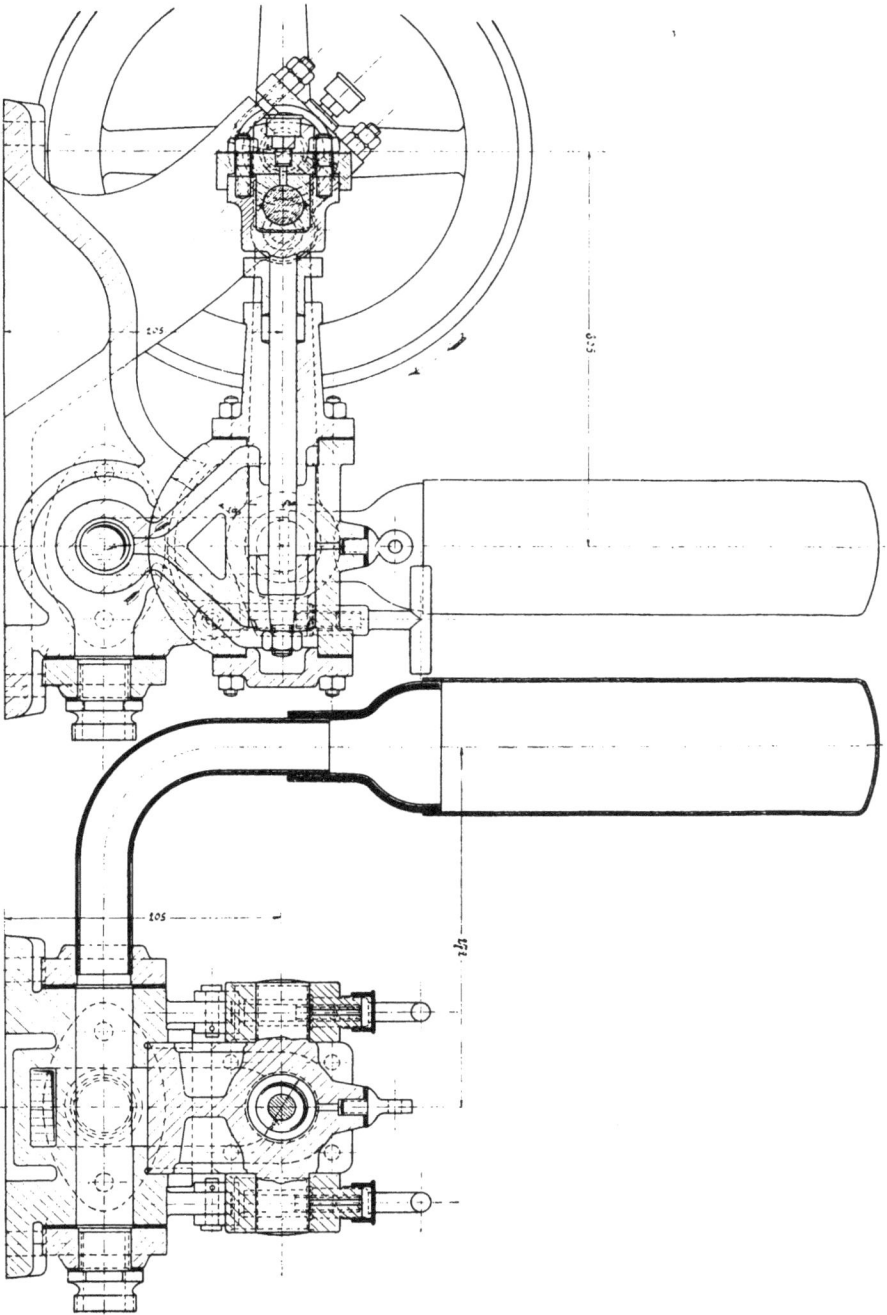

Fig. 157.

Fig. 158.

Schieber.

mieden zu haben. Es ist das die seit 1897 von der Firma Orten-
bach & Vogel, Bitterfeld, gebaute sog. Orvopumpe (Fig. 159, 160).
Dieselbe wird stets in Zwillingsanordnung mit 90^0 Kurbelversetzung
ausgeführt. Jede Kolbenstange trägt zwei Kolben, den Arbeits- und
den Steuerkolben. Letztere beteiligen sich jedoch auch an der
Pumpwirkung und sind vom halben Querschnitt der Hauptkolben,
so daß Differentialwirkung entsteht. Jeder der kleinen Kolben
besorgt die Steuerung für die benachbarte Pumpenseite. Die so
erzielte Wirkung entspricht dem Leistungsdiagramm, Fig. 73, 74,
für eine Kolbenfläche gleich der Hälfte derjenigen der Hauptkolben.
Um im Hubwechsel gute Dichtung zu erzielen, erhalten die Steuerkolben Überdeckung. Da infolgedessen der Wasseraustritt nach der
Steigleitung während des letzten Teiles des Hauptkolbenhubes abgesperrt ist, so ordnete man bei den ersten Ausführungen kleine,
selbsttätige Hilfsventile an, die sich jedoch nicht bewährten und
sogar als überflüssig herausstellten. Es zeigte sich nämlich, daß die
erwartete gefährliche Drucksteigerung im Arbeitsraum überhaupt
nicht auftrat. Dies erklärt sich aus der hohen Umsteuergeschwin-
digkeit und dem infolgedessen nach Abschluß des Druckkanals selbst
bei reichlicher Schieberüberdeckung sehr geringen Hauptkolbenweg,
zu dessen Aufnahme die Elastizität der Wandungen sowie des im
Wasser stets vorhandenen geringen Luftgehaltes ohne merkbare
Druckerhöhung genügt.

Da bei diesen Pumpen die zur Ventileröffnung erforderliche Druckhöhe H_v' [Gleichung 69)] fortfällt, und auch keine Ventilmassen zu
beschleunigen sind, so schreibt sich Gleichung 71):

$$n_0 = g \cdot \frac{A - H_s}{L_s \dfrac{F}{F_s} + L_0} \qquad \qquad 212)$$

Der Zähler ist also größer, der Nenner kleiner geworden, d. h.
n_0 ist bei schiebergesteuerten Pumpen unter sonst gleichen Bedingungen größer als bei Pumpen mit selbsttätigen Ventilen, die erreichbare Umlaufzahl bei gleicher Saughöhe folglich ebenfalls größer.

Auch für die Förderung dicker Flüssigkeiten, bei denen selbsttätige Ventile nur in der Form schwerer Kugelventile zur Verwendung gelangen können, sollen die Orvopumpen sich gut bewähren.
Sie werden in verschiedenen Bauarten, auch mit Plungern, liegend
und stehend, für Transmissions- oder elektrischen Antrieb sowie für
Dampfbetrieb ausgeführt. Ein Rückschlagventil in der Steigleitung

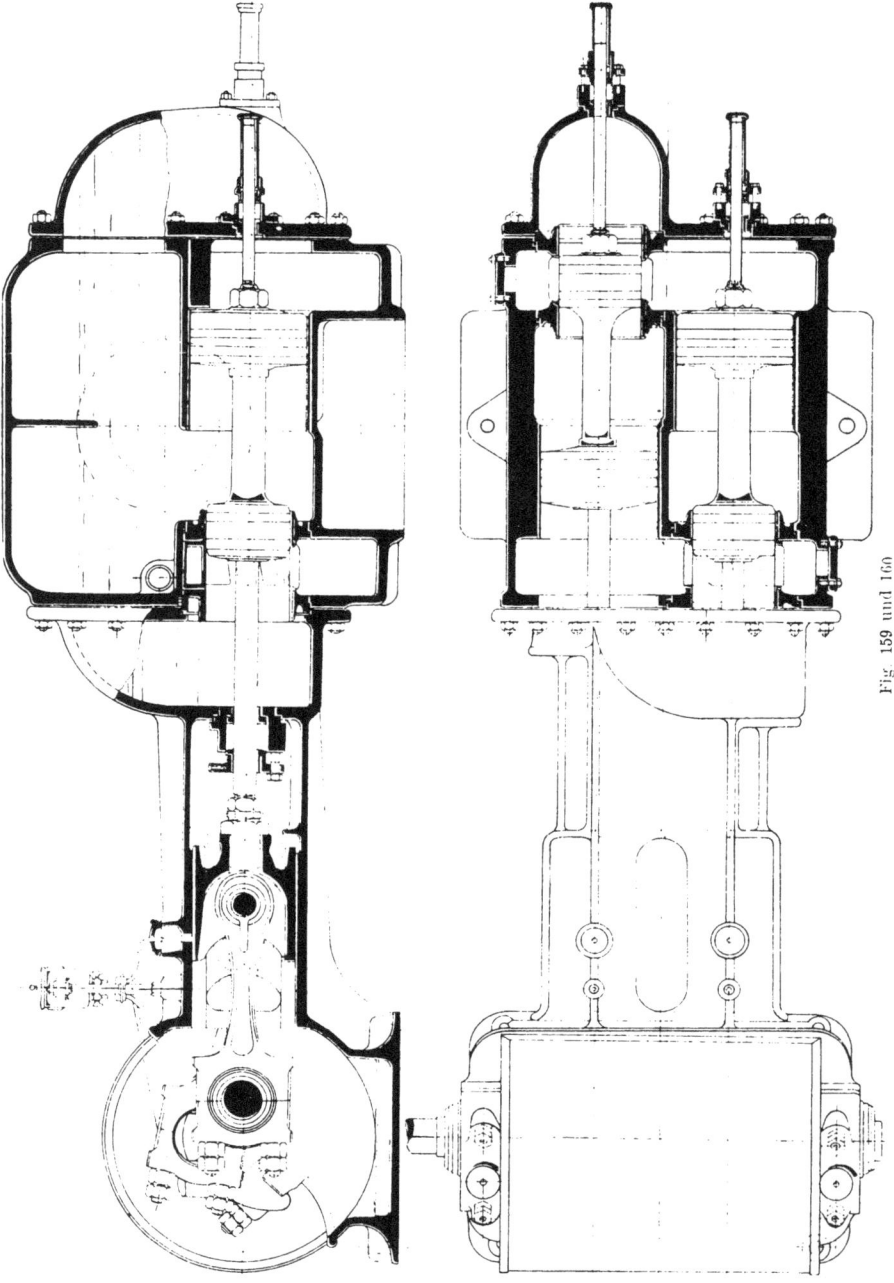

Fig. 159 und 160.

unmittelbar hinter der Pumpe ist unerläßlich, da sonst, wenn der Druck groß genug ist, das Druckwasser die Pumpe in entgegengesetzter Richtung in Bewegung setzt und in den Saugraum zurücktritt; die Pumpe läuft dann als Wasserkraftmaschine (dasselbe gilt von der Pumpe Fig. 157, 158) und wird von der Firma auch tatsächlich als solche ausgeführt.

Diese Eigenschaft der Orvopumpe kann von Vorteil werden, wenn das Saugwasser der Pumpe unter hohem Gefälle, z. B. 50 m, zufließt, um auf 100 m gehoben zu werden. Saugventile neigen in solchen Fällen zu schweren Störungen, indem sie sehr verspätet mit heftigem Schlag schließen. Diese Gefahr besteht bei der Schieberpumpe nicht, so daß das Sauggefälle in dem angeführten Falle nicht, wie bei Ventilpumpen, abgedrosselt wird, sondern voll ausgenutzt werden kann, und für die Leistung der Pumpe nur 50 m Förderhöhe in Rechnung zu setzen sind.

B) Selbsttätig eröffnende Ventile mit Zwangsschluß. (System Riedler.)

Aus Gleichung 190) folgt:

$$h_{max} = \frac{d_v{}'}{4\,a}, \qquad \qquad 213)$$

d. h.: einfache Tellerventile müssen einen Hub von mehr als $\frac{1}{4}$ des Durchmessers der überdeckten Öffnung vollführen, wenn die Spaltgeschwindigkeit gleich der größten Sitzgeschwindigkeit werden soll. Für den Fall $h_{max} = 10$ mm wurde, anschließend an Gleichung 190) gezeigt, daß dies bei 2 m Spaltgeschwindigkeit höchstens noch für ein Ventil von 0,0005 cbm sekundlicher Lieferung möglich sei; zur Bewältigung größerer Fördermengen müßte alsdann die erforderliche Anzahl dieser Ventile zur Gruppe zusammengestellt oder ein Mittel gefunden werden, welches auch für größere Werte von $d_v{}'$ die Anwendung des Ventilhubes $\frac{d_v{}'}{4\,a}$ ermöglicht.

Dieses Mittel fand Prof. Riedler (»Über die Konstruktionsgrundlagen der Pumpen- und Gebläseventile«, Zeitschr. d. V. d. I. 1885, S. 502 und 522) in der Anwendung des Zwangsschlusses: Die Ventile eröffnen sich selbsttätig auf den vollen erforderlichen Hub, der unmittelbar vor dem Hubwechsel der Pumpe durch den Eingriff einer äußeren Steuerung auf ein beliebig kleines Maß beschränkt oder auch ganz aufgehoben wird. Irgendwelche besondere Belastung der Ventile ist nicht erforderlich, sie können sogar weitgehend entlastet werden, wodurch die Saugfähigkeit der Pumpe entsprechend steigt [siehe Gleichung 69), worin $\mathfrak{F}' = 0$ wird].

Diese ursprünglich für einfache Tellerventile gedachte Anordnung wurde bald auch auf mehrspaltige Ringventile angewendet, deren Durchmesser nach Gleichung 197) für eine verlangte Liefermenge gleichfalls mit den durch den Zwangsschluß ermöglichten größeren Werten von h_{max} (bei 60 Umdrehungen in der Minute vielfach 25 mm und mehr) kleiner werden. Als weiterer Vorteil dieser Konstruktion wird die Ermöglichung rascheren Ganges angeführt, da der Ventilschluß unter allen Umständen rechtzeitig erfolgen muß. Die Steuerbewegung wurde bei den ersten Entwürfen mittels direkt oder durch Vermittelung von Winkelhebeln auf die Ventilspindel wirkender Daumen von rotierenden Steuerwellen abgeleitet; später jedoch kamen meist in der aus Fig. 161 ersichtlichen Weise Schwing-

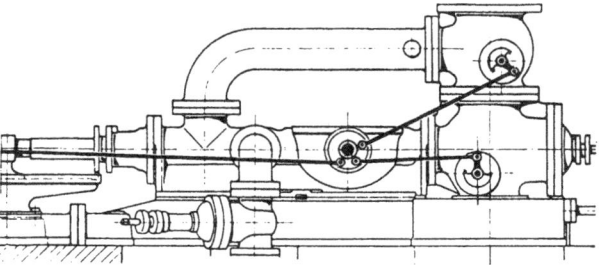

Fig. 161.

Fig. 161 bis 164 nach Riedler: Schnellbetrieb.

scheiben zur Anwendung, von denen durch Kniehebel die Steuerbewegung abgenommen wird; der Antrieb der Schwingscheibe wird von demselben Exzenter bewirkt, welches die zum Antrieb der Pumpe dienende Dampfmaschine steuert; hat die letztere Doppelschiebersteuerung, so wird die Bewegung vom Grundexzenter abgeleitet. Bei Antrieb durch Ventildampfmaschinen wird die Steuerwelle bis zur Pumpe verlängert und mit besonderen Exzentern oder unrunden Scheiben für die Steuerung der Pumpenventile versehen. Die Bewegung der letzteren ist aus den Diagrammen Fig. 162 zu erkennen, welche den Hub des im Pumpeninnern unmittelbar auf das Ventil wirkenden Steuerschuhes (siehe Fig. 163 und 164) als Funktion des Kolbenweges darstellt. Die theoretische Erhebungslinie des selbsttätigen Ventils (ohne Berücksichtigung der eigenen Pumpwirkung des letzteren) ist mit eingetragen. Man sieht, daß bei Hubbeginn

der Steuerschuh hoch über dem Ventil steht, so daß sich dasselbe
frei und unbelastet heben kann; gegen Ende des Hubes wird das
Ventil vom Steuerschuh erfaßt, was möglichst ohne Stoß geschehen
soll, und auf den Sitz gedrückt. Der unterhalb der Kolbenweglinie
verlaufende Teil der Steuerhebelbewegung muß durch eine Feder
im Gestänge aufgenommen werden.

Infolge des Eingriffs der Steuerung verläuft der abfallende Ast
der Ventilerhebungslinie unterhalb der Erhebungslinie des selbsttätigen Ventils: es muß also von hier aus eine Steigerung der sonst
bei dem reichlichen Hube leicht klein zu haltenden Spaltgeschwindigkeit eintreten. Die konsequente Anwendung der Westphalschen
Gleichung führt sogar zu dem Resultat unendlich großer Spaltgeschwindigkeit im Moment des Abschlusses, wenn die Steuerung

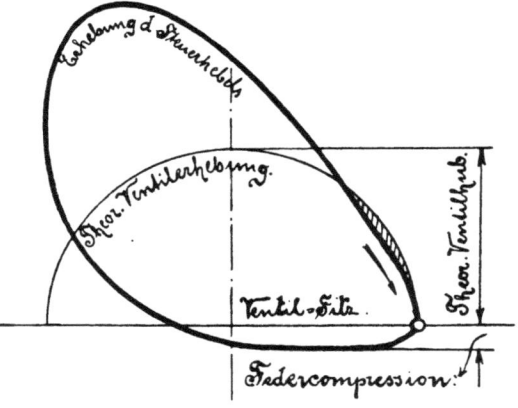

Fig. 162.

im Hubwechsel das Ventil ganz auf den Sitz drückt, und noch enorm
hoher Werte für c_v, wenn das Ventil nur bis auf 1 mm oder weniger
dem Sitz zwangläufig genähert wird und dann selbsttätig schließt.
Aus Gleichung 144) folgt nämlich

$$c_v = \frac{Fc + f_v v_v}{a l h}.$$

Sobald nun das Ventil von der Steuerung erfaßt wird, erfolgt seine
Bewegung nach dem Gesetze des Steuerungsantriebes, so daß

$$v_v = \nu \sin (\varphi + \delta)$$

wird, wenn δ den (von 90° nicht sehr verschiedenen) Winkel zwischen der Kurbel und dem Exzenter bezeichnet, von dem die

Steuerbewegung abgeleitet wird, und v eine Konstante, deren Größe von der Geschwindigkeit des Exzentermittelpunktes und den Verhältnissen der Zwischenübertragungen (Steuerscheibe, Kniehebel etc.) abhängt. Da aber bei völligem Zwangsschluß c, φ und h gleichzeitig zu Null werden, so nimmt alsdann c_v den Wert ∞ an. Dies würde bedeuten, daß ein völliger Zwangsschluß unmöglich ist.

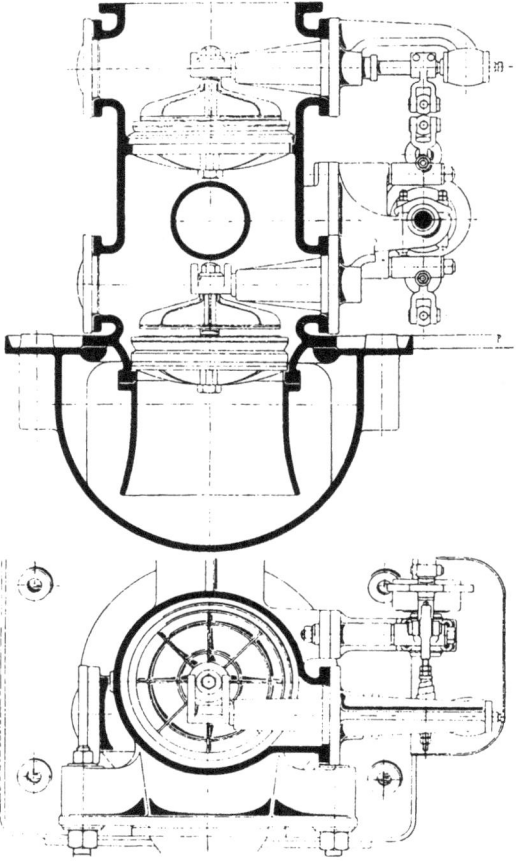

Fig. 163 und 164.

Die Riedlersche Konstruktion ist an zahlreichen Pumpen zur Ausführung gelangt (vgl. Riedler: Schnellbetrieb. R. Oldenbourg, München-Berlin). An einigen derselben, die zum Hamburger Wasserwerk gehören, wurden von R. Schröder vergleichende Versuche zur Ermittelung des wirtschaftlichen Wertes

10*

gesteuerter gegenüber selbsttätigen, federbelasteten Ventilen angestellt und in der Zeitschrift d. V. d. I. 1902, S. 661 veröffentlicht
(»Versuche zur Ermittelung der Bewegungen und Wider-
standsunterschiede großer gesteuerter und selbsttätiger
federbelasteter Pumpen-Ringventile«). Das Resultat der
sehr sorgfältig durchgeführten Versuche faßt Schröder in die Sätze
zusammen: »Die .... ermittelten Zahlen .... beweisen klar die große
Überlegenheit der gesteuerten Ventile in wirtschaftlicher Beziehung,
wenn es sich um geringe Förderhöhen handelt, sowie daß sie
nicht allein dort mit Vorteil anzuwenden sind, wo die Saughöhe
groß ist. Der wirtschaftliche Vorteil der gesteuerten Ventile verliert
jedoch an Bedeutung, sobald die Förderhöhe größer wird.«
Die Anwendung des Zwangsschlusses auf Klappen (Kanalisationspumpen), bei denen er sich bestens bewährt, wurde schon oben erwähnt (Fig. 141, 142).

Eine weitere von Riedler angegebene Steuerung wirkt auf
Entlastung des selbsttätigen Ventils während der Eröffnung, indem ein Steuerhebel die Belastungsfeder kurz vor Hubbeginn vom Ventil abhebt und kurz nach Hubmitte freigibt. Dadurch wird H_v' verringert, [$\mathfrak{F}' = O$; Gleichung 69)] und es können
entsprechend größere Saughöhen erreicht werden, unbeschadet richtigen Ventilschlusses selbst bei höheren Umlaufzahlen, da hierfür die
Federspannung immer ausreichend bemessen werden kann. Natürlich muß der Steuerhebel so bewegt werden, daß er die freie Bewegung des Ventils beim Abschluß nicht hindert.

C) Selbsttätig schließende Ventile mit Zwangseröffnung.

Beim Ansaugen aus luftverdünnten Räumen oder bei der Förderung heißer Flüssigkeiten ist man in der Saughöhe sehr beschränkt,
indem A [Gleichung 42)] so kleine Werte annimmt, daß die Bedingungsgleichung für richtiges Ansaugen [Gleichung 71) oder 93)], wenn
Hub und Umlaufzahl der Pumpe gegeben sind, nicht anders erfüllt
werden kann, als indem H_s möglichst klein, erforderlichen Falles
sogar negativ gemacht wird. Wird alsdann auch $\mathfrak{L}$ klein gehalten,
so erweist sich dieses Mittel als sehr wirksam. Um in solchen
Fällen doch noch eine möglichst große Saughöhe oder Umdrehungszahl zu erzielen, wendet man bisweilen gesteuerte Eröffnung der
Saugventile an, wodurch $H_v' = 0$ und zugleich $L_v' \dfrac{F}{f_u} = 0$ wird; [vgl.

Schieberpumpen, Gleichung 212)]. $\frac{\mathfrak{H}}{\mathfrak{L}}$ wird also größer und folglich auch a_o. Die Steuerung kann in einfachster Weise durch einen schwingenden Hebel bewirkt werden, der beide Saugventile bedient und durch ein Exzenter betätigt wird (Fig. 165).

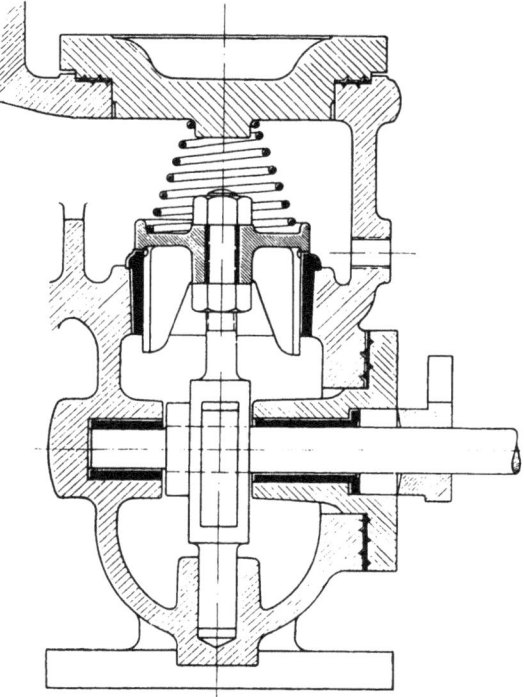

Fig. 165.

Nach einer Ausführung von Koch, Bantelmann u. Paasch, Magdeburg.B.

X. Die Teile der Kolbenpumpen und ihre Berechnung.

A) Triebwerksteile.

Von den in Abschnitt I aufgeführten, allen Kolbenpumpen gemeinsamen Teilen sind bereits die Ventile eingehend betrachtet worden. Die Behandlung eines Teiles der übrigen Elemente, wie Kolbenstangen, Kreuzköpfe, Schubstangen, Kurbeln etc., welche in völlig gleichen Formen auch bei andern Maschinen zur Anwendung gelangen, bleibe der besonderen Lehre von den Maschinenelementen überlassen (»Hütte«, S. 713 und 724 ff). Es bedarf jedoch einer Feststellung der diese Teile bei ihrer Verwendung an Kolbenpumpen beanspruchenden Kräfte.

Zu diesem Zweck sei an den Vergleich auf S. 40 erinnert und angenommen, daß die dort erwähnte Förderschale sich mit ihrer Last von der Masse M und einer gewissen Beschleunigung b aufwärts bewege. Alsdann ist der Druck zwischen Last und Förderschale gleich $M(g + b)$, der jedoch in $M(g - b)$ übergeht, sobald die Schale statt der Beschleunigung b eine Verzögerung in gleicher Größe annimmt.

Entsprechend bestimmt sich der Druck der Flüssigkeit gegen den Kolben beim Druckhub, wenn kein Druckwindkessel vorhanden ist, zu

$$K_d = M_r (a \pm a_k) \quad . \quad . \quad . \quad . \quad . \quad 214)$$

Der Vorzeichenwechsel ist vorzunehmen, sobald die Kolbenbeschleunigung den Wert Null durchläuft, also ungefähr in der Hubmitte. M_r bedeutet die auf gleiche Verzögerung a in allen Teilen reduzierte Masse der Drucksäule (vgl. Seite 40), entspricht also dem Nennerwert in Gleichung 101) multipliziert mit $F\dfrac{\gamma}{g}$, so daß man erhält:

$$K_d = F\gamma \left[A + H_d + \frac{c^2 - v_d{}^2}{2g} + H_r + W_d \pm \frac{a_k}{g} \left(L_d \frac{F}{F_d} + L_o + x + L_v \frac{a_v}{a} \right) \right] \quad 215)$$

Hierin ist A ohne Rücksicht auf die Temperatur des Wassers nur nach Gleichung 41) nicht nach Gleichung 42) zu bestimmen, da die Spannung des Wasserdampfes in gleicher Größe gegen die Drucksäule wie gegen den Kolben gerichtet ist, für den Druck des Wassers gegen den Kolben also nicht in Betracht kommt.

H_d ist bei liegenden Pumpen bis Mitte Kolben zu messen, bei stehenden bis zur jeweiligen Höhenlage der drückenden Kolben-fläche. Bei Kesselspeisepumpen tritt an Stelle von A der Wert $\dfrac{p}{\gamma}$, wenn p den Dampfdruck im Kessel bezeichnet, gemessen in kg/qm. H_d wird demgegenüber meist vernachlässigbar klein werden.

Dieser Ausdruck ist keineswegs für den ganzen Hub von gleicher Größe, da er sich nicht nur aus konstanten, sondern auch aus solchen Größen zusammensetzt, die von der Geschwindigkeit und Beschleu-nigung des Kolbens abhängen. So wird z. B. in der Hubmitte, wenn die Schubstangenlänge unendlich groß angenommen wird:

$$K_{d\left(x=\frac{s}{2}\right)} = F\gamma\left[A + H_d + \frac{u^2}{2\,g}\left(1 - \frac{F^2}{F_d{}^2}\right) + H_{v\,max} + W_{d\,max}\right], \quad 216)$$

bei Beginn des Druckhubes: (mit $x = s$ [Fig. 58], $a_v = 0$ [Glei-chung 141)])

$$K_{d(x=s)} = F\gamma\left[A + H_d + H_v' + \frac{a_{ko}}{g}\left(L_d\frac{F}{F_d} + L_o + s\right)\right], \quad 217)$$

am Ende des Druckhubes (mit $x = 0$, $a_{v_o}\diagdown 0$):

$$K_{d\,(x=0)} = F\gamma\left[A + H_d + H_{v_o} - \frac{a_{ko}}{g}\left(L_d\frac{F}{F_d} + L_o\right)\right] \quad 218)$$

[siehe Gleichung 102)]. Eine Schwierigkeit bei der Bestimmung von $K_{d(x=s)}$ liegt in der Berücksichtigung der stoßweisen Eröffnung des Druckventils, welches seine Bewegung mit e n d l i c h e r Geschwindig-keit beginnt; hierzu gehört theoretisch eine u n e n d l i c h große Kraft, die jedoch nur unendlich kurze Zeit wirksam ist und deshalb nichts zerstören kann. Diese Vorgänge entziehen sich der Berechnung (vgl. O t t o H. M u e l l e r: »D a s P u m p e n v e n t i l«, S. 67).

Der Vergleich dieser drei Punkte wird genügen, so daß sich die sehr umständliche genaue Berechnung und graphische Darstellung der ganzen Funktion erübrigt. Es wird sich hierbei zeigen, daß bei richtig bemessener Steigleitung, normaler Wassergeschwindigkeit und Ver-meidung häufiger, scharfer Richtungswechsel oder Querschnittsände-rungen stets der Wert $K_{d(x=s)}$ weit überwiegen wird, so daß er also der Triebwerksberechnung zugrunde zu legen ist. Es liegt dies hauptsächlich an dem Einfluß von H_v', welcher Wert namentlich bei großen Druckhöhen [wegen des Gliedes $\dfrac{p_o}{\gamma}\dfrac{f_o - f_u}{f_u}$ in Gleichung 69) ausschlaggebend ist. Dies läßt sich leicht an dem Rechnungsbeispiel

S. 113 zeigen, wenn wir die dort gegebenen und errechneten Werte in Gleichung 69) einsetzen. Es ist nach Gleichung 202):

$$\mathfrak{F}' + G_w = 815 \cdot 0,025 \cdot 60 \cdot 0,02 = 24,45 \text{ kg};$$

ferner

$$f_o - f_u = \pi D_m 2b = \pi \cdot 0,26 \cdot 0,005 = 0,00408,$$
$$f_u = \pi D_m b_s = \pi \cdot 0,26 \cdot 0,015 = 0,01225.$$

Mithin nach Gleichung 69):

$$H_v' \gamma = \frac{G_w + \mathfrak{F}' + p_0(f_o - f_u)}{f_u} = \frac{24,45 + 9000 \cdot 0,00408}{0,01225} \sim 5000 \text{ kg/qm}.$$

Der Druck im Pumpenraum beträgt also bei Beginn des Druckhubes allein infolge des Ventileröffnungswiderstandes 5 kg/qcm mehr als die statische Druckhöhe, wozu noch der Massendruck der zu beschleunigenden Wassersäule kommt. Es kann danach nicht zweifelhaft sein, daß die Kurve für K_d bei Beginn des Druckhubes eine scharfe Spitze zeigen muß, die, wenn sie auch schnell wieder zurückfällt, doch für die Festigkeitsrechnung der Triebwerksteile maßgebend sein muß. Setzt man sich darüber hinweg und bestimmt die Triebwerksabmessungen nur nach der statischen Druckhöhe, so befindet man sich eben über die tatsächlich auftretenden größten Materialbeanspruchungen im Irrtum.

Ist ein D r u c k w i n d k e s s e l vorhanden, so schreibt sich Gleichung 217):

$$K_{d(x=s)} = F\gamma\left[A + H_d + H_v' + \frac{v_d''^2}{2g} + W_d'' + \frac{a_{ko}}{g}\left(L_d'\frac{F}{F_d'} + L_o + s\right)\right], 219)$$

worin der Einfluß von H_v' noch mehr überwiegt, da bei richtiger Anordnung und genügender Größe des Druckwindkessels L_d' und mithin der Einfluß des Massendruckes unbedeutend sein wird.

Bei einfachwirkenden Pumpen ruht auf der freien Seite des Kolbens der Druck der äußeren Atmosphäre. In die Triebwerksberechnung e i n f a c h w i r k e n d e r   P u m p e n ist daher als b e a n s p r u c h e n d e   K r a f t einzuführen:

$$K_k = K_{d(x=s)} - F\gamma A, \quad\ldots\ldots\quad 220)$$

wozu jedoch der M a s s e n d r u c k   d e r   z u   b e s c h l e u n i g e n d e n T r i e b w e r k s t e i l e (bei stehenden Pumpen abzüglich ihres Eigengewichts) (»Hütte«, S. 721) und deren R e i b u n g s w i d e r s t ä n d e (des Kreuzkopfes in der Geradführung, des Plungers in der Stopfbüchse; siehe »Hütte«, S. 707 und 715) zugerechnet werden müssen.

Bei doppeltwirkenden Pumpen ist von $K_{d\,(x=s)}$ der Druck in Abzug zu bringen, welcher bei Beginn des Druckhubes von der Saugsäule auf die entgegengesetzte Kolbenseite ausgeübt wird. Dieser ergibt sich zu $M_r\,(a-a_k)$ (siehe S. 40), und mit Benutzung der Gleichung 71) bei fehlendem Saugwindkessel (mit $x=0$) zu:

$$K_{s\,(x=0)} = F\gamma \left[A - H_s - H_v' - \frac{a_{k_0}}{g}\left(L_s\,\frac{F}{F_s} + L_0 + L_v'\,\frac{F}{f_u} \right) \right],\ 221)$$

bei vorhandenem, ausreichend großem Saugwindkessel aus Gleichung 93) zu:

$$K_{s\,(x=0)} = F\gamma \left[A - H_s - H_v' - \frac{v_s''^2}{2g} - W_s'' - \frac{a_{k_0}}{g}\left(L_s'\,\frac{F}{F_s'} + L_0 + L_v'\,\frac{F}{f_u} \right) \right],\ 222)$$

so daß demnach für eine doppeltwirkende Pumpe in die Rechnung einzuführen ist:

$$K_k = K_{d\,(x=s)} - K_{s\,(x=0)} \quad . \quad . \quad . \quad . \quad . \quad 223)$$

Hierbei darf natürlich nicht unterlassen werden, auf der Seite der Kolbenstange statt F den wirksamen Querschnitt $F-f$ einzuführen. H_s ist bei liegenden Pumpen bis Mitte Kolben, bei stehenden bis in die Höhe der in Betracht kommenden Kolbenfläche zu messen. Die Berücksichtigung der Triebwerksmassen und Reibungswiderstände erfolgt genau wie für die einfachwirkende Pumpe. Der Einfluß der ersteren kann unter Umständen recht beträchtlich sein. Man stelle sich z. B. eine größere unterirdische Wasserhaltungsmaschine vor, die von der durchgehenden Kolbenstange einer Dampfmaschine angetrieben wird, mit zwei Kolben- und Umführungsstangen ausgerüstet ist (Fig. 30, 31) und weiterhin an derselben Stange den Kolben der Kondensatorpumpe trägt. Die in der Richtung von der Dampfmaschine her hinter dem jeweils zu berechnenden Triebwerksteile befindlichen Massen müssen alsdann bei der Bestimmung der Materialstärken mit berücksichtigt werden. Überdies ist in einem solchen Falle, wenn die Pumpe direkt von der durchgehenden Kolbenstange der Dampfmaschine angetrieben wird, das Triebwerk der Dampfmaschine, soweit es vor dem Dampfkolben liegt, auf den summierten Dampf- und Pumpendruck zu berechnen; denn kurz vor Erreichung der Totlage ruht wegen der Dampfvoreinströmung bereits der volle Druck auf dem Dampfkolben, während das Druckventil der Pumpe noch offen und folglich auch der volle Plungerdruck noch vorhanden ist. Allerdings gilt in diesem Augenblick am Ende des Druckhubes nicht Gleichung 217), sondern Gleichung 218)

(die bei Vorhandensein eines Druckwindkessels natürlich entsprechend
umzuschreiben ist), wodurch sich ein unter Umständen wesentlich
kleinerer Wert für K_d ergibt. Hierzu kommt noch die Unterstützung
durch die jetzt v e r z ö g e r t e Saugsäule auf der anderen Kolbenseite,
so daß das ganze letzte Glied in der Klammer [Gleichung 221) oder
222)] p o s i t i v einzuführen ist.

Diejenigen Abmessungen der Triebwerksteile, welche nicht durch
Festigkeitsrücksichten, sondern durch die Sicherheit gegen das Auftreten zu hoher Reibungswärme bestimmt sind (Zapfenlängen, Ex-
zenterbreiten, Länge der Kreuzkopfschleifer) können natürlich unter
Vernachlässigung des nur ganz vorübergehend auftretenden Eröff-
nungsstoßes [Gleichung 69), zweites Glied] oder der Drucksummierung
(bei direktem Antrieb von der verlängerten Dampfkolbenstange aus)
berechnet werden (»Hütte«, Teil I, S. 650 ff.).

B) Kolben.

Die S c h e i b e n k o l b e n [1]) unterscheiden sich bei neueren Ausführungen fast gar nicht von den Kolben der Dampfmaschinen,
nachdem Dichtungsringe aus Metall die Regel geworden sind. Für
unreines, jedoch säurefreies Wasser von nicht über 30⁰ C., kleine
Kolbengeschwindigkeiten und geringe Drücke werden daneben noch
Ledermanschetten als Dichtungsmaterial viel verwendet (Fig. 142, 166),

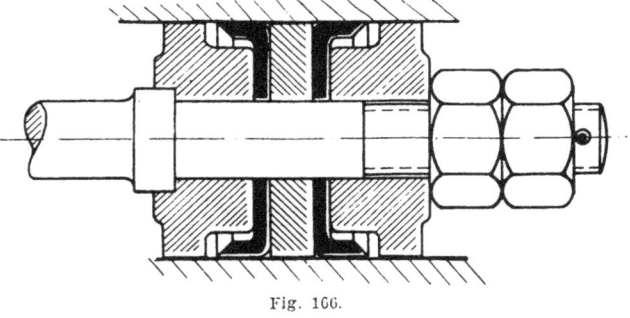

Fig. 166.

während Hanf oder Holz wenig mehr zu finden ist. Der Kolbenkörper wird, mit denjenigen Ausnahmen, die durch die chemische
Beschaffenheit der Pumpflüssigkeit bedingt sind, aus Gußeisen ge-
fertigt, die Liderungsringe meist aus Rotguß oder Phosphorbronze,
selbstfedernd oder mit Spannring (Fig. 167). Für ganz reine Flüssig-

---

[1]) Siehe auch Seite 9.

keiten bewähren sich Weißmetallmäntel (Fig. 168), besonders bei
stehender Anordnung der Pumpe und wenn die Führung ein Ecken
des Kolbens mit Sicherheit ausschließt (siehe Fig. 12, 13); jedoch, wie
schon früher erwähnt, auch dann nur für mäßige Druckhöhen. Formen
durchbrochener Kolben für Hubpumpen zeigen die Figuren 169 bis 171
nach Ausführungen der Garvenswerke in Wülfel vor Hannover.

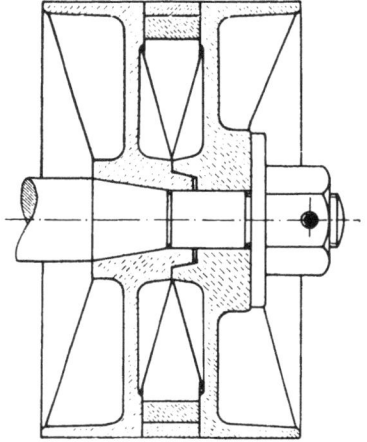

Fig. 167.

Gehört zur Pumpe Fig. 8 bis 11.

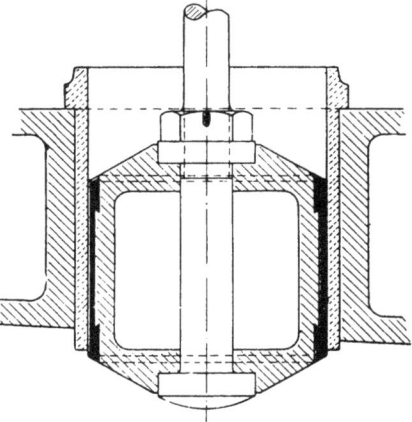

Fig. 168.

Gehört zur Pumpe Fig. 12, 13.

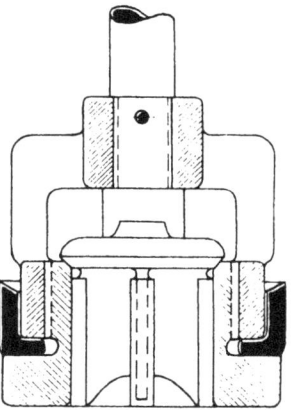

Fig. 169.

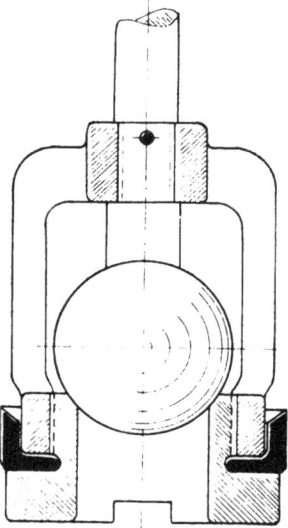

Fig. 170.

Obwohl Scheibenkolben eine kürzere und daher billigere Bauart des Pumpenkörpers gestatten, sind sie doch für große Pumpen, hohe Drücke und unreine Flüssigkeiten durch die Tauchkolben oder Plunger abgelöst worden, welche keinen ausgebohrten Zylinder verlangen (der bei eingetretenem Verschleiß nachgedreht werden muß), geringe Abnutzung zeigen und die größten Förderhöhen zulassen, da sie durch besondere, jederzeit nachziehbare Stopfbüchsen abgedichtet werden. Sie werden bei kleinen Durchmessern voll in Stahl (Fig. 189), Bronze oder Gußeisen (Hartguß), bei größeren Durchmessern durchweg hohl in Gußeisen ausgeführt, wobei der eigene Auftrieb im Wasser bei liegenden Pumpen vorteilhaft die Führungsbüchsen entlastet. Im übrigen unterscheiden sie sich nur durch die Art der Befestigung an der Kolbenstange voneinander, oder, wenn der Plunger zugleich als Kreuzkopf laufen soll, durch die Art des Schubstangenangriffes. Viele der vorhergehenden Figuren sowie noch besonders die Fig. 172 bis 184 lassen derartige Konstruktionen erkennen.

Die in Fig. 182—184 dargestellte Plungerbefestigung wird von Gebr. Körting, Körtingsdorf bei Hannover, ausgeführt. Die gut gesicherte Verschraubung ist so angeordnet, daß sie durch eine seitliche Öffnung des Pumpenkörpers leicht zugänglich ist. Man erreicht dadurch, daß bei notwendig werdendem Ausbau des vorderen Saugventils (Fig. 22 bis 24) doppeltwirkender Pumpen nicht der ganze Plunger samt der vom Kreuzkopf gelösten Kolbenstange herausgezogen zu werden braucht; man löst einfach die Plungerbefestigung, schiebt den Plunger in die hintere, den Kreuzkopf in die vordere Totlage und kann das Ventil herausheben. — Beachtenswert sind auch die Verbindungen des Plungers unmittelbar mit dem Kreuzkopf in den Fig. 14 und 213.

Ist die Kolbenstange durch den Plunger hindurchgeführt, so muß an den Durchdringungsstellen gleichfalls für zuverlässige Abdichtung gesorgt werden, indem man entweder besonderes Dichtungsmaterial verwendet oder sorgfältig eingeschliffene, konische Bronzemuttern anordnet, die natürlich gegen Lockern gut zu sichern sind (Fig. 20, 181, 200). Es sei hier jedoch auf die Gefahr aufmerksam gemacht, daß beim festen Anziehen der Muttern an durchgeführten Kolbenstangen, der Plunger (allerdings nur bei größeren Durchmessern und geringer Wandstärke) nach Art einer Rohrgummifeder elastisch deformiert wird, so daß er beim Einbau in der Führung klemmt; man muß also sicher sein, daß die Plungerwandstärke genügt, um diese Möglichkeit auszuschließen. Hiervon abgesehen, ist

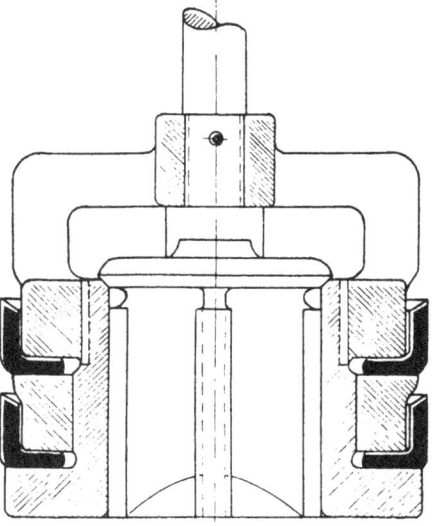

Fig. 171.

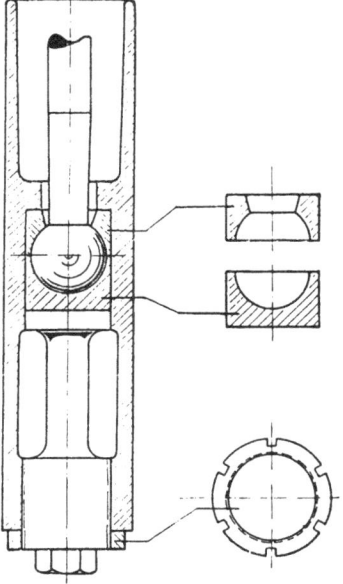

Fig. 174, 175 und 176.

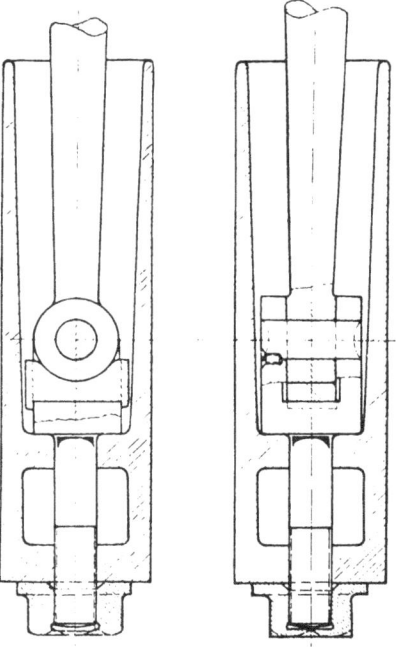

Fig. 172 und 173.

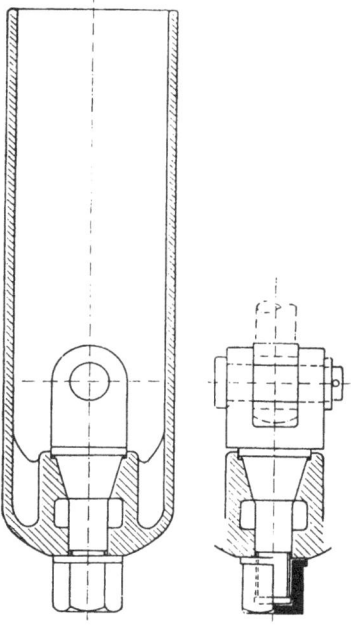

Fig. 177 und 178.

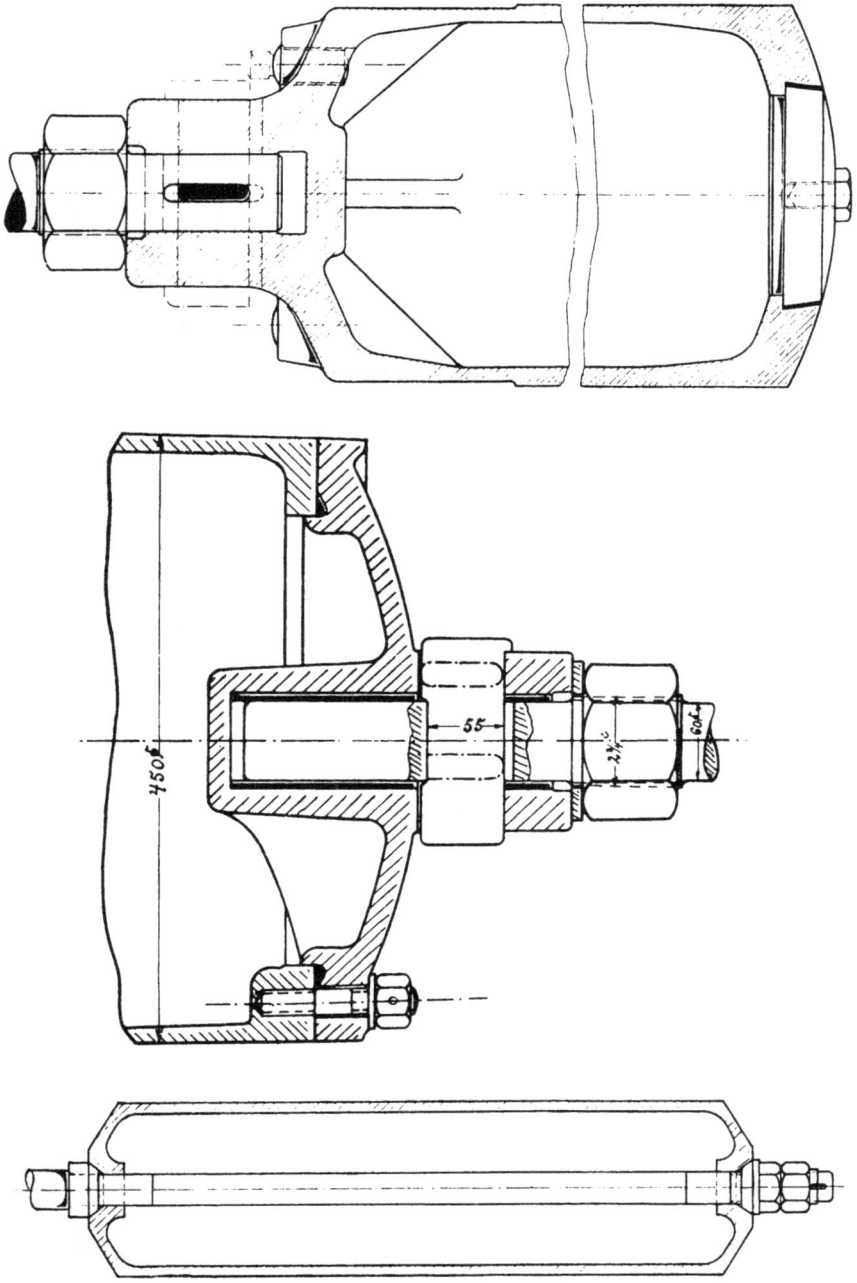

Fig. 179, 180 und 181.

die Plungerwandstärke bestimmt durch den größten auftretenden Flüssigkeitsdruck und nach der Bachschen Formel (»Hütte«, Teil I, S. 458) für Rohre unter äußerem Überdruck zu berechnen; natürlich ist noch ein Sicherheitszuschlag von einigen Millimetern für ein etwaiges Versetzen des Kernes zu geben. Die zum Ausbringen des letzteren vorgesehenen Öffnungen sind sorgfältig zu verschließen, z. B. nach Fig. 179 durch einen mit Blei verstemmten Deckel oder durch einen mit Rostkitt einzuschraubenden und an den Rändern

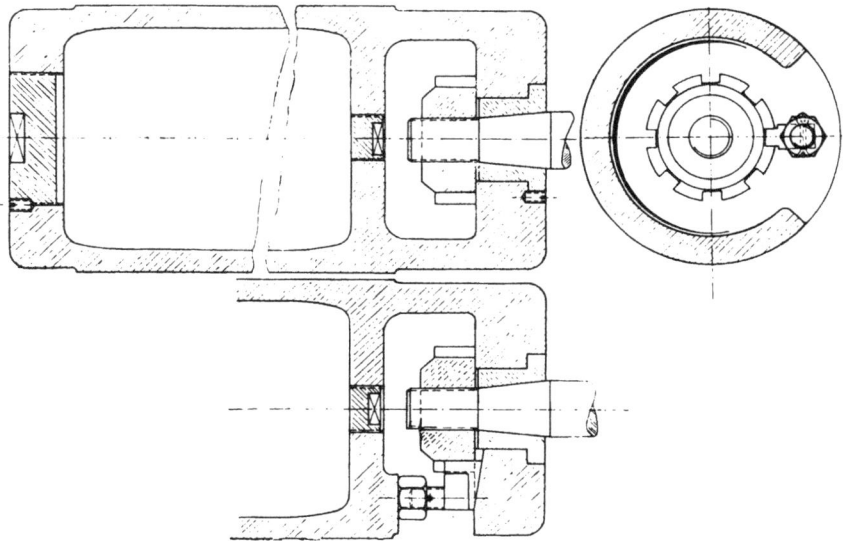

Fig. 182, 183 und 184.
Gehört zur Pumpe Fig. 22—24.

gut zu verstemmenden Pfropfen (Fig. 182, 213). Geschlossene Plunger einfachwirkender, liegender Pumpen wie auch die Plunger von liegenden Differentialpumpen werden bisweilen auf der Unterseite in einem Punkt, der auch in der Totlage noch außerhalb der Stopfbüchse bleibt, angebohrt, um an dem durch das Bohrloch austretenden Wasser eine entstandene Undichtheit des Kernlochverschlusses sofort feststellen zu können. Bei schnellaufenden Pumpen läßt man die Plunger neuerdings bisweilen spitz endigen, wodurch ein ruhigerer Gang der Pumpe erzielt werden soll (Fig. 14, 153).

C) Pumpenkörper.

Die Gestalt des Pumpenkörpers ist von der Lage der Pumpenachse, der Anordnung der Ventile, Windkessel und Rohranschlüsse,
der Art des Kolbens und anderen Umständen in der mannigfaltigsten
Weise beeinflußt, wofür viele Figuren dieses Buches ausreichenden
Anhalt bieten. Jedenfalls besteht sie, von der mehr kastenartigen
Form mancher Scheibenkolbenpumpen (s. z. B. Fig. 8 bis 13) abgesehen,
bei allen Pumpen aus einer Anzahl sich durchdringender, zylindrischer oder konischer Rohrstücke, die als solche gegen Beanspruchung
durch inneren Überdruck zu berechnen sind. Der Berechnung ist
die genaue Bachsche Formel (»Hütte«, Teil I, S. 457, Formel I) zugrunde zu legen, da die bekannte Beziehung

$$s = r_i \frac{p_i}{k_z} \quad \ldots \quad \ldots \quad \ldots \quad 224)$$

(siehe ebenda, Formel II) eine gleichmäßige Verteilung der Zug-
spannung k_z durch die ganze Dicke s der Wandung voraussetzt; dies
trifft jedoch nur dann angenähert zu, wenn $\frac{s}{r_i}$ klein ist, während bei
größeren Wandstärken die Spannung von innen nach außen ab-
nimmt. Diesem Umstand trägt die erwähnte Bachsche Formel Rechnung. Dieselbe lautet mit den Bezeichnungen der »Hütte«:

$$r_a = r_i \sqrt{\frac{k_z + 0,4\,p_i}{k_z - 1,3\,p_i}} \quad \ldots \quad \ldots \quad 225)$$

Hierin ist:

r_a der äußere Radius in cm,

r_i » innere   »   » »,

p_i »   »   Überdruck in kg/qcm.

Ist weniger der Flüssigkeitsdruck als die Rücksicht auf Herstellung,
Transport und Montage für die Bemessung der Zylinderwandstärke
maßgebend, so macht man nach dem Vorschlage v. Bachs bei
stehendem Guß:

$$s = \frac{D}{50} + 1,0 \text{ cm}, \quad \ldots \quad \ldots \quad 226)$$

bei liegendem Guß:

$$s = \frac{D}{40} + 1,2 \text{ cm}. \quad \ldots \quad \ldots \quad 227)$$

Auszubohrende Zylinder für Scheibenkolbenpumpen müssen im Hinblick auf die Möglichkeit des Nachbohrens bei eingetretenem Verschleiß um 5 bis 10 mm stärker gehalten werden.

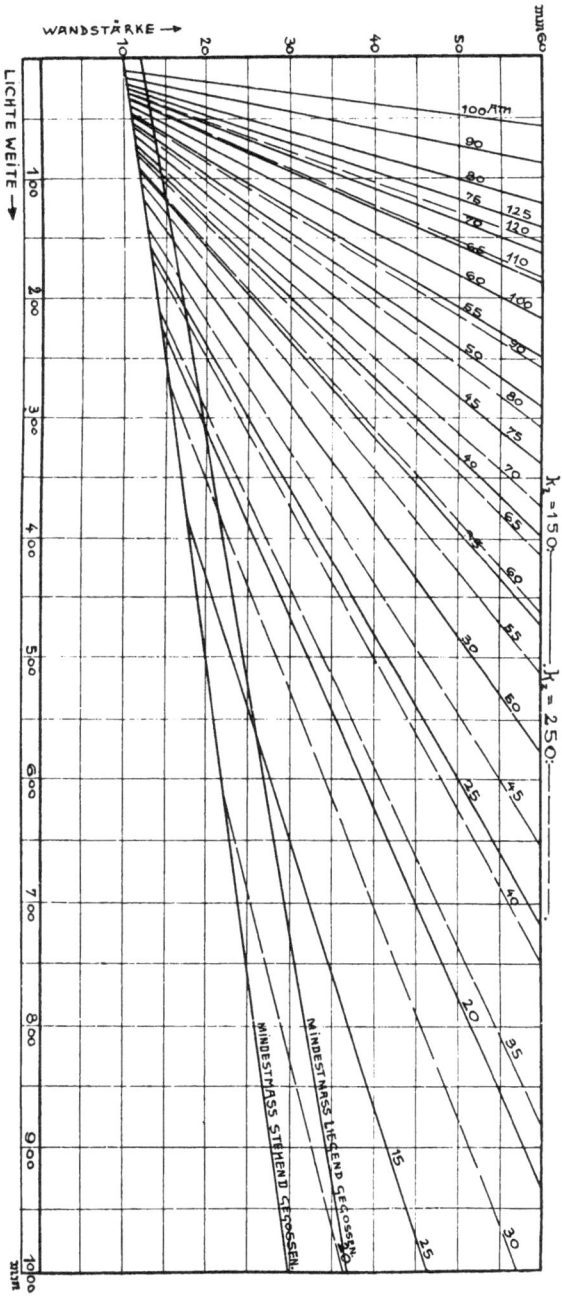

Fig. 185.

Figur **185** gestattet in bequemer Weise die Bestimmung der erforderlichen Wandstärke für verschiedene Zylinderdurchmesser und Flüssigkeitsdrücke in Gußeisen und Stahlguß. Die als »Mindestmaße« bezeichneten Werte dürfen dabei nicht unterschritten werden, sie entsprechen den Gleichungen 226) und 227). Ergibt Fig. 185 einen Wert, der größer als das Mindestmaß ist, so muß noch ein Sicherheitszuschlag je nach Größe des Durchmessers von 3 bis 6 mm für Kernversetzen und Abrosten gegeben werden.

Auf die Durchdringungsstellen, welche sich einer genauen Berechnung entziehen, ist besonders zu achten. Man pflegt diese Stellen mit ergiebigen Ausrundungen unter gleichzeitiger Verstärkung der Wandung (Fig. 186) oder Versteifung derselben durch Rippen (Fig. 16, 27) zu versehen oder auch durch warm eingezogene schmiedeeiserne Schraubenbolzen zu verspannen (Fig. 14, 219). Letztere haben den Vorzug, die leicht zu gefährlichen Gußspannungen Veranlassung gebende Materialanhäufung an den Durchdringungsstellen entbehrlich zu machen.

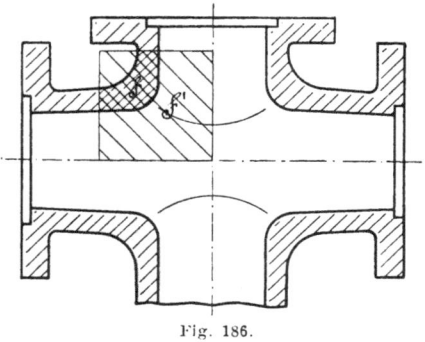

Fig. 186.

Um einigermaßen rechnen zu können, wird vielfach dem Übergangsquerschnitt f das in Fig. 186 schraffierte Belastungsfeld f' (beides in qcm gemessen) zugeteilt, so daß man bei einem Überdruck von p kg/qcm erhält:

$$f'p = f \cdot k_z \quad . \quad . \quad . \quad . \quad . \quad . \quad 228)$$

Ist ein Spannbolzen vorhanden, so bedeutet f dessen Querschnitt, der Gußkörper wird also nicht als tragend gerechnet; doch kann man alsdann unbedenklich $k_z = 900$ kg/qcm einführen, während für den Pumpenkörper mit Rücksicht auf die ohne Übergang wechselnde Beanspruchung und die Möglichkeit des Auftretens von Wasserschlägen

> für Gußeisen . . $k_z \backsim 150$ kg/qcm
> » Stahlguß . . $k_z \backsim 250$ (bis 500) kg/qcm

zu wählen ist. In den Teilen oberhalb des Druckventils, wo nahezu ruhende Belastung vorliegt, können diese Werte um etwa 50 kg höher angenommen werden. Stahlguß bietet für hohe Pressungen ungleich größere Sicherheit als Gußeisen, da es elastischer ist und

infolgedessen die Spannungen durch die ganze Wandstärke gleichmäßiger verteilt sind; auch ist Gußeisen für höhere Pressungen
nicht dicht genug, es »schwitzt durch«. (Vgl. »Hütte« I, S. 741,
Fußnote.) Wegen der Festigkeitsrechnung bei ebenen Pumpenwan-
dungen und Deckeln sei auf Bachs »Maschinenelemente« verwiesen
sowie auf desselben Verfassers Aufsatz in der Zeitschr. d. V. d. I.
1906, S. 1940 ff. (Gleichungen 16 bis 21 daselbst).

Bei Preßpumpen für hohe Drücke werden die Pumpenkörper vielfach durch Ausbohren aus einem geschmiedeten Siemens-Martin-Stahl-
block hergestellt, wie Fig. 187, 188 nach einer Ausführung der Maschinenfabrik Frankenthal erkennen läßt. Um den Zweck der ein-

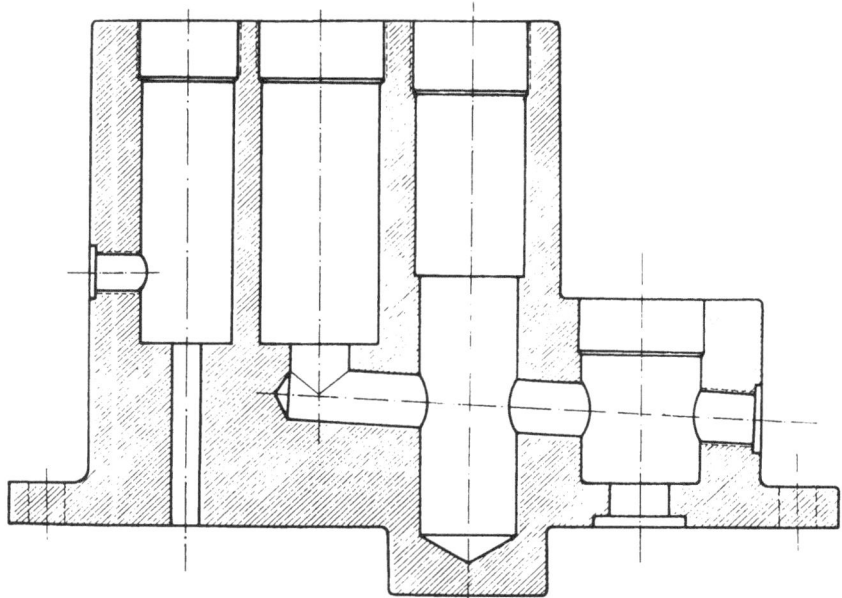

Fig. 187 und 188.

Pumpenkörper einer Preßpumpe für 75 Atm. Betriebsdruck (Probedruck im Zylinder 100 Atm., über
dem Rückschlagventil 325 Atm.[1]) nach einer Ausführung der Maschinenfabrik Frankenthal. Plungerdurchmesser 40 mm, Hub 100 mm, $n = 150$ (s. Fig. 131 bis 133).

zelnen Bohrungen ersichtlich zu machen, ist in Fig. 189 ein Schnitt durch eine fertig montierte derartige Pumpe (jedoch mit Stahlgußkörper, weil nur für 30 Atm. bestimmt) gegeben, deren immer drei unter 120⁰ Kurbelversetzung gekuppelt sind. Jeder der drei Plunger wird nach Erreichung eines Maximal-Enddruckes stufenweise ausgeschaltet, die Druckstufen werden den Erfordernissen des Pressenbetriebes angepaßt. Die automatische Ausschaltung geschieht in der Weise, daß der auf die Differentialfläche f des Umlaufventilstiftes T wirkende Wasserdruck nach Erreichung eines durch die Gewichtsbelastung des Hebels H regulierbaren hydraulischen Druckes das Umführungsventil V anhebt, worauf sich das Rückschlagventil R schließt, so daß der Plunger (aus gehärtetem und poliertem Stahl) nunmehr in den Saugkasten zurückdrückt. Bei Abnahme des Druckes in der Druckleitung schließt sich infolge der Gewichtsbelastung das Umführungsventil, und der Plunger fördert wieder in die Druckleitung. Durch diese Regu-

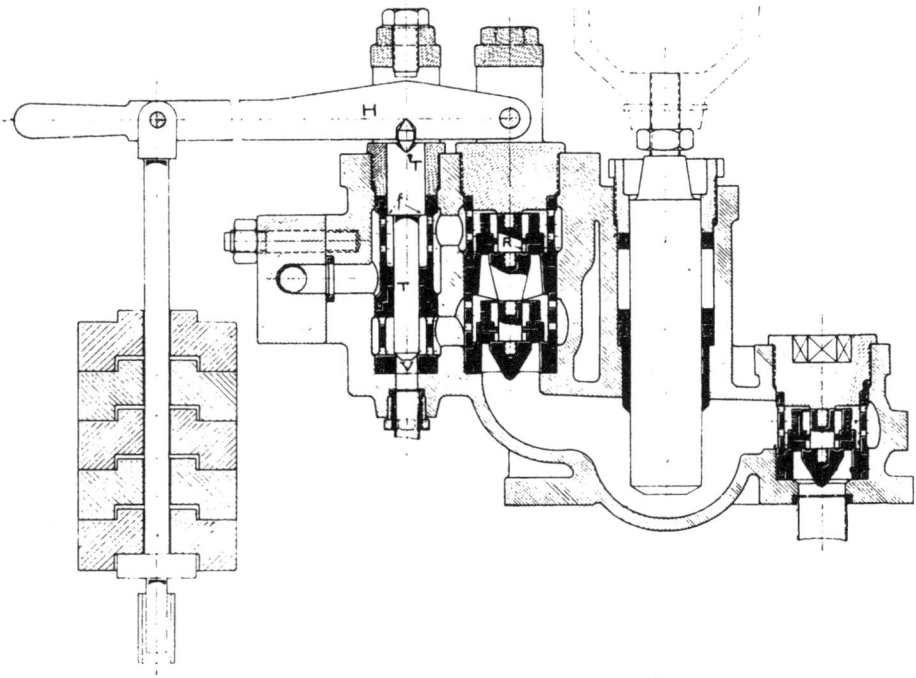

Fig. 189.

Preßpumpe für 30 Atm. Betriebsdruck (Maschinenfabrik Frankenthal). Plungerdurchmesser 62 mm, Hub 100 mm, $n = 150$. Alle Ventilteile und die Ventilverschraubung aus Phosphorbronze, Plunger aus Tiegelstahl.

lierungsart ist das für Preßpumpen so schädliche Eindringen von
Luft ausgeschlossen, wie es bei der sonst üblichen Regelung durch
Abheben des Saugventils, infolgedessen die Pumpe das angesaugte
Wasser wieder in den Saugkasten zurückdrückt, wohl möglich ist.

Die besonderen Anforderungen, welche die chemische Industrie
an das Material der Pumpen stellt, zwingen oft dazu, den ganzen
Pumpenkörper (und natürlich auch die Windkessel und Rohrleitungen)
aus Bronze herzustellen oder mit Blei, Zinn, Hartgummi, Porzellan
oder Holz auszukleiden. Auch in allen Teilen (mit Einschluß des
Plungers und der Kugelventile) aus Steinzeug gefertigte Pumpen
werden neuerdings in den Handel gebracht (siehe Zeitschr. d. V.
d. I. 1905. S. 1303, Fig. 6).

Beim Entwurf des Pumpenkörpers ist streng darauf zu achten,
daß sich keine sog. Luftsäcke bilden können. Diese Forderung
wird erfüllt, wenn das Druckventil im höchsten Punkt des Pumpenkörpers liegt und die Wandungen nach diesem Punkte hin ansteigen,
so daß alle durch das Saugrohr, durch Ausscheidung aus dem Saugwasser oder durch Undichtigkeiten in die Pumpe gelangende Luft
beim Verdrängungshub durch das Druckventil entfernt wird (vgl.
Fig. 12, 20, 25, 32, 141, 189, 213; aber: 157, 222). Geschieht dies
nicht, so muß die auf die Druckspannung verdichtete, in der Pumpe
verbleibende Luft beim folgenden Hub erst auf die Saugspannung
herabexpandieren, ehe die Pumpe ansaugen kann, wodurch der volumetrische Wirkungsgrad sinkt und die Ventile unregelmäßig arbeiten
(s. a. Fig. 232). Natürlich ist das Eindringen von Luft in den Pumpenraum nach Möglichkeit überhaupt zu verhüten, wozu hauptsächlich eine
sorgfältige Ausbildung der nach außen führenden Stopfbüchsen und
Deckel sowie eine gut abgedichtete Saugleitung gehört. Man über-
zeugt sich von dem Zustand der letzteren, indem man sie nach
der Fertigstellung auf etwa 2 Atm. abpreßt und längere Zeit unter
diesem Druck stehen läßt, der dabei nicht merklich abnehmen darf.
Bei im Boden verlegten Saugleitungen verwendet man Muffenrohre,
da Flanschendichtungen eher undicht werden. Um letztere bisweilen
nachziehen zu können, müssen die Flanschen leicht zugänglich sein.
Zur Abdichtung der an der Pumpe befindlichen Verschlußdeckel
sowie der Windkesselanschlüsse genügt für geringe Betriebsdrücke
die gewöhnliche Flachgummipackung zwischen glatten Flanschen.
Bei höheren Drücken wendet man Flanschen mit Nut und Feder und
Packung aus Rundgummischnur an (Fig. 18, 200). Für Preßpumpen
hat sich die Dichtung mit Ledermanschetten vorzüglich bewährt.

Die Manschetten sind um Rotgußringe so herumgelegt, daß die zu-
geschärften Ränder dem abzudichtenden Druck entgegengerichtet
sind. Das Druckwasser preßt das Leder gegen den Deckel und das
Gehäuse und sperrt sich dadurch den Weg nach außen (siehe die

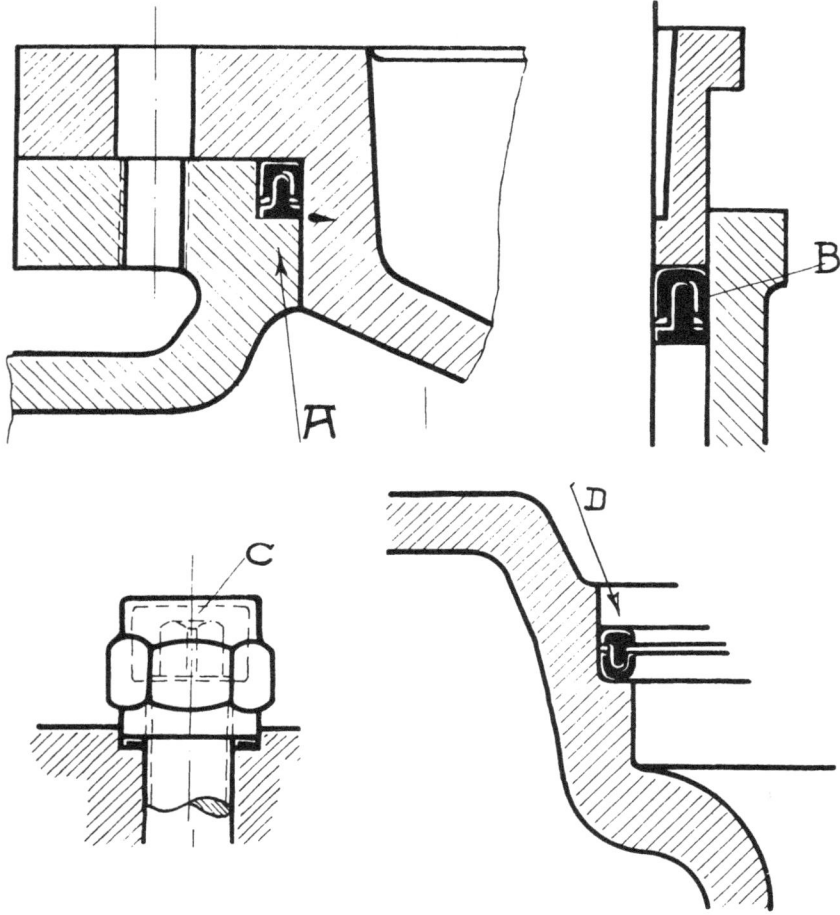

Fig. 190, 191, 192 und 193. Gehört zur Pumpe Fig. 18, 19.

Einzelheiten A, B, C, D der Pumpe Fig. 18, 19 in den Fig. 190
bis 193, sowie Fig. 189).

Für die Anbringung der erforderlichen Armaturen muß der
Pumpenkörper mit den hierzu notwendigen Butzen versehen sein.
Zu diesen Armaturen gehören bei größeren Ausführungen zwei Um-
laufventile (siehe Fig. 10, 12, 14, 20, 21, 22, 24, 27), nämlich eins

vom Druckraum in den Pumpenraum und eins aus diesem in den
Saugraum. Dieselben ermöglichen im Verein mit dem Fußventil
(w. s. u.) das Auffüllen der Pumpe und Saugleitung mit Druckwasser,
um nach längeren Betriebspausen, in denen die Pumpe und das
Saugrohr entleert wurden, wieder in Gang zu kommen; denn bei
größeren Plungerpumpen ist es wegen der beträchtlichen toten Räume
selten möglich, trocken anzufahren, d. h. die Pumpe als Luftpumpe
laufen zu lassen und durch die so erzielte Luftverdünnung im Saugrohr das Wasser bis zur Pumpe aufzusaugen. Bezüglich der theoretischen Bedingungen, unter denen dies möglich ist, sei auf die schon
erwähnte Arbeit Bachs: »Die allgemeinen Grundlagen für die
Konstruktion der Kolbenpumpen« (Anhang zu: »Die Konstruktion der Feuerspritzen«, Stuttgart, 1883) verwiesen. Im übrigen
genügt auch die Auffüllung des Pumpenraumes allein zur Ermöglichung
des Ansaugens, da alsdann die Pumpe mit Sicherheit so lange Luft
aus der Saugleitung in den Druckraum fördert, bis Wasser angesaugt
wird. Die Umlaufventile werden so angeordnet, daß die von dem
durchtretenden Wasser aus dem Saugrohr und Pumpenraum ver-
drängte Luft durch sie entweichen kann; sie müssen also in den
höchsten Punkten beider Räume münden, andernfalls sind besondere
Entlüftungshähne vorzusehen. Damit das Wasser auch bei längerem
Stillstand der Pumpe im Saugrohr zurückgehalten wird, sowie um
das entleerte Saugrohr auffüllen zu können, befindet sich am untersten Ende der Saugleitung das sog. Fußventil; dieses ist möglichst
leicht zu halten, damit die Saugwiderstände nicht unnötig vergrößert
werden, am besten aus reinem Kautschuk, der auf Wasser schwimmt,
und muß aus dem gleichen Grunde reichlich das Doppelte des Saug-
rohrquerschnittes an Durchgangsfläche bieten. Die Fußventile (häufig
als Klappen ausgebildet) werden gewöhnlich, wie die Fig. 194 bis 198
erkennen lassen mit den zur Abhaltung grober Unreinigkeiten anzuordnenden Saugkörben konstruktiv vereinigt. Die Saugkörbe
müssen von Zeit zu Zeit gesäubert werden, da durch Versetzen der
Bohrungen oder Schlitze oder des Drahtgeflechtes das Ansaugen der
Pumpe beeinträchtigt wird. Um diese Säuberung leicht vornehmen
zu können, tut man besser, von der üblichen Anordnung des Saug-
korbes an der tiefsten Stelle der Saugleitung abzusehen und dafür
oberhalb des Saugwasserspiegels leicht zugängliche Seiher anzuordnen,
die während kurzer Betriebspausen ausgewechselt werden können.
Ein sehr praktischer Doppelseiher amerikanischer Konstruktion,
welcher durch einfaches Verstellen zweier Schieber den Saugwasser-

strom abwechselnd durch jeden der beiden hutförmigen Seiher treten läßt, während der andere bequem herausgenommen und gereinigt werden kann, ist in Zeitschr. d. V. d. I. 1905, S. 1182 abgebildet.

Um die an schwer zugänglicher Stelle liegenden Fußventile entbehrlich zu machen, sowie zur Umgehung der Notwendigkeit, Saugleitung und Saugwindkessel auf die Druckspannung berechnen zu müssen (die bei Stillstand der Pumpe infolge geringer Undichtheiten der Ventile leicht auftreten kann), wendet man neuerdings zum Vollsaugen der Pumpe und Saugleitung mit Vorteil Strahlgebläse an, z. B. in der bewährten Ausführung von Gebr. Körting. Bei den Scheibenkolbenpumpen in der Bauart der Fig. 8 bis 11 bleibt wegen der hochliegenden Saugventile, wenn die Stopfbüchsen dicht sind, genügend Wasser im Zylinder, um ohne weiteres nach längerer Betriebspause wieder anfahren zu können.

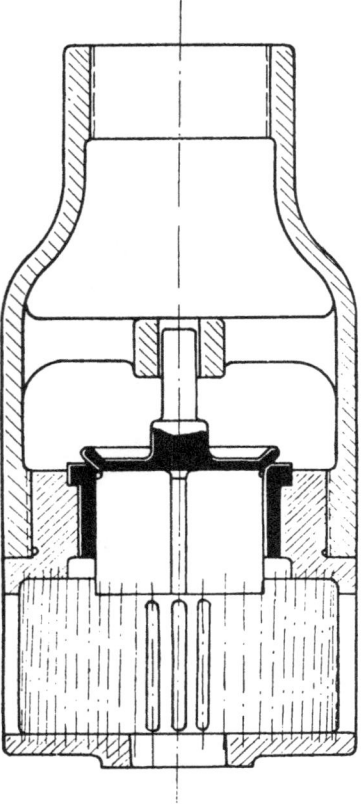

Fig. 194.

Außer den Umlaufventilen ist am Pumpenkörper ein Schnüffelventil vorzusehen, d. h. ein kleines, nach dem Pumpeninnern öffnendes Rückschlagventil, mit von außen einstellbarem Hub, welches das Ansaugen geringer Luftmengen gestattet. Man kann damit den durch Absorption seitens des Druckwassers beständig verringerten Luftinhalt des Druckwindkessels auffrischen, bisweilen auch harten Gang der Pumpe, dessen Ursache nicht sogleich erkannt oder beseitigt werden kann, mildern.

Kleinere Pumpen, die nicht stillgesetzt werden können, z. B. Kesselspeisepumpen mit Exzenterantrieb, wie sie z. B. bei Lokomobilen üblich sind, werden mit einem in den Pumpenraum führenden Lufthahn versehen. Wird derselbe geöffnet, so saugt die Pumpe durch ihn nur noch Luft an und stößt sie auf demselben Wege wieder aus. Dadurch wird die Pumpe außer Tätigkeit gesetzt. Auch

Umlaufventile vom Pumpenraum in die Saugleitung finden zu gleichem Zwecke Verwendung; werden dieselben geöffnet, so drückt die Pumpe das angesaugte Wasser wieder in den Saugkasten zurück. Dasselbe wird auch, wie schon erwähnt, durch Abstützen des geöffneten Saugventils erreicht.

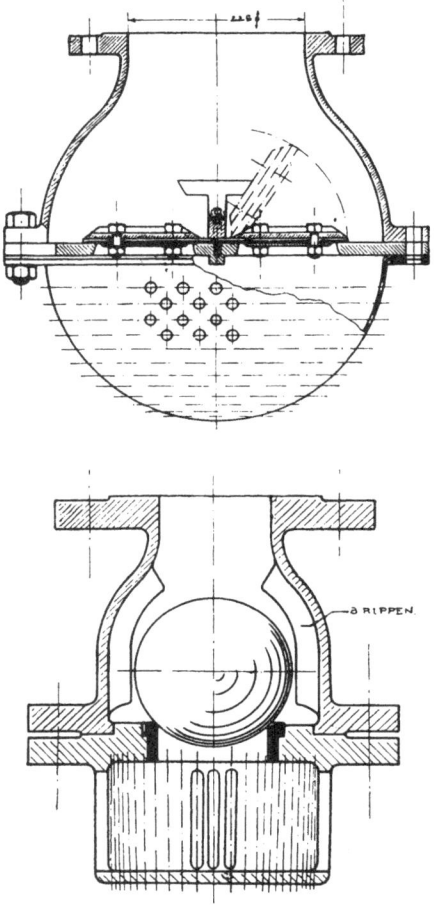

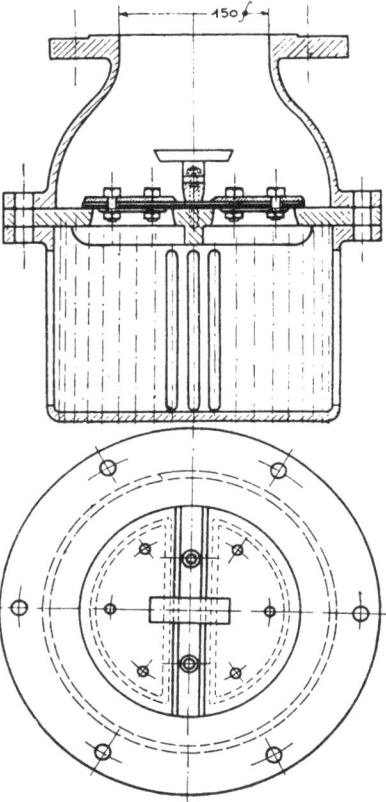

Fig. 195 und 196.   Fig. 197 und 198.

Zur Anbringung des Indikators ist am Pumpenkörper ein Butzen vorzusehen an einer Stelle, die in möglichst einfacher Weise den Antrieb der Indikatortrommel von den hin und her gehenden Teilen des Triebwerkes gestattet. Die Stelle muß auch so gewählt sein, daß sich unter dem Indikator kein Luftsack bilden kann, wodurch Diagramme erhalten werden, die keinen richtigen Rückschluß auf die Vorgänge im Pumpeninnern gestatten. Deshalb ist die Indikatorbohrung bei genügender Weite möglichst kurz und genau wagerecht, oder, noch besser, nach dem Pumpeninnern ein wenig ansteigend auszuführen und als Indikatorhahn nur ein gerader, nie ein Winkelhahn zu verwenden.

Pumpen liegender Bauart, die von der durchgehenden Kolbenstange einer Dampfmaschine angetrieben werden, müssen zur Aufnahme des Pumpendruckes mit dem Rahmen der Dampfmaschine an zwei diametral gegenüberliegenden Stellen mittels knickfester Stangen verspannt werden. Sind Dampfmaschine und Pumpe auf einem durchgehenden Grundrahmen verschraubt, so genügt e i n e derartige Stange, die über der Mitte anzuordnen ist. Es empfiehlt sich nicht, die Stange nur bis zum hinteren Ende des Dampfzylinders durchzuführen, da alsdann infolge der Ausdehnung des letzteren durch die Wärme bedeutende Spannungen in die Stange kommen, es sei denn, daß die Pumpe auf ihrer Unterlage verschiebbar angeordnet ist; letzteres ist jedoch bei der üblichen Bauart der auf dem Saugwindkessel ruhenden Pumpe nicht möglich. Für die Befestigung dieser Stange mittels Steckkeil und Mutter (ähnlich der Plungerbefestigung Fig. 180) ist am Pumpenkörper (oder Druckwindkessel) ein geeigneter Anguß vorzusehen. Für die Berechnung dieser Stangen ist natürlich nur der Pumpendruck, nicht aber der summierte Pumpen- und Dampfdruck zugrunde zu legen (vgl. S. 153).

Schließlich sind Angüsse für die zur Ventilbefestigung dienenden Druckbolzen anzuordnen sowie bei Kanalisationspumpen ein Flansch für die Anbringung einer Rohrleitung zum Zwecke der Ausspülung mit reinem Wasser bei vorgeschrittener Verschmutzung.

D) Stopfbüchsen.

Die Stopfbüchsen haben die doppelte Aufgabe, das Eindringen von Luft in den Pumpenraum während des Saughubes sowie den Austritt von Wasser während des Druckhubes (oder bei Innenanordnung: den Übertritt von Druckwasser auf die Saugseite) zu verhüten. Sie bieten, soweit es sich um geringe Drücke und von außen unmittelbar zugängliche Anordnung handelt, nichts Außergewöhnliches (siehe »Hütte«, Teil I, S. 715). Es soll deshalb nur auf einige besondere Bauarten aufmerksam gemacht werden.

Die Konstruktion Fig. 199 gehört der in Fig. 36 bis 38 darge-stellten Differentialpumpe an. Es ist eine wegen der zu erwartenden sehr geringen Abnutzung von außen nicht unmittelbar zugängliche Stopfbüchse mit Weißmetallpackung.

Fig. 200, 201 zeigt die bewährte Stopfbüchse der Expreßpumpe Frankenthal. Die Dichtung erfolgt durch Weichpackung, die mittels des korbartigen Stahlgußfortsatzes der Brille von außen nachgezogen

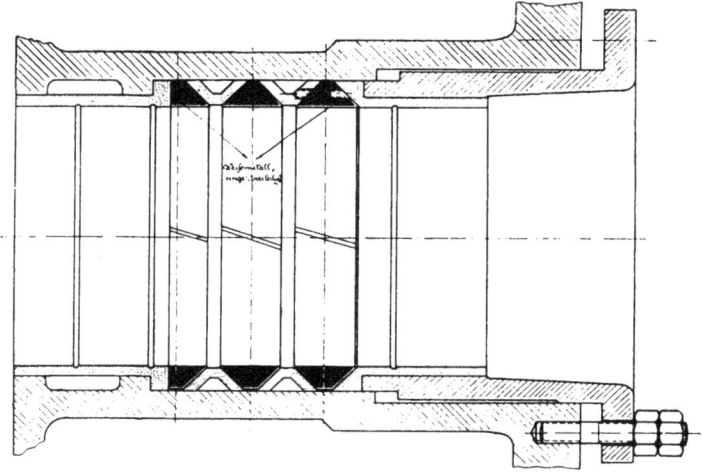

Fig. 199.

Gehört zur Pumpe Fig. 36—38.

werden kann, und außerdem durch eine Anzahl teils nach außen teils nach innen schwach federnder Ringe. Diesen wird durch eine Fett-presse Schmiermaterial zugeführt, so daß die Stopfbüchsreibung gering bleibt, wodurch wesentlich zur Ermöglichung der hohen Umlaufzahl dieser Pumpe beigetragen wird. Die einer Preßpumpe entnommene Stopfbüchse Fig. 202, 203 zeigt die für solche Fälle übliche Ver-wendung von Ledermanschetten in Verbindung mit Weichpackung (siehe auch Fig. 189, 191). Fig. 204 gibt die Stopfbüchse einer unter-irdischen Wasserhaltungsmaschine wieder. Da das zu fördernde Grubenwasser fast stets in reichlichem Maße Verunreinigungen mit sich führt, so ist innen ein Lederstulp vorgesehen, der vom Druck-wasser gegen den Plunger gedrückt wird und so alle diesem an-

Fig. 202 und 203.
Einer Preßpumpe für 50 Atm. entnommen.

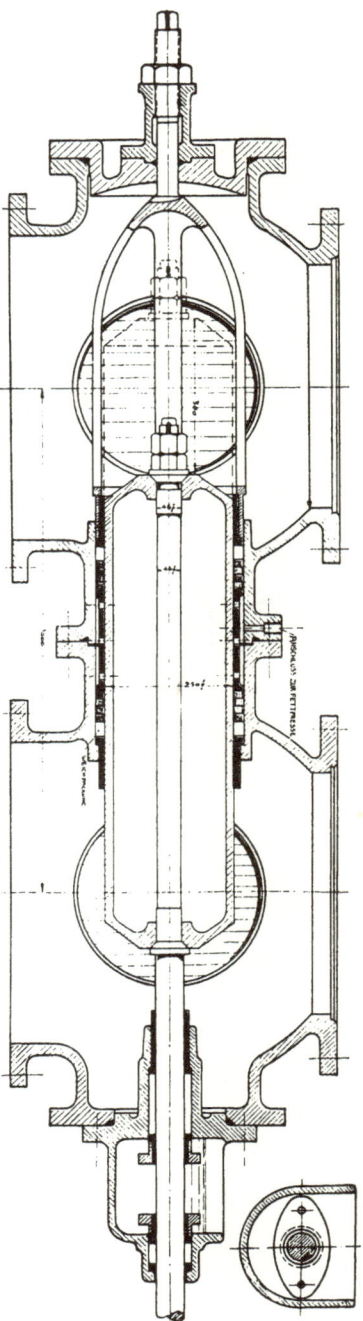

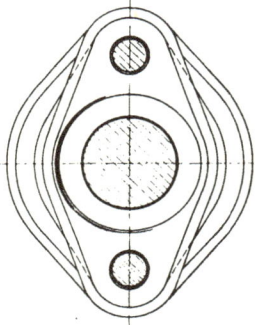

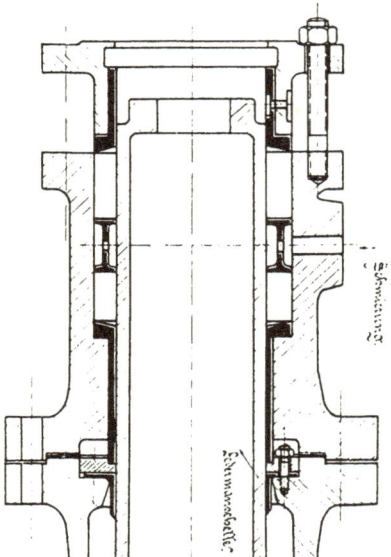

Fig. 200 und 201.
Gehört zur Expreßpumpe »Frankenthal«. (S. a. Fig. 122, 123; 140; 211, 212.)

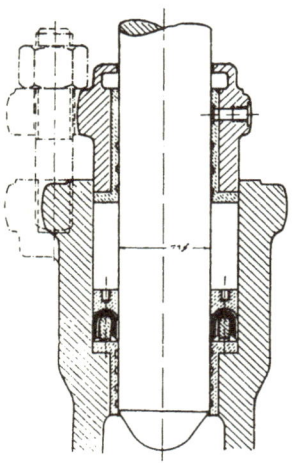

Fig. 204.
Gehört zu derselben Pumpe wie das Ventil Fig. 115 und 116.

haftenden festen Teilchen abstreift, wodurch Plunger und Stopfbüchse geschont werden. Für die Ölzuführung ist ein Schmierring
vorhanden, dessen Länge so zu bemessen ist, daß er bei ganz ein-
geschraubter Brille mit seiner äußeren Eindrehung noch unter dem
Schmierloch liegt. Ein bei doppeltwirkenden Pumpen bisweilen angewendetes Mittel zur Verhütung des Eindringens von Luft besteht
darin, die Stopfbüchsen an der Austrittsstelle der Kolbenstange unter
Wasser zu halten, so daß bei Undichtwerden der Büchse zwar Wasser,
aber keine Luft eintreten kann (Fig. 200, 201, 22 bis 24, 32). Das
Bestreben, die bei doppeltwirkenden Plungerpumpen und der
üblicheren Bauart der Differentialpumpen notwendigen beiden Stopfbüchsen durch nur eine gleichfalls von außen nachziehbare Stopfbüchse zu ersetzen, hat zu den in den Fig. 22, 23, 35, 205 bis 207
dargestellten Formen geführt. Fig. 205 zeigt die sog. »Unastopfbüchse« der Maschinenfabrik Klein, Schanzlin & Becker in

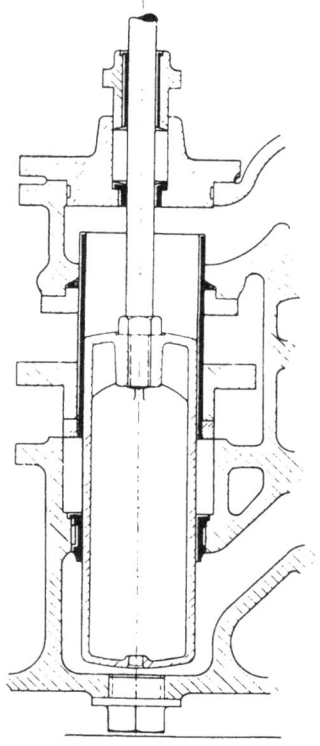 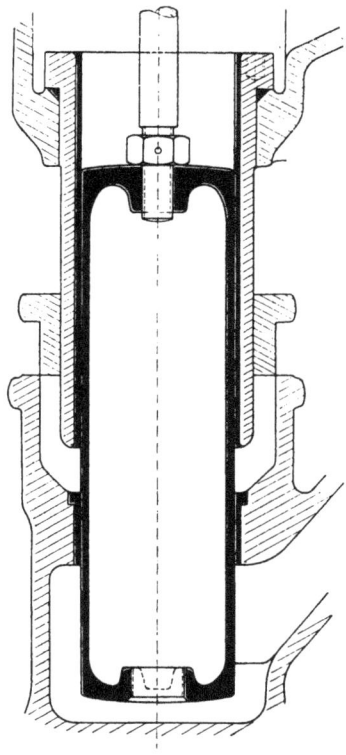

Fig. 205.

»Unastopfbüchse«. Gehört zur
Pumpe Fig. 25, 26.

Fig. 206.

Nach einer Ausführung von
Koch, Bantelmann & Paasch.

Frankenthal, welche der Pumpe Fig. 25, 26 zugehört. Das Wesen dieser Stopfbüchse ist aus der Figur leicht zu erkennen. Der Plunger bewegt sich in einer Rotgußbüchse, die gegen den oberen Pumpenraum durch Rundgummischnur und einen festen Deckel abgedichtet ist. Beim Nachziehen der unteren Stopfbüchse wird die Laufbüchse mitgenommen. Neben dem Vorteil bequemer Bedienung besitzt diese Stopfbüchse geringeren Reibungswiderstand, auch gestattet sie eine gedrungenere Bauart des Pumpenkörpers und einen kürzeren Plunger, als bei Verwendung zweier Stopfbüchsen möglich ist. Ganz ähnlich ist die Stopfbüchse Fig. 206 gebaut, nur bleibt hier die Laufbüchse beim Nachziehen der Brille unbewegt und ragt tief in den Packungsraum hinein. Der Unastopfbüchse ähnliche Formen zeigen die Fig. 22, 23, 35 und 207, nämlich an der Wasserwerkspumpe von

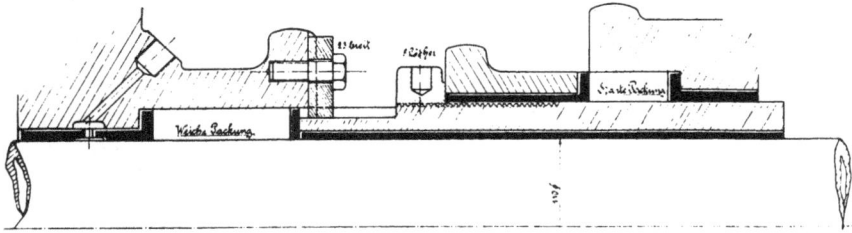

Fig. 207.

Nach einer Ausführung v. Koch, Bantelmann u. Paasch für die Versuchspumpe des Laboratoriums der Königlichen Maschinenbauschulen zu Magdeburg.

Gebr. Körting sowie an einer liegenden Differentialpumpe von Weise & Monski, Halle a. S., und an einer liegenden, doppeltwirkenden Pumpe von Koch, Bantelman & Paasch, Magdeburg-Buckau. Die Nachstellung in Fig. 207 erfolgt durch eine auf der Laufbüchse sitzende runde Mutter, die mit einem Klauenschlüssel angezogen wird, wodurch die Laufbüchse in die weiche Packung hineingedrückt wird. Damit die Laufbüchse sich nicht mitdreht, trägt sie eine Nut, in welche eine am Pumpenkörper befestigte Nase eingreift. Die Ausführung ist natürlich nur bei kleineren Plungerdurchmessern möglich, sichert dann aber ein sehr gleichmäßiges Anziehen der Packung.

E) Windkessel.

Über die Größenbestimmung der Windkessel ist Ausführliches in Abschnitt IV. gesagt. Windkesselformen zeigen zahlreiche Figuren dieses Buches und noch besonders die Figuren 208 bis 212. Die typische Form des Saugwindkessels größerer, doppeltwirkender, liegender Plungerpumpen läßt Fig. 208 bis 210 erkennen. Der durch Rippen gut versteifte Windkessel wird in eine Aussparung des Fundamentes gebettet und trägt unmittelbar den Pumpenkörper. Auf diese Weise wird die Forderung, den Saugwindkessel der Pumpe so nahe als möglich anzuordnen, am besten erfüllt. Ragt der Pumpenkörper mit dem Saugventil nun noch möglichst tief in den Windkessel hinein, so wird die äußerste Verkürzung der Saugsäule erzielt; (siehe z. B. Fig. 22). Der Saugrohranschluß erfolgt vorteilhaft in der Mitte der Langseite, da hierdurch eine gleichmäßige Wasserverteilung nach beiden Pumpenseiten und ein günstiger Einfluß auf die Schwankungen des Wasserspiegels erzielt wird. Ganz können diese wegen des abwechselnden Saugens beider Pumpenseiten nicht vermieden werden, wodurch bei zu reichlichem Luftinhalt die Gefahr besteht, daß die Pumpe Luft saugt und mit schlagenden Ventilen arbeitet. Um diese Schwankungen zu dämpfen, empfiehlt es sich, Wellenbrecher in Gestalt quer durch den Windkessel in Höhe des normalen Wasserstandes laufender Rippen vorzusehen (Fig. 213). Auch Blechringe an den beiden Saugtrichtern, wie in Fig. 208 bis 210 dargestellt, finden zu gleichem Zwecke Verwendung. Sie müssen des Einbringens wegen zweiteilig ausgeführt werden.

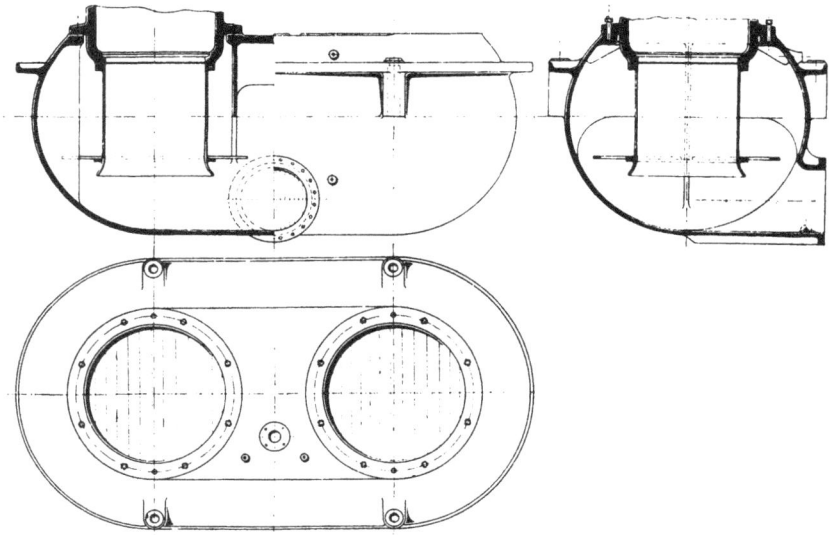

Fig. 208, 209 und 210.

Sowohl für die Saug- als auch für die Druckwindkessel ist die Forderung aufzustellen, daß das Wasser in ihnen eine Richtungsänderung erfahren muß, daß also Ein- und Austrittsstelle des
Wassers sich nicht in gleicher Höhe diametral gegenüberliegen dürfen;
denn hierdurch wird die ausgleichende Wirksamkeit des eingeschal-
teten Luftraumes wesentlich eingeschränkt, und Stöße in der Rohrleitung können sich leicht bis zum Ventil fortpflanzen. Diese
Forderung ist bei den Pumpen in Fig. 16 und 22 in besonders
wirksamer Weise erfüllt, indem das Saugwasser einer zweimaligen
Richtungsänderung um je 90° unterworfen wird. Führt die Konstruktion notwendig auf einander gegenüberliegende Rohranschlüsse,
so ist durch eine Rippe der geradlinige Durchfluß des Wassers in
geeigneter Weise abzulenken (Fig. 215).

An Armaturen trägt der Saugwindkessel ein Vakuummeter,
ein Wasserstandsglas, je einen Hahn (oder ein Ventil) zur Luftzu-
und -abführung. Letzterer wird an eine Luftpumpe angeschlossen;
ist Kondensation vorhanden, so kann dazu die Kondensatorpumpe
benutzt werden.

Um sicher zu sein, daß der Wasserspiegel im Saugwindkessel
infolge der Luftabscheidung aus dem Saugwasser und des Eindringens von Luft durch undichte Stellen nicht übermäßig sinkt,
wird in der als zulässig betrachteten tiefsten Höhenlage der Saug-
trichter mit Bohrlöchern versehen, so daß die Pumpe den Luft-
überschuß selbst ansaugt (siehe Fig. 14 und 35). Als tiefster zu-
lässiger Wasserstand im Windkessel ist äußersten Falles, um die
Gefahr des Abreißens der Saugsäule zu vermeiden, der Scheitel der
Saugrohreinmündung anzusehen.

Ist ein Fußventil vorhanden, so muß der Saugwindkessel, wie
bereits betont, auf den vollen Gegendruck berechnet und mit einem
Sicherheitsventil ausgerüstet werden. — Eine umlaufende Rinne
dient zur Aufnahme von Tropf- und Schwitzwasser.

Der Druckwindkessel wird aus Gußeisen, Stahlguß oder
Schmiedeeisen (vernietet oder geschweißt), bei kleineren Pumpen
auch aus Kupfer hergestellt. Zähes Schmiedeeisen verdient den Vorzug vor Gußeisen und Stahlguß aus Sicherheitsgründen, da es bei
einer eintretenden Explosion meist nur einreißt, nicht aber Stücke
umherschleudert wie die spröderen Materialien. Namentlich größere
Druckwindkessel, wie sie z. B. am Beginn einer langen Steigleitung,
häufig für mehrere Pumpen gemeinsam, eingebaut werden, stellt man

stets aus Schmiedeeisen her.   Die Berechnung der Wandstärke erfolgt nach Gleichung 225), wobei gesetzt werden kann

$$k_z = 150 \text{ bis } 200 \text{ für Gußeisen,}$$
$$k_z = 600 \text{ bis } 700 \text{ für Schmiedeeisen.}$$

Die Armaturen des Druckwindkessels und der Druckhauben sind:
Ein Wasserstandsglas, ein Manometer, ein Entlüftungs-
hahn; außerdem ist ein Anschlußflansch für die Zuführung kom-
primierter Luft vorzusehen, der jedoch bei kleineren Pumpen und
mäßigen Druckhöhen fortfällt, da für diese das Schnüffelventil zu
dem genannten Zweck ausreicht.   Die Druckhauben größerer Pumpen
brauchen eine Heböse, die bei Verwendung von Stahlguß ange-
gossen sein kann (Fig. 16, 27, 35), bei gußeisernen Hauben jedoch
aus Schmiedeeisen hergestellt und besonders mit der Haube verschraubt sein müssen.   Bleibt zu diesem Zweck eine kleine Öffnung
an der höchsten Stelle der Haube (Fig. 213, 219), was jedoch besser
vermieden wird (Fig. 16, 30, 36), so ist für peinlich saubere Abdichtung derselben Sorge zu tragen.   Die zur Erzeugung der Preß-
luft dienenden Kompressoren sollen unabhängig von der Antriebsmaschine der Pumpe betrieben werden können, da die Windkessel
vor dem Anlassen der Pumpen mit Druckluft aufgefüllt werden

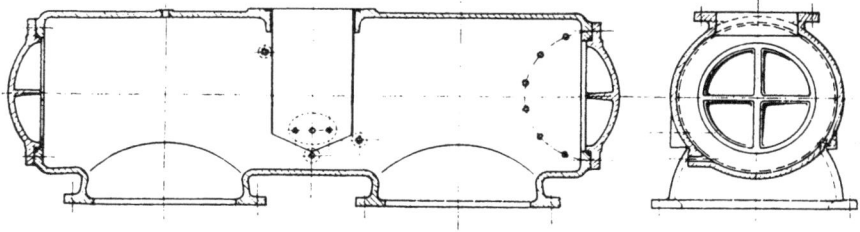

Fig. 211.   Fig. 212.

Gehört zur Expreßpumpe Frankenthal . (S. a. Fig. 122, 123; 140; 200, 201.)

müssen.   Die Lufträume der Druckwindhauben beider Pumpenseiten
doppeltwirkender Plungerpumpen sind durch ein nicht zu enges
Rohr miteinander zu verbinden, so daß für jede Seite der Luftinhalt
beider Windhauben wirksam ist.   Als sehr vorteilhaft für schnell-
laufende Pumpen ist die Ausbildung des Windkessels nach Fig. 211,
212 (Expreßpumpe »Frankenthal«) zu bezeichnen, da diese Bauart die Anbringung des ganzen für gleichmäßige Lieferung erforderlichen Luftvolumens (siehe S. 70) unmittelbar über dem Pumpenkörper (Fig. 200, 201) gestattet und besondere Druckhauben überflüssig macht.

Zum Nachfüllen von Luft in Druckwindkessel können auch
Luftschleusen Verwendung finden. Dieselben bestehen aus einem
kleineren, gußeisernen Behälter, dessen oberer und unterer Teil
durch je eine abschließbare Leitung mit dem Luft- und Wasserraum
des Windkessels in Verbindung steht. Mittels eines Ablaß- und
eines Lufthahnes kann der Behälter mit Luft von atmosphärischer
Spannung gefüllt werden. Nachdem diese Hähne geschlossen und
die Verbindungsleitungen nach dem Windkessel geöffnet sind, wird
die Luft durch das übertretende Druckwasser verdichtet und in
den Windkessel gedrückt. Natürlich muß der höchste Punkt des
Behälters unter dem tiefsten Wasserstand im Windkessel liegen.

Für Untersuchungen des Zustandes der Pumpe und namentlich
des Druckventils muß die Steigleitung gegen die Pumpe abgesperrt
werden können. Zu diesem Zwecke wird unmittelbar hinter der
Druckhaube eine Klappe mit Handhebel eingebaut (Fig. 213). Eine
solche verdient vor Ventilen und Schiebern den Vorzug, da sie sich
beim Anlassen der Pumpe von selbst öffnet und nicht infolge einer
Vergeßlichkeit des Maschinisten Pumpenbrüche verschulden kann.
Ein Sicherheitsventil muß jedoch auf jeden Fall vorgesehen werden
(Fig. 27, 213). Um größere Pumpen, namentlich bei Antrieb durch
Drehstrommotoren oder Gasmaschinen, unbelastet anlassen zu können,
schließt man die Rückschlagklappe und öffnet einen zu diesem
Zweck eigens vorzusehenden Umlauf aus dem Druckraum dicht über
dem Druckventil in den Saugraum, so daß die Pumpe ohne Druck
arbeitet. Durch allmähliches Schließen des Umlaufventils steigt der
Druck langsam, und die Rückschlagklappe öffnet sich von selbst,
wenn der Gegendruck erreicht ist. Es sei noch auf die Differentialpumpe der Maschinenfabrik Buckau aufmerksam gemacht
(Fig. 36 bis 38), bei welcher der Saugwindkessel hoch gelegt und
mit dem Druckwindkessel konstruktiv vereinigt ist. (Über den Wert
hoch gelegter Saugwindkessel siehe S. 184.)

Ersatz der mit vieler Sorgfalt zu bedienenden und instand zu
haltenden Druckwindkessel durch federbelastete Kolben ist (wenigstens
für Drillingspumpen) mehrfach versucht worden, hat sich jedoch
nicht eingeführt.

XI. Schnellaufende Pumpen.

Das Bedürfnis nach Pumpen mit höheren Umdrehungszahlen (100 : 300 i. d. M.) ist hauptsächlich hervorgerufen worden durch die Anwendung des elektrischen Antriebes, der namentlich für die unterirdischen Wasserhaltungen der Bergwerke neuerdings in wachsende Aufnahme gekommen ist. Die unterirdischen Dampfwasserhaltungsmaschinen mit über Tag aufgestellten Kesseln, welche allenthalben an die Stelle der schwerfälligen, den modernen Ansprüchen in keiner Weise mehr genügenden Gestängewasserhaltungen getreten sind, fangen infolge der immer größer werdenden Teufen an, durch die mit dem Dampf in den Schacht eingeführten großen Wärmemengen äußerst lästig zu werden; denn da mit zunehmender Förderhöhe der für die Gewichtseinheit des zu hebenden Wassers erforderliche Arbeitsaufwand größer wird, so wächst auch in gleichem Maße die Menge des einzuführenden Dampfes. Dadurch wird die Wetterführung ungünstig beeinflußt, die Schachtzimmerung leidet, ganz abgesehen von den großen Dampfverlusten, der äußerst kostspieligen Anlage und schwierigen Instandhaltung der Rohrleitung. Alle diese Nachteile entfallen bei Anwendung elektrischer Energie, welche über Tage mit den vollkommensten Dampfmaschinen erzeugt und mit weit geringerer Schwierigkeit durch den Schacht geleitet werden kann. Hierzu kommt der für größere Zechen ausschlaggebende Vorteil der Zentralisierung der gesamten Krafterzeugung. Durch das wechselseitige Entgegenkommen der Elektrotechnik und des Pumpenbaues, indem die erstere die Umdrehungszahlen der Antriebsmaschinen nach Möglichkeit herabsetzte, der letztere durch geschickte Ausbildung aller Einzelheiten die Pumpen zur direkten Kupplung mit dem Motor unter Ausschaltung der geräuschvollen, energieverzehrenden und Raum beanspruchenden Zahnräderübersetzungen geeignet machte, entstanden Maschinensätze, die an Gedrängtheit der Anordnung nichts zu wünschen übrigließen.

Die zur Erzielung schnellen Ganges der Pumpen zu beachtenden Grundsätze sind in den Abschnitten über die Saug- und Druckwirkung eingehend erörtert worden. Sie gipfeln in den Rücksichten auf die sichere Beherrschung der Massen, die in der Bemessung aller Teile, vom Kurbelzapfen bis zum Saugrohr, zum Ausdruck kommen müssen.

Ob hohe Umdrehungszahlen für Kolbenpumpen als Selbstzweck anzustreben sind, auch wo die Verhältnisse dies nicht unbedingt erfordern, dürfte nach den folgenden Ausführungen zu bezweifeln sein. Über die Erfüllung der Bedingungsgleichung 93) kann sich keine Pumpenkonstruktion hinwegsetzen. Soll also die Anfangsbeschleunigung des Kolbens den durch diese Gleichung vorgeschriebenen Grenzwert nicht überschreiten, so kann eine Erhöhung der Umlaufzahl ohne Opfer an Saughöhe nicht anders als unter gleichzeitigen, tiefgreifenden Veränderungen fast aller Pumpenabmessungen vorgenommen werden. Ein Blick auf die Gleichungen 86), 88) und 97) wird dies bestätigen. Aus ihnen folgt als Bedingung für richtiges Ansaugen:

$$\frac{1}{150} s n^2 < g \cdot \frac{A - H_s - H_v' - \dfrac{v_s''^2}{2g} - W_s''}{L_s' \dfrac{F'}{F_s'} + L_0 + L_v' \dfrac{F}{f_u}} \quad \dots \quad 229)$$

Es handle sich um eine einfachwirkende Pumpe, für welche nach Gleichung 16) gilt:

$$Q = \lambda \frac{n}{60} F s,$$

woraus

$$s n = \frac{60 \, Q}{\lambda \, F} . \quad \dots \dots \dots \quad 230)$$

Dies oben eingesetzt und beide Seiten mit F multipliziert, folgt:

$$0,4 \, \frac{Q n}{\lambda} = g \cdot \frac{A - H_s - H_v' - \dfrac{v_s''^2}{2g} - W_s''}{\dfrac{L_s'}{F_s'} + \dfrac{L_0}{F} + \dfrac{L_v'}{f_u}} \quad \dots \quad 231)$$

Aus diesen beiden Gleichungen ergibt sich klar das Folgende: Soll die Umdrehungszahl für dieselbe Leistung bei gleicher Saughöhe und Saugrohrlänge erhöht werden, so muß, gleichbleibenden volumetrischen Wirkungsgrad vorausgesetzt, die rechte Seite der Gleichung in demselben Verhältnis wie die Umdrehungszahl vergrößert werden. Um diese Vergrößerung zu erzielen, wird man nicht an einem einzelnen Gliede der rechten Seite, sondern möglichst an allen, die in Betracht kommen, Veränderungen in dem beabsichtigten Sinne vornehmen.

Da nach früherem (Gleichung 171) die Ventilbelastung mit der Umdrehungszahl größer werden muß, so muß auch noch die Zunahme von H_v', durch welche der Wert des ganzen Ausdruckes verkleinert

wird, an den übrigen Gliedern ausgeglichen werden. Es ist also zu
v e r k l e i n e r n :
$$\frac{v_s''^2}{2\,g}, \; W_s'', \; L_0, \; L_v' = \frac{G_l}{f_u\,\gamma};$$
zu v e r g r ö ß e r n :
$$F_s', f_u.$$

(F wird man unverändert lassen, um nicht die Pumpenkraft
und damit die Abmessungen des Triebwerks zu vergrößern.) Die
Erhöhung der Umlaufzahl bedingt also Vergrößerung der Saugrohr-
querschnitte sowohl v o r dem Windkessel (um $\frac{v_s''^2}{2\,g}$ und W_s'' klein zu
halten) als auch h i n t e r demselben, Vergrößerung des Ventilsitz-
querschnittes, Verkleinerung des Ventilgewichtes (wegen L_v) und Verkleinerung der Länge des toten Raumes.

Aus Gleichung 230) folgt aber, daß bei schnellerem Gang der
Hub im Verhältnis der Umdrehungszahlen zu verkürzen ist, da Q
denselben Wert behalten soll. Man bekommt also eine gedrungenere
und folglich billigere Pumpe, doch wird dieser Vorteil durch die Zu-
gabe an den Querschnitten der Saugrohre und des Ventils zum Teil
wieder aufgewogen. Allerdings werden auch d i e W i n d k e s s e l
k l e i n e r , wie aus den Gleichungen 126) bis 128) hervorgeht. Es
ist aber zu bedenken, d a ß a n V e n t i l u m f a n g d u r c h s c h n e l -
l e r e n G a n g a b s o l u t n i c h t s e r s p a r t w i r d , da derselbe nach
Gleichung 151) einzig und allein von der Fördermenge, der Spaltgeschwindigkeit und dem Ventilhub abhängt, ja letzterer ist sogar
bei schnellerem Gang sehr klein anzunehmen, wodurch der Ventilumfang noch zunimmt. Zieht man ferner in Betracht, daß die Ausführung des Triebwerkes erhöhte Sorgfalt verlangt, daß größere
Anforderungen an Schmierung und Wartung gestellt werden und
schnellere Ventilabnutzung im Verhältnis der Umlaufzahlerhöhung zu
erwarten ist, so kann man die Zweckmäßigkeit hoher Umdrehungszahlen bei Kolbenpumpen in allen Fällen, wo sie nicht durch die
Betriebsverhältnisse gefordert sind, bezweifeln. Gleichwohl besteht
wie eingangs begründet, ein starkes Bedürfnis nach schnellaufenden
Pumpen, und es sind eine ganze Reihe von Konstruktionen zu
seiner Befriedigung entstanden, deren einige nachstehend abgebildet
und beschrieben werden sollen.

Zu den schnellaufenden Pumpen, welche die hohen Umdrehungszahlen ohne Anwendung besonderer Hilfsmittel (gesteuerter Ventile
oder Schieber, künstlicher Ventilentlastung) allein nach den vor-

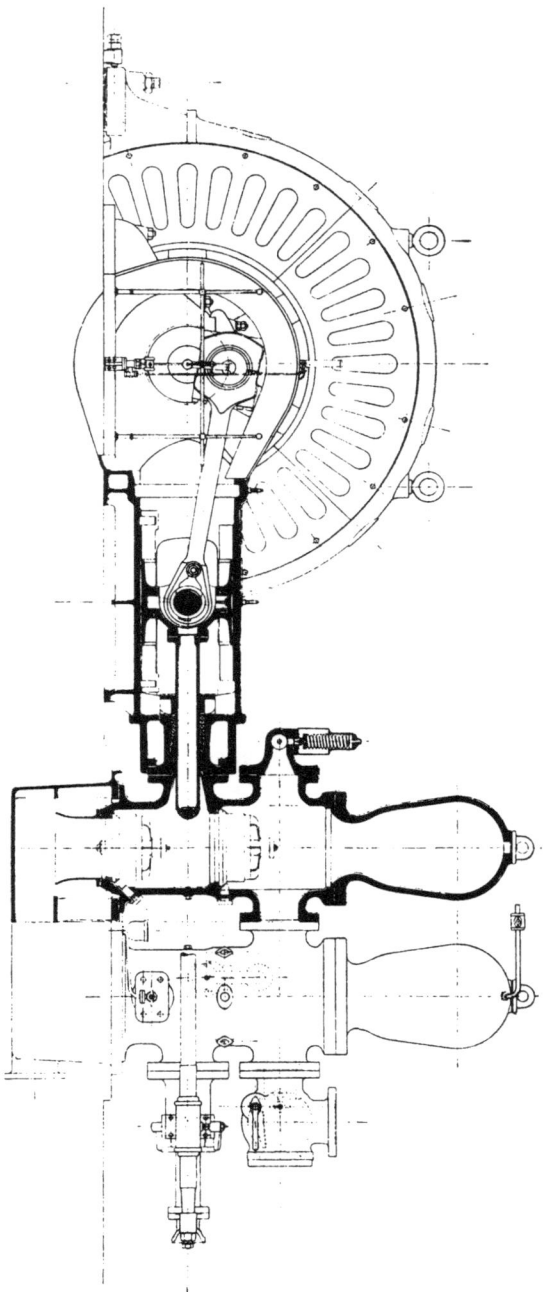

Fig. 213.
Expreßpumpe Schleifmühle.

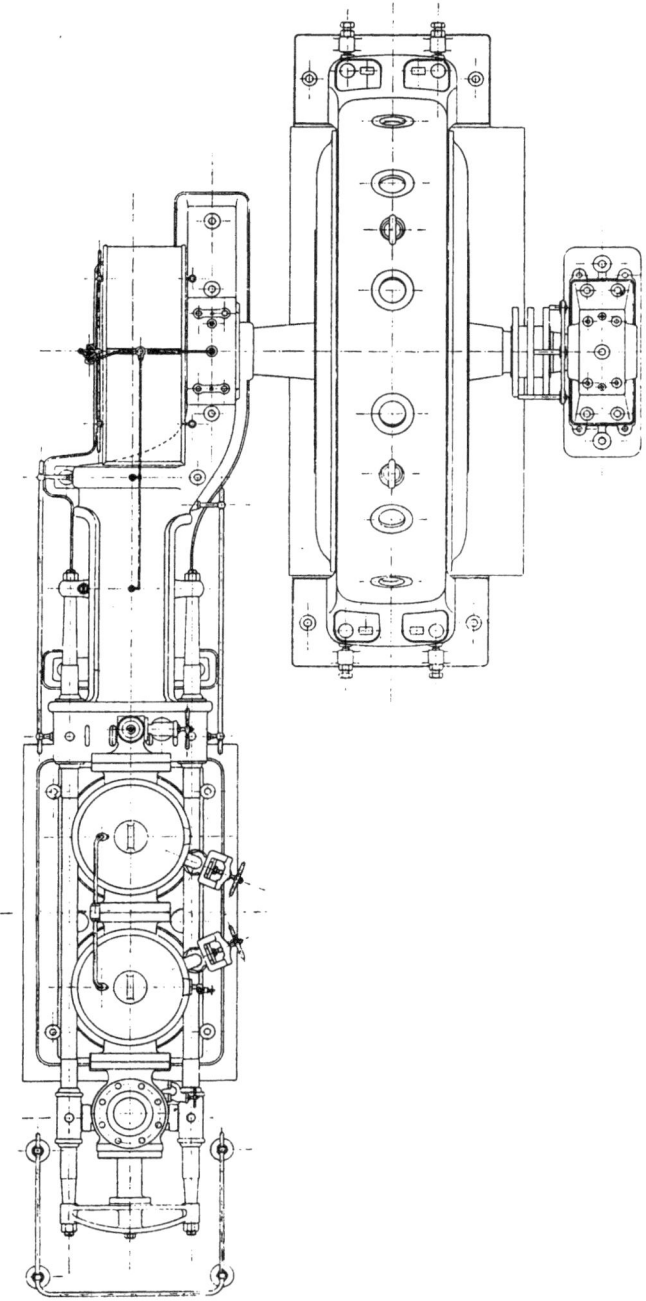

Fig. 214.
Expreßpumpe »Schleifmühle« (Grundriß).

stehend entwickelten Grundsätzen erreichen, gehören, außer der schon in früheren Kapiteln beschriebenen Gutermuth-Pumpe (Fig. 146 bis 156) und der Expreßpumpe »Frankenthal« (Fig. 122, 123, 200, 201, 211, 212), die Expreßpumpen »Schleifmühle« und »Garvenswerke« sowie die A. E. G.-Motorpumpe und neuerdings die Pumpe von Gebr. Körting mit Gummiringventilen (Fig. 121).

Die von Ehrhardt & Sehmer gebaute Expreßpumpe »Schleifmühle» (Fig. 213, 214) wurde ursprünglich als Dreiplungerpumpe ausgeführt, in welcher Gestalt sie noch auf der Pariser Weltausstellung im Jahre 1900 zu sehen war. Doch hat die Firma diese Anordnung wegen der mangelhaften Zugänglichkeit der mittleren Pumpe verlassen und baut die Expreßpumpe neuerdings doppeltwirkend mit Umführungsstangen und in Zwillingsanordnung für Umlaufzahlen bis zu 200 je nach der Leistung. Um die Pumpe ohne Widerstand anlassen zu können, sind Umlaufventile vorgesehen, welche bewirken, daß beim Anfahren der Druck mit der Umlaufzahl gleichmäßig bis auf die volle Höhe ansteigt (vgl. S. 178). Die Ventile und Ventilsitze bestehen aus Bronze, die Sitzflächen sind mit Hartgummi armiert.

Die Expreßpumpe der Garvenswerke in Wülfel vor Hannover (Fig. 215, 216) wird in 16 Größen ausgeführt für 0,042 bis 2,65 cbm minutlicher Leistung. Die normale Umlaufzahl beträgt 250 in der Minute bei 5 bis 6 m Saughöhe, kann aber nach Angabe der Firma unter günstigen Umständen bis auf 400 gesteigert werden. Der volumetrische Wirkungsgrad wurde zu $93 \div 94\%$, der mechanische zu $70 \div 75\%$ ermittelt. Die Ventile sind in den Fig. 117 bis 120 dargestellt.

Die Pumpe der Allgemeinen Elektrizitätsgesellschaft wird in rationeller Massenfabrikation hergestellt und durch Elektromotoren mit Riemenübertragung angetrieben (Fig. 217, 218). Sie ist entstanden, wie ihre Form sofort erkennen läßt, aus der Riedler-Expreßpumpe (Fig. 222), nur daß an die Stelle des gesteuerten Saugventils eine Gruppe selbsttätiger, mit Bronzefedern belasteter Ringventile mit kleinem Hub getreten ist; die Druckventile sind von derselben Beschaffenheit. Der Saugwindkessel ist hoch gelegt. Es sei hier jedoch darauf hingewiesen, daß es unrichtig ist, einer derartigen Windkesselanordnung bessere Wirksamkeit zuzuschreiben, weil »das Wasser dem Saugventil unter Überdruck zufließt«, wie man bisweilen lesen kann. Aus den Gleichungen 91)

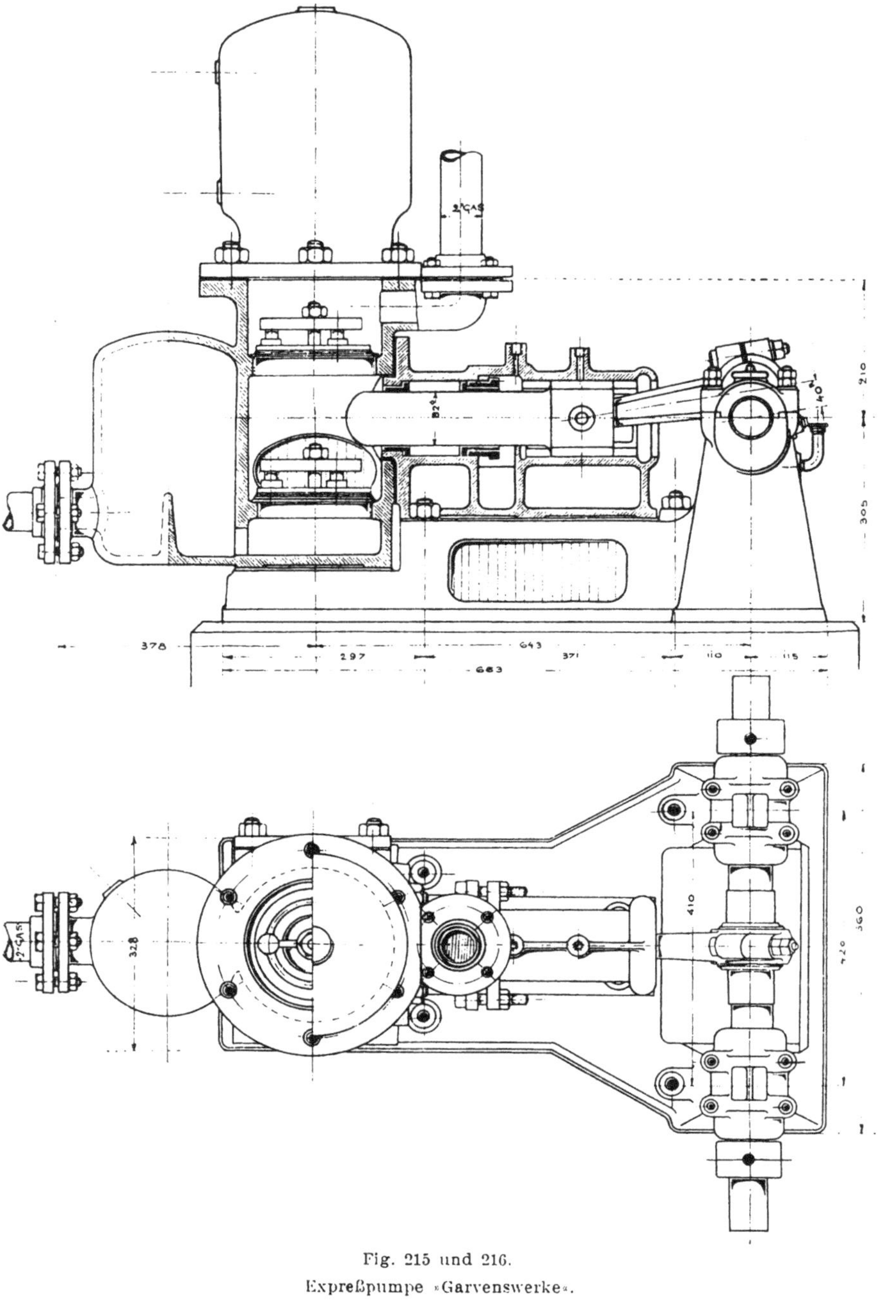

Fig. 215 und 216.
Expreßpumpe »Garvenswerke«.

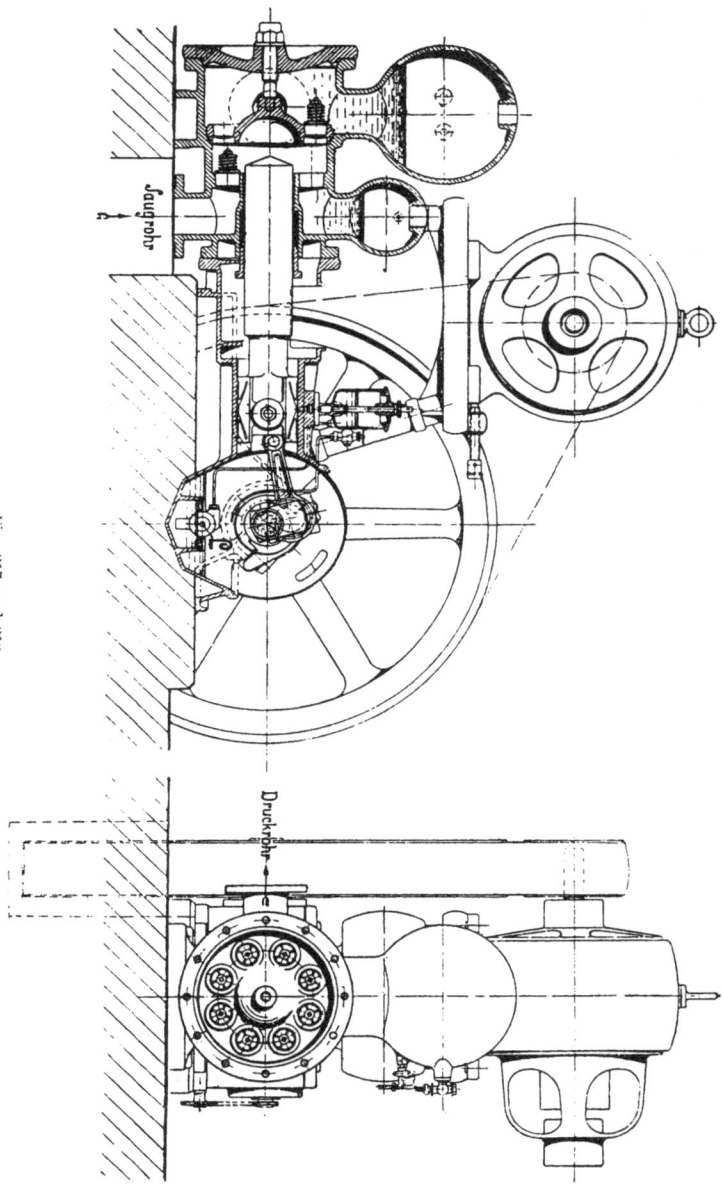

Fig. 217 und 218.

Motorpumpe der Allgemeinen Elektrizitätsgesellschaft, Berlin.

bis 93) geht vielmehr unzweideutig hervor, daß die Höhendifferenz
H_s'' zwischen den Wasserspiegeln im Windkessel und im Saugbehälter
von gar keinem Einfluß auf die richtige Saugwirkung ist, da H_s'' in
Gleichung 93) überhaupt nicht vorkommt. Das ist auch leicht erklär-
lich, denn um genau so viel, wie der Wasserspiegel im Windkessel
höher gezogen wird, nimmt die Windspannung A_s' ab. Bleibt also
nur die Eigenschaft hoch gelegter Saugwindkessel, die äußerst mög-
liche Verkürzung der zu beschleunigenden Saugsäule zu gestatten,
sowie der häufig wichtige, konstruktive Vorzug einfacher, nicht ver-
schnittener Fundamente (s. a. Fig. 36). Bei Feststellung der freien
Anfangsbeschleunigung der Saugsäule für die hier besprochene
Pumpe aus Gleichung 93) ist allerdings zu berücksichtigen, daß zu
der zu beschleunigenden Wassermenge auch der ganze Pumpeninhalt gehört, da Plunger und Saugwasser gegenläufig sind. Die
Rechnung ist hier natürlich sehr auf Schätzung angewiesen, weshalb
die Berücksichtigung dieses Umstandes am bequemsten durch Hin-
zufügung des Gliedes $+ s$ zum Nenner erfolgt. Die vorteilhafte
Lage des Saugwindkessels wird dadurch zum größten Teil wieder
unwirksam. Dasselbe gilt für die nachstehend beschriebene Riedler-
Expreßpumpe. Der Plunger ist durch den Saugraum der Pumpe
hindurchgeführt, so daß die Stopfbüchse stets kühl liegt und besondere Plungerschmierung überflüssig wird. Die Pumpen werden
einfach oder in Zwillingsanordnung ausgeführt für Fördermengen
von 0,125 bis 3,5 cbm/Min. bei 20 : 210 m Förderhöhe und 160 bis
250 Umdrehungen pro Minute.

Die Riedler-Expreßpumpe ist in den Fig. 219, 220 und
222 bis 224 in zwei Ausführungsformen wiedergegeben. In beiden
werden die Saugventile durch einen dem Plunger aufgesetzten Steuerkopf zwangläufig geschlossen, eröffnen jedoch selbsttätig, während
die durch Rohrgummifedern belasteten Druckventile überhaupt nicht
gesteuert werden. Das Saugventil, welches auch mehrspaltig ausgeführt werden kann, hat die Form eines zur Plungerachse konzen-
trischen Ringes aus leichtem Material (Holz, Hartgummi) (Fig. 221).
Da es unbelastet ist, so wird (abgesehen von der unbedeutenden
Reibung) $G_w + \mathfrak{F}' = 0$ [Gleichung 69)] und wegen seiner geringen
Masse L_v' klein [Gleichung 63)], wodurch die Saugfähigkeit sehr
günstig beeinflußt wird. Es wird kurz vor Beendigung des Saughubes von dem Steuerkopf erfaßt und auf den Sitz gedrückt. Jedoch
zeigt sich auch hier, wie schon bei der Riedlerschen Ventilsteuerung
erwähnt wurde, daß ein völliger Zwangschluß unmöglich ist, weil

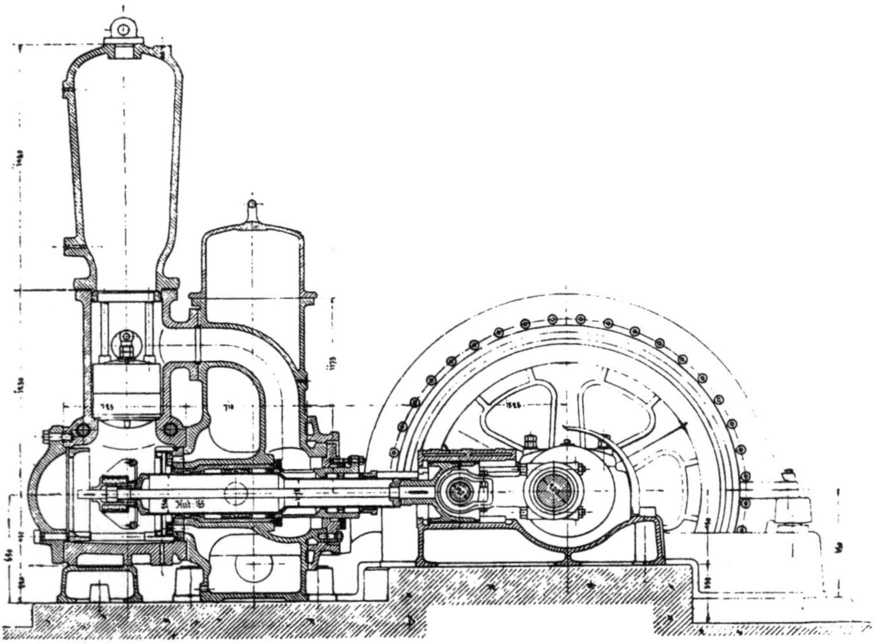

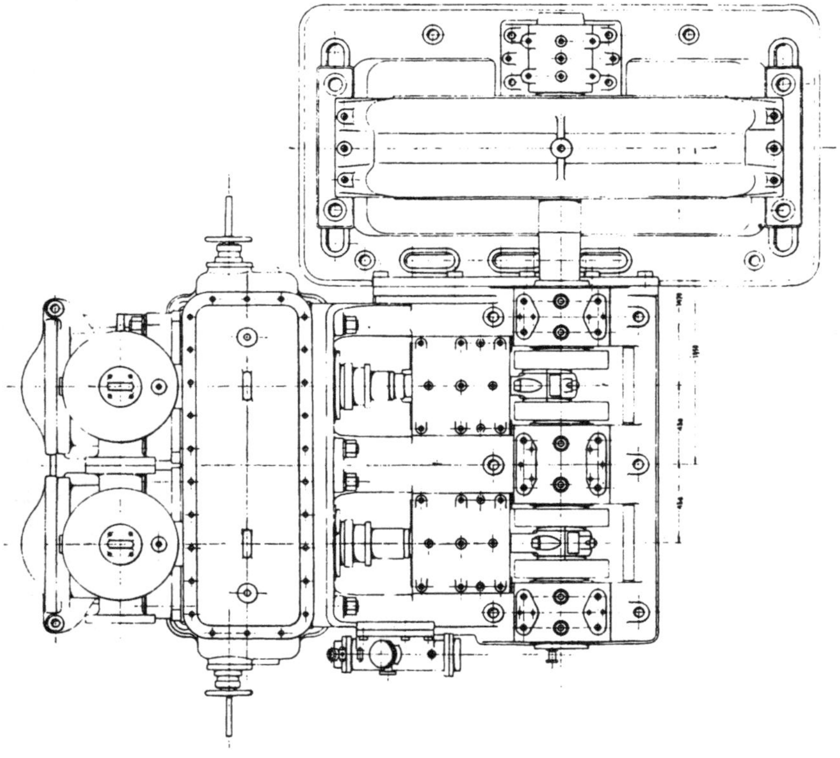

Fig. 219 und 220.

Riedler-Expreßpumpe. Unterirdische Wasserhaltungsmaschine für 3 cbm/min auf 200 m Förderhöhe;
$n = 320$. Plungerdurchmesser 250 mm, Hub 165 mm. (Fig. 219 bis 224 nach Werkzeichnungen, die
von Herrn Geh.-Rat Riedler freundlichst zur Verfügung gestellt wurden.)

alsdann die Spaltgeschwindigkeit unendlich groß werden müßte. Es folgt nämlich aus Gleichung 140):

$$c_v = a_k \frac{F}{a\,l\,v_v}\cdot$$

Sobald aber der Steuerkopf das Ventil erfaßt, nimmt es dessen Geschwindigkeit an, d. h. es wird von diesem Augenblick an:

$$v_v = c = u \sin \varphi$$

[Gleichung 75)] und da

$$a_k = \frac{u^2}{r} \cos \varphi,$$

so folgt

$$c_v = \frac{F u}{a\,l\,r} \cot \varphi \,;$$

dieser Wert wird für $\varphi = 0$ unendlich groß. Die Berücksichtigung der Pumpwirkung des Ventils kann die Verhältnisse natürlich nur

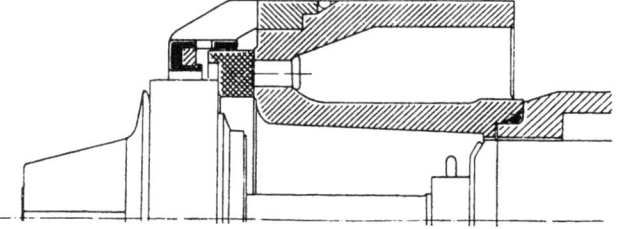

Fig. 221.

noch ungünstiger gestalten; denn aus der Westphalschen Gleichung 144) folgt (mit $v_v = c$):

$$c_v = \frac{F c + f_v c}{a\,l\,h}.$$

Der Ventilhub ist aber identisch mit der Entfernung des Steuerkopfes aus der Totlage:

$$x = r\,(1 - \cos \varphi),$$

wenn φ den bis zur Erreichung der Totlage noch zu durchlaufenden Winkel bezeichnet, so daß sich ergibt:

$$c_v = \frac{\sin \varphi}{1 - \cos \varphi} \cdot \frac{u}{r} \cdot \frac{F + f_v}{a\,l},$$

welcher Ausdruck für kleiner werdende Werte φ sehr schnell wächst. Da nun aber der Steuerkopf federnd ausgeführt wird, so liegt ein Zwangsschluß, im strengen Sinne des Wortes, überhaupt nicht vor.

In der neueren Ausführung (Fig. 222 bis 224) hat auch das Druckventil horizontale Achse erhalten, wodurch die Wasserführung

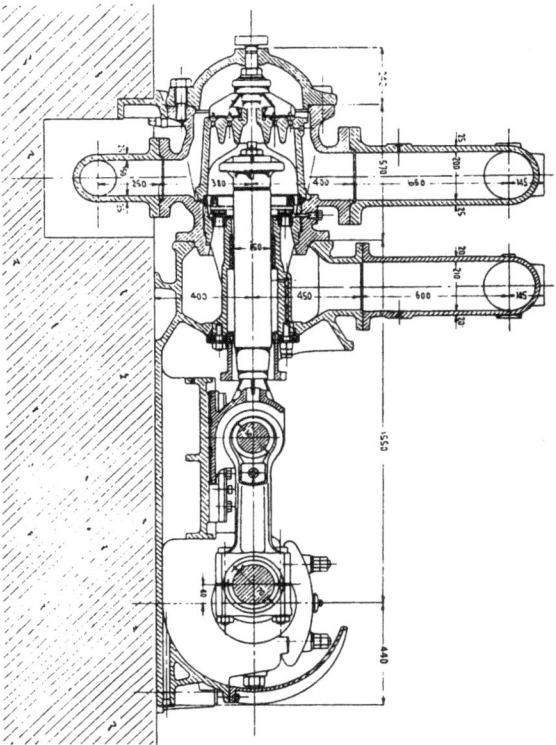

Fig. 222.

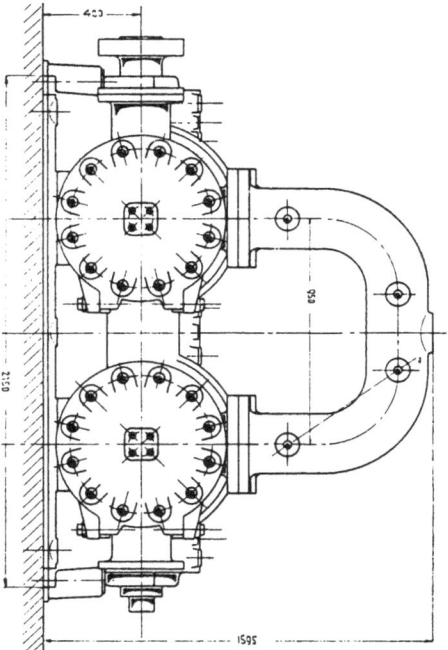

Fig. 224.

Fig. 222 bis 224: Riedler-Expreßpumpe. Unterirdische Wasserhaltungsmaschine für 1,2 cbm/min auf 360 m Förderhöhe; $n = 210$ pro Min.
Plungerdurchmesser 150 mm, Hub 160 mm.

besser, die Form des Pumpenkörpers einfacher und den auftretenden
Beanspruchungen gegenüber sicherer wird. Die ersten Ausführungen
zeigen Drillingsanordnung, später gelangten auch Einzel- und Zwil-
lingspumpen mit einfachwirkenden oder Differentialkolben (Fig. 218)
zur Ausführung. (Näheres siehe in Riedler: Schnellbetrieb.
R. Oldenbourg, München-Berlin.) Riedler-Expreßpumpen finden
als unterirdische Wasserhaltungsmaschinen zurzeit vielfach Verwendung und werden mit normalen Umlaufzahlen nicht unter 100 und
bis zu 300 für große Fördermengen ausgeführt. Gleichwohl läßt
sich beobachten, daß die Überzeugung von der Notwendigkeit der
immerhin komplizierten und betriebsschwierigen Ventilsteuerungen
zur Erzielung hoher Umlaufzahlen sowohl in Fabrikanten- als in
Abnehmerkreisen im Schwinden begriffen ist. Eine Anzahl neuerer
Konstruktionen hat bewiesen, daß die Innehaltung der in diesem
Abschnitt dargelegten Bedingungen auch die Pumpe mit selbsttätigen
Ventilen zum Schnellbetrieb befähigt. Die Neigung zu Übertrei-
bungen ist gleichfalls geschwunden, man begnügt sich bei größeren
Pumpen mit 150 bis 200 minutlichen Umdrehungen.

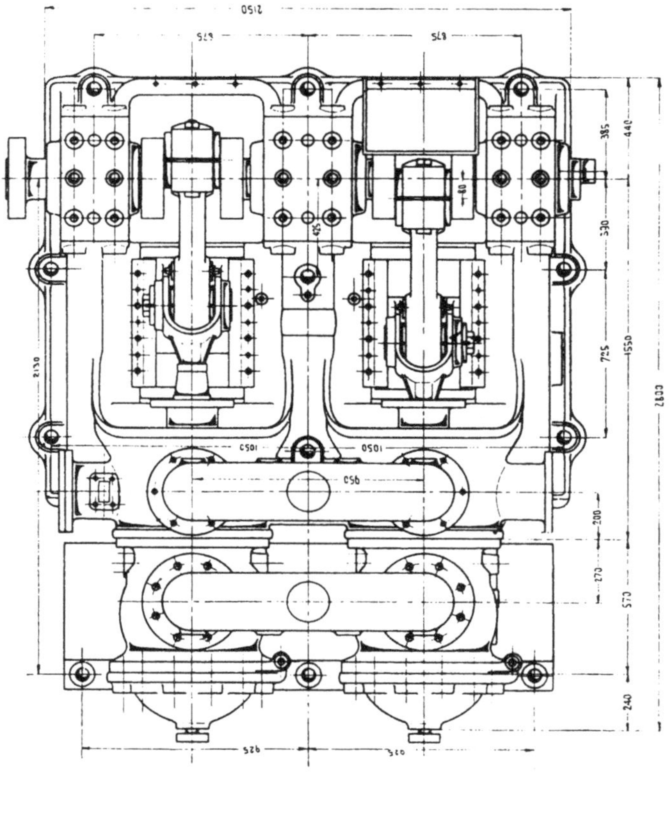

Fig. 223.

Grundriß zu Fig. 222.

Ähnlichkeit mit der Riedler-Expreßpumpe zeigt die in verschiedenen Größen ausgeführte schnellaufende Pumpe (D. R.-P.) der
Maschinenfabrik vorm. Breuer & Co., Höchst a. M. (Fig. 225.
226). Sie unterscheidet sich von der Riedler-Pumpe durch die Form
des Kolbens und die Art der Saugventilsteuerung. Ersterer ist
ein Rohrkolben, welcher von dem Saugwasser beim Eintritt in den
eigentlichen Pumpenraum durchflossen wird; er trägt zugleich den
Saugventilsitz. Die Steuerung des Saugventils erfolgt hydraulisch
in der aus den Figuren leicht ersichtlichen Weise. Zur Verwendung
gelangt ein einfaches Tellerventil, welches durch mehrere Rippen
im Innern des Plungers und gleichzeitig durch einen zentralen Stift
wasserdicht in einem mit dem Kolben fest verbundenen Hilfszylinder
C_1 geführt wird. Ein von letzterem ausgehendes Rohr R mündet in
die Bohrung des Hilfskolbens K, welcher durch zwei Ansätze F
in einem zweiten, unbeweglichen Hilfszylinder C_2 geführt wird. Der
äußere Durchmesser von K ist gleich der lichten Weite von C_2, so
daß in dem Augenblick, in welchem K bei der Linksbewegung des

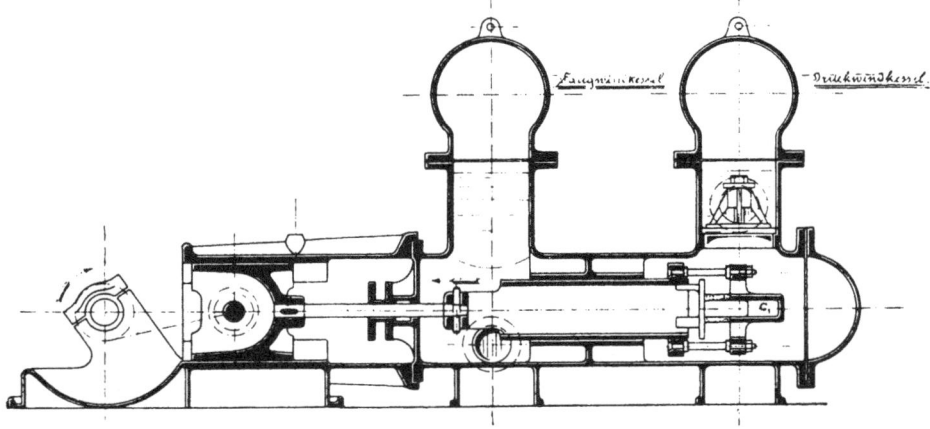

Fig. 225 und 226.
Schnellaufende Pumpe der Maschinenfabrik vorm. Breuer & Co., Höchst a. M.

Kolbens in C_2 eindringt, das in C_2, R und C_1 befindliche Wasser von dem übrigen Pumpeninhalt abgeschnitten ist. Dieser Augenblick ist so gewählt, daß der noch zurückzulegende Hauptkolbenweg dem Ventilhub entspricht. Durch das Eindringen von K in C_2 wird das in letzterem befindliche Wasser durch R nach C_1 verdrängt, wodurch das Ventil auf seinen Sitz gedrückt wird. Da nun die Bohrung von C_1 den gleichen Querschnitt besitzt wie der Verdrängerkolben, so muß das Ventil, wie bei der Riedlerpumpe, genau die Bewegung des Hauptkolbens annehmen und den Sitz erreichen, wenn der Kolben in die Totlage kommt. Bei eintretendem Verschleiß der · Wandungen von C_2 würde der Ventilschluß ungenügend werden, da K nicht mehr dicht abschlösse. Aus diesem Grunde ist die Bohrung von C_2 und der Durchmesser von K etwas größer gemacht als die lichte Weite von C_1, so daß K mehr Wasser verdrängt, als C_1 aufnehmen kann. Der Überschuß kann durch eine (in der Figur nicht sichtbare) von außen mittels Stellschraube regulierbare kleine Öffnung in den Pumpenraum entweichen. Bei eintretendem Verschleiß braucht diese Öffnung nur entsprechend vergrößert zu werden.

Nach den vorstehend über die Spaltgeschwindigkeit derartiger, durch den Plunger gesteuerter Ventile gemachten Bemerkungen dürfte dieser Regulierungsvorrichtung aber auch vor allen Dingen die wichtige Aufgabe zufallen, die großen Widerstände unschädlich zu machen, welche durch die infolge des Zwangsschlusses auftretende sehr hohe Spaltgeschwindigkeit entstehen. Ein vollständiger Zwangsschluß durch den Kolben ist ohne elastische Zwischenglieder eben nicht ausführbar. Die Saugventileröffnung ist selbsttätig und wird durch die Trägheit des Ventils, welches in seiner Lage zu verharren sucht, während der Kolben den Rückweg antritt, sowie durch die verzögerte Saugsäule unterstützt. Zum Auffangen des sich öffnenden Ventils dient eine Rohrgummifeder. Das Druckventil arbeitet selbsttätig. Als Vorteil der Verwendung des Rohrkolbens kann angeführt werden, daß der Saughub in der äußeren Totlage beginnt, welche die kleinere Anfangsbeschleunigung hat, so daß Gleichung 87) zur Anwendung gelangt. Da ferner in diesem Augenblick keine Saugventileröffnung stattfindet, so fällt aus Bedingungsgleichung 93) H_v'

und $L_v' \dfrac{F}{f_u}$ heraus, wofür allerdings die Saugsäule nicht unerheblich länger geworden ist; denn sie muß bis an das Saugventil gemessen werden. Als Nachteil dieser Anordnung ist die größere Ungleichheit der erforderlichen Antriebskraft für Hingang und Rückgang zu

nennen, da Saug- und Druckwirkung während desselben Hubes stattfinden. — Erwähnt sei noch, daß die Pumpe eine vom Kreuzkopf
aus betätigte kleine Hilfspumpe trägt, welche selbsttätig die über-
schüssige Luft der Saugwindhaube absaugt und in die Druckwind-
haube preßt.

Zu den schnellaufenden Pumpen mit gesteuerten Absperr-
organen gehört auch die bereits im Abschnitt IX. eingehend gewür-
digte ventillose Orvopumpe (Fig. 159, 160).

Eine dritte Gattung schnellaufender Pumpen sucht ruhiges
Ventilspiel dadurch zu erreichen, daß die bei Pumpen üblicher Bauart
im Totpunkt plötzlich auftretende Drucksteigerung vermieden und
in einen allmählich ansteigenden Gegendruck übergeführt wird.
Eine Konstruktion dieser Art ist die Expreßpumpe von Steuer
(Zeitschr. d. V. d. I. 1904, S. 48). Bei dieser wird mit jedem Saughub eine bestimmte, durch ein besonderes Ventil regulierbare Luftmenge mit angesaugt und durch das Druckventil in einen mit der
anderen Seite des Differentialplungers in Verbindung stehenden Raum
befördert. Dieser ist gegen die Steigleitung durch ein zweites Druckventil abgeschlossen und steht zu Beginn des Druckhubes unter
Saugspannung, so daß das erste Druckventil völlig entlastet ist und,
sogleich nach der Kolbenumkehr eröffnend, das Gemisch von Wasser
und Luft in den Raum zwischen beiden Druckventilen treten läßt.
Gleichzeitig wird durch die Verdrängung der Kolbenstange die Luft
komprimiert, und zwar, wenn deren Menge richtig bemessen ist, so,
daß bei Beendigung des Druckhubes in allen Räumen die Spannung
der Steigleitung herrscht. Beim nächstfolgenden Hube drückt alsdann die Differenzfläche am Plungerabsatz das Gemisch in die
Steigleitung, wobei die Luft teilweise zur Auffrischung des Wind-
kesselinhaltes verwendet wird.

Auf ähnlichen Grundsätzen beruht die Verbundpumpe
System »Bergmans«. Zu ihrer Veranschaulichung diene Fig. 227,
228. Man erkennt, daß die Pumpe einen abgesetzten Plunger, zwei
Druckventile und eine Zwischenkammer mit einem kleinen Windkessel besitzt.

Beginnt die Saugperiode, dann saugt der Plungerteil P_1 das
Wasser an, während der Teil P_2 das Volumen der Zwischenkammer R
vergrößert und somit noch die von der Druckperiode komprimierte
Luft im Windkessel W ausdehnt, also in der Zwischenkammer einen
nach Bedarf erniedrigten Druck herstellt. Nach der Kolbenumkehr
findet das fortzudrückende Wasser das Ventil V_1 derart entlastet,

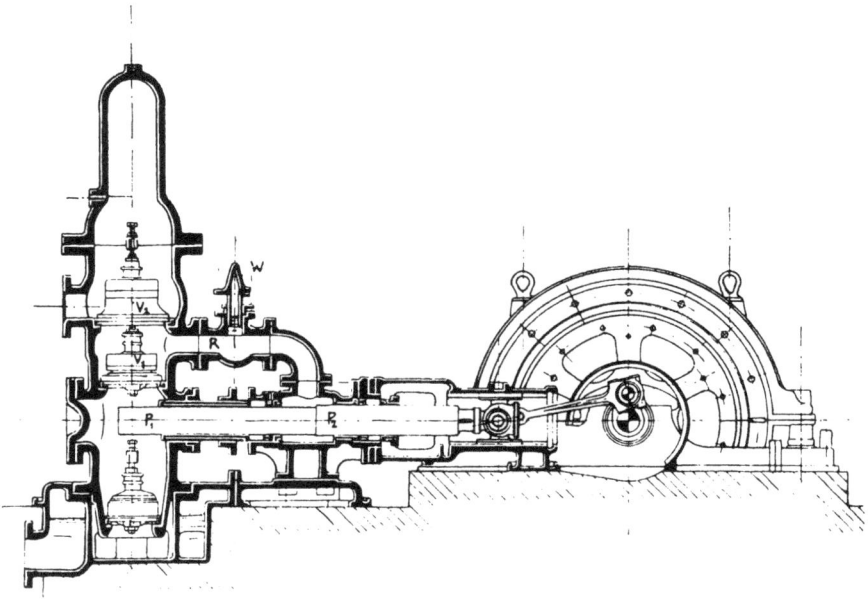

Fig. 227.

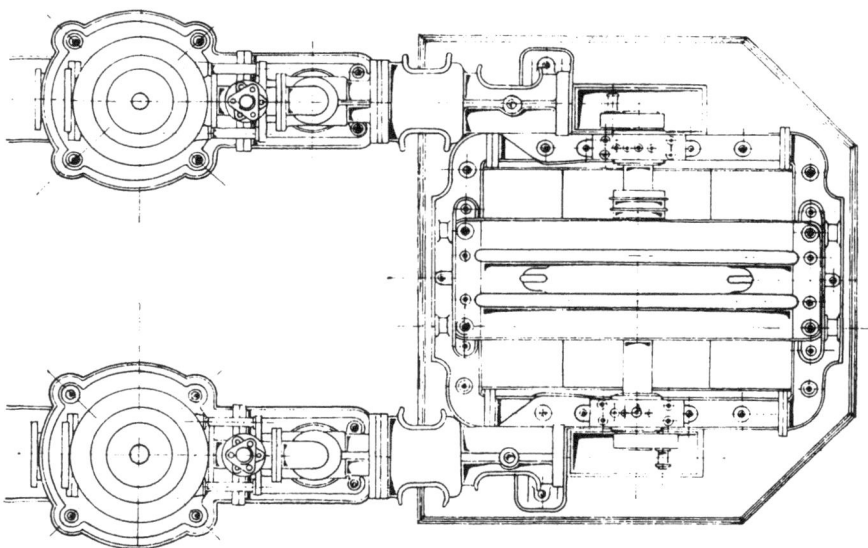

Fig. 228.

Verbundpumpe System »Bergmans«. (Maschinenbauanstalt Breslau.)

13*

daß es dasselbe ohne Stoß hebt und in den Raum R tritt. Da zugleich durch den Plungerteil P_2 die Luft in R verdichtet wird, so muß sich im weiteren Verlauf der Druckperiode auch das obere Ventil V_2 öffnen.

Der Vorgang wird durch die in Fig. 229, 230 dargestellten Indikatordiagramme wiedergegeben. Dieselben sind einer Drillings-

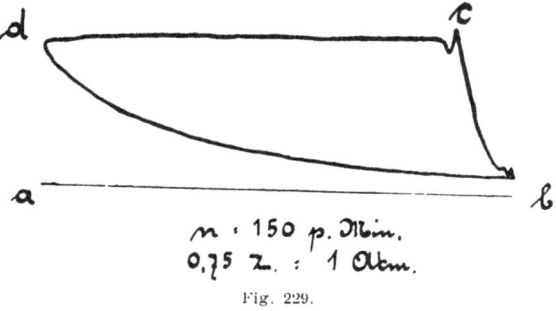

Fig. 229.

pumpe der soeben besprochenen Bauart entnommen worden, die in zwei Ausführungen an die Ferdinandgrube bei Kattowitz geliefert wurde. Die Pumpen laufen mit 147 Umdrehungen pro Minute und drücken je 5,5 cbm auf 300 m Förderhöhe. Das Diagramm Fig. 230 gibt den Druckverlauf im eigentlichen Pumpenraum, dasjenige Fig. 229 denselben in der Zwischenkammer R wieder. Während der Saug-

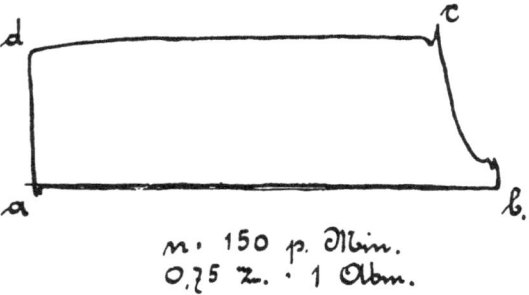

Fig. 230.

periode arbeiten beide Räume getrennt, während der Druckperiode arbeiten sie gemeinsam, wie man durch Übereinanderlegen beider Diagramme feststellen kann. (Die Linien b, c, d decken sich.)

Mit der Pumpenwelle ist ein kleiner, trockener Kompressor direkt gekuppelt, welcher Luft von etwa 3 bis 4 Atmosphären Pressung in ein dafür bestimmtes Luftgefäß drückt. Aus diesem findet der

Ersatz der Luft im Windkessel W selbsttätig statt, indem bei einer Expansion unter die Behälterspannung (siehe die Expansionskurve $d-b$ in Fig. 229) durch ein Rückschlagventil Luft nach W übertritt.

Die Pumpen werden von der Maschinenbauanstalt Breslau ausgeführt. Es darf den geschilderten Vorteilen gegenüber jedoch nicht vergessen werden, daß sie durch die Anbringung eines dritten Ventils (durch welches die Zugänglichkeit der beiden andern erschwert wird) und der kleinen, sorgfältige Wartung beanspruchenden Windhaube erkauft sind. Auch ist die Bergmanspumpe, trotz ihrer äußeren Ähnlichkeit mit einer Differentialpumpe, nur einfachwirkend, ohne Kraftausgleich für Saug- und Druckhub und wird deshalb zu zweien oder dreien gekuppelt angeordnet.

XII. Die Antriebsarbeit. Das Indikatordiagramm.

Der Arbeitsbedarf zum Antrieb einer einfachwirkenden Kolbenpumpe ist für eine Kurbelumdrehung gleich der vom Plunger während des Druckhubes auf die Pumpflüssigkeit übertragenen Arbeit, abzüglich der während des Saughubes von der Saugsäule an den Plunger abgegebenen und vermehrt um die während beider Hübe für die Überwindung der Triebwerksreibung aufgewandte Arbeit. Der Luftdruck auf die freie Kolbenfläche wirkt während des Druckhubes unterstützend, während des Saughubes widerstehend, so daß die Arbeit $F\gamma As$ sich für Hin- und Rückgang ausgleicht. Wird von der Reibungsarbeit zunächst abgesehen, so ist demnach in mkg:

$$L_i = \int_0^s K_d\,dx - \int_0^s K_s\,dx \quad . \quad . \quad . \quad . \quad 232)$$

K_d ist in Gleichung 215) für eine Pumpe ohne Druckwindkessel aus Gleichung 101) entwickelt, während K_s in gleicher Weise aus Gleichung 61) abzuleiten ist. Sind Saug- und Druckwindkessel vorhanden, so ist A durch A_s' bzw. A_d'; H_s, F_s, L_s durch H_s', F_s', L_s'; H_d, F_d, L_d durch H_d', F_d', L_d' zu ersetzen unter Benutzung der Gleichungen 91), 92) und 105), 106). Die Integration gestaltet sich sehr übersichtlich, wenn sie auf graphischem Wege vorgenommen wird, indem man K_d und K_s als Funktionen des Kolbenweges darstellt, die Flächen zwischen den beiden so erhaltenen Kurven und der Nullinie ausmißt und den Quotienten K_m aus der Differenz dieser beiden Flächen und der Diagrammlänge feststellt. Man kann dann das Diagramm durch ein Rechteck von gleicher Länge und der Höhe K_m ersetzen und hat in mkg:

$$L_i = K_m s = \int_0^s (K_d - K_s)\, dx, \quad \ldots \ldots \quad 233)$$

oder in PS, bei n minutlichen Umdrehungen:

$$N_i = \frac{K_m s n}{60 \cdot 75}. \quad \ldots \ldots \ldots \quad 234)$$

Erfolgt die Aufzeichnung des Diagrammes in der Weise, daß jedes Glied der Ausdrücke für K_d und K_s einzeln als Funktion des Kolbenweges dargestellt wird, so zeigt sich bei der Summation der Ordinaten, daß die Massendrücke auf die Größe von K_m ohne Einfluß bleiben. Die Arbeit setzt sich nur zusammen aus dem Betrag, welcher zur Hebung der Pumpflüssigkeit auf die gesamte Förderhöhe $H = H_s + H_d$ und aus dem, welcher zur Überwindung aller Strömungswiderstände vor, in und hinter der Pumpe erforderlich ist. H hat über den ganzen Kolbenhub immer denselben Wert, die Größe des Strömungswiderstandes schwankt jedoch mit der Kolbengeschwindigkeit. Bezeichnen wir mit H_w den Mittelwert der gesamten Widerstandshöhe vom Saugkorb bis zur Ausgußmündung, so ist demnach

$$K_m = F \gamma (H + H_w)$$

(worin nach wie vor F in qm, H und H_w in m zu bestimmen ist) und

$$N_i = F \gamma (H + H_w) \cdot \frac{s n}{60 \cdot 75} \quad \ldots \ldots \quad 235)$$

Will man die mittlere Kolbengeschwindigkeit einführen, so wird mit $c_m = \dfrac{2 s n}{60}$ für die einfachwirkende Pumpe:

$$N_i = F \gamma (H + H_w) \frac{c_m}{150}, \quad \ldots \ldots \quad 236)$$

für eine doppeltwirkende Pumpe demnach unter Berücksichtigung des Kolbenstangenquerschnittes:

$$N_i = (2 F - f) \gamma (H + H_w) \frac{c_m}{150} \quad \ldots \ldots \quad 237)$$

Sehr bequem gestaltet sich die Gleichung durch Einführung der sekundlichen Fördermengen aus den Gleichungen 16) und 14); man

erhält dann sowohl für die einfach- als für die doppeltwirkende
Pumpe:

$$N_i = \frac{\gamma\,Q\,(H + H_w)}{75\,\lambda}\ \ .\ \ .\ \ .\ \ .\ \ .\ \ .\ \ 238)$$

Unter N_i ist die indizierte, d. h. die unmittelbar vom Kolben auf
die Pumpflüssigkeit übertragene Leistung zu verstehen. Soll die zum
Antrieb der Pumpe notwendige effektive Leistung ermittelt
werden, so bedarf es einer Feststellung der durch die Eigenreibung
des Triebwerkes vernichteten Energiemenge. Die rechnungsmäßige
Bestimmung derselben kann jedoch nur angenähert erfolgen; deshalb
ist es berechtigt, nach den Erfahrungen an ausgeführten Pumpen
ebenso wie den Lieferungsgrad auch den mechanischen Wirkungsgrad

$$\eta_m = \frac{N_e}{N_i}$$

anzunehmen und zu setzen:

$$N_e = \frac{\gamma\,Q\,(H + H_w)}{75\,\lambda\,\eta_m}\ .\ \ .\ \ .\ \ .\ \ .\ \ .\ \ 239)$$

η_m wird beispielsweise von der Firma Gebr. Körting, Körtingsdorf bei Hannover, für ihre Wasserwerkspumpen (Fig. 22 bis
24) bei direkter Kupplung mit der Antriebsmaschine zu 84%, bei
Riemenantrieb zu 80%, gemessen an der treibenden Scheibe, garan-
tiert. Bezeichnet man noch mit

$$\eta_h = \frac{H}{H + H_w}\ \ .\ \ .\ \ .\ \ .\ \ .\ \ .\ \ 240)$$

den hydraulischen Wirkungsgrad einer Pumpenanlage und
faßt die einzelnen Wirkungsgrade zu dem Gesamtwirkungsgrad

$$\eta = \lambda\,\eta_m\,\eta_h\ \ .\ \ .\ \ .\ \ .\ \ .\ \ .\ \ 241)$$

zusammen, so erhält man schließlich die sehr einfache Beziehung:

$$N_e = \frac{\gamma\,Q\,H}{75\,\eta}\ \ .\ \ .\ \ .\ \ .\ \ .\ \ .\ \ 242)$$

und nach Einführung der Fördermenge Q_M in cbm pro Minute
(mit $\gamma = 1000$):

$$N_e = \frac{Q_M\,H}{4,5\,\eta}\ \ .\ \ .\ \ .\ \ .\ \ .\ \ .\ \ 243)$$

Über den Gesamtwirkungsgrad η lassen sich allgemein giltige Angaben nicht machen. Der Wert hängt von dem Zustand der Pumpe
und der Antriebsmaschine, der Art der Kupplung (direkt oder mittels

Riemens oder Zahnrädervorgeleges) sowie vor allem von der Länge
und Beschaffenheit der Rohrleitungen ab. Man wird also für den
Entwurf λ und η_m durch Schätzung, r_h aber durch rechnerische Bestimmung der Widerstandshöhe H_w zu ermitteln haben. Nach den
in der technischen Literatur veröffentlichten Untersuchungen größerer
Pumpenanlagen kann man auf einen Gesamtwirkungsgrad von
80 bis 85% bei guter Ausführung rechnen. Es sei auch besonders
auf die in den »Mitteilungen über Forschungsarbeiten« (Springer,
Berlin), Heft 23, erschienene Abhandlung von Baum & Hoff-
mann: »Versuche an Wasserhaltungen« hingewiesen, welche
wertvolles Material enthält. Mit $r_i = 80$ bis 85% folgt aus Gleichung 243) die erforderliche Antriebsleistung:

$$N_e = \frac{Q_M H}{3,6} \text{ bis } \frac{Q_M H}{3,8} \qquad \ldots \ldots 244)$$

Bei Antrieb der Pumpe von der verlängerten Kolbenstange einer
Dampfmaschine aus bedeutet N_e die indizierte Leistung der
Dampfmaschine.
     Zur Untersuchung ausgeführter Pumpenanlagen dient der Indi-
kator. Er findet hauptsächlich Verwendung zur Entnahme von
Pumpendiagrammen, welche mit dem oben erwähnten, auf rechnerischen Wege ermittelten Diagramm zur Bestimmung von K_m identisch ist, sobald an die Stelle der Kolbenkräfte K_s und K_d die spezifischen Pressungen $\dfrac{K_s}{F}$ und $\dfrac{K_d}{F}$ in kg pro qcm gesetzt werden. Ein
solches Pumpendiagramm zeigt Fig. 231. Dasselbe ist einer Pumpe

Fig. 231.

mit ausreichenden Windkesseln und richtig bemessenen Rohrquer-
schnitten bei normaler Umlaufzahl entnommen. In einem solchen
Falle treten die Einflüsse des Massendruckes und der Strömungswiderstände nicht merkbar in die Erscheinung, so daß ein derartiges

fehlerfreies Diagramm die Form eines Rechteckes aufweist. Die
Schwankungen in der Druck- und Sauglinie nach dem Hubwechsel
rühren von den Massen des Indikatorschreibzeuges her, welches
infolge der schnellen Druckänderung in Schwingungen gerät. Die
Größe der Fläche zwischen der Saug- und der Nullinie ist ein Maß
für die Arbeit, welche die Saugsäule an den Kolben abgibt, während
die Fläche zwischen der Drucklinie und der Nullinie der vom Kolben
an die Pumpflüssigkeit übertragenen Arbeit entspricht. Die Differenz
dieser beiden Flächen ergibt mithin die indizierte Arbeit der Pumpe
während eines Doppelhubes. Durch Ausmessen der Diagramm-
flächen (am besten mittels des Polarplanimeters) und Division des
so erhaltenen Wertes (in qmm) durch die Diagrammlänge (in mm)
erhält man die mittlere Diagrammhöhe h_m (in mm) und aus dieser
und dem Maßstab m der Indikatorfeder, d. h. der Änderung der
Federlänge pro kg/qcm Druckänderung:

$$p_m = \frac{h_m}{m}$$

in kg/qcm, womit die indizierte Pumpenarbeit aus nachstehenden
Gleichungen zu berechnen ist:

$$N_i = \frac{F p_m c_m}{150} \quad . \quad . \quad . \quad . \quad . \quad . \quad 245)$$

für die einfachwirkende und

$$N_i = \frac{(2 F - f) p_m c_m}{150} \quad . \quad . \quad . \quad . \quad 246)$$

für die doppeltwirkende Pumpe, wenn F und f in qcm eingeführt werden und p_m bei der doppeltwirkenden Pumpe als Mittelwert aus zwei gleichzeitig auf beiden Kolbenseiten genommenen
Diagrammen gewonnen wird.

Ist γ und H bekannt, so kann man aus

$$p_m = 10000 \, \gamma \, (H + H_w) \quad . \quad . \quad . \quad . \quad 247)$$

auch die mittlere Widerstandshöhe und damit den hydraulischen
Wirkungsgrad der ganzen Anlage ermitteln.

Bestimmt man noch aus

$$N_n = \frac{\gamma \, Q \, H}{75} \quad . \quad . \quad . \quad . \quad . \quad . \quad 248)$$

die Nutzleistung der Pumpe in gehobenem Wasser, so folgt aus

$$\eta_i = \frac{N_n}{N_i} \quad . \quad . \quad . \quad . \quad . \quad . \quad . \quad 249)$$

der indizierte Wirkungsgrad, und es ist

$$\eta_i = \lambda\, \eta_h \quad\ldots\ldots\ldots\ldots \quad 250)$$

Fehlerhaftes Arbeiten der Pumpe ist durch unregelmäßigen Verlauf der Saug- oder Drucklinie leicht zu erkennen. So ergibt z. B. ein zu kleiner oder nicht genügend mit Luft gefüllter Druckwindkessel infolge der Zunahme der Windspannung während des Druckhubes eine ansteigende Drucklinie, ein zu kleiner Saugwindkessel bei langer Saugleitung eine nach dem Hubende zu ansteigende Sauglinie, die von dem Massendruck der Saugsäule herrührt. (Vgl. die schon erwähnten Versuche von Prof. Goodman, Leeds, veröffentlicht in Engineering 1903, S. 292 und 326.) Ein Luftsack in der Pumpe ergibt Diagramme, wie Fig. 232, indem an Stelle des plötzlichen Druckwechsels die allmähliche Verdichtung und Ausdehnung der eingeschlossenen Luftmenge tritt, usw. Entnimmt man ein Dia-

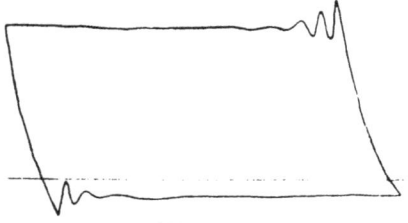

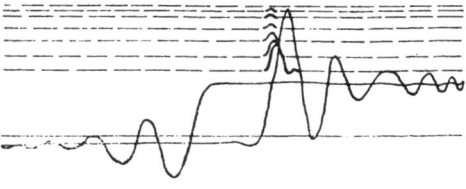

Fig. 232.   Fig. 233.

gramm aus dem Druckraum unmittelbar über dem Druckventil, so erhält man eine Kurve, die, in das Pumpendiagramm eingetragen, ein wenig tiefer verläuft als die Drucklinie. Die Fläche zwischen letzterer und der genannten Kurve ist dann ein Maß für die zur Überwindung der Druckventilwiderstände erforderliche Arbeit. Streng genommen ist dabei allerdings die verschiedene Höhenlage der beiden Indikatoranschlüsse zu berücksichtigen. Entsprechendes gilt vom Saugventil.

Schwieriger ist die Bestimmung des Druckventileröffnungswiderstandes $\gamma\, H_v{}'$ [siehe Gleichung 69)]. Derselbe verschwindet im gewöhnlichen Pumpendiagramm unter den Schwingungen des Schreibzeuges. Zur besseren Erkennung der Vorgänge im Moment des Druckwechsels entnimmt man deshalb das verschobene Pumpendiagramm (Fig. 233). Dasselbe entsteht, wenn die Bewegung der Indikatortrommel von einer gegen die Hauptkurbel um 90° versetzten Hilfskurbel abgeleitet wird, so daß die Diagrammitte den Kolben-

totlagen entspricht. Alsdann findet der Druckwechsel während der
größten Drehgeschwindigkeit der Trommel statt, wodurch die Vorgänge in der Nähe der Totlage deutlicher erkennbar werden, z. B.
die Verspätung der Ventileröffnung und des Ventilschlusses. v. Bach
zeigte jedoch in seiner schon mehrfach erwähnten Abhandlung: »Versuche zur Klarstellung der Bewegung selbsttätiger Pumpen-

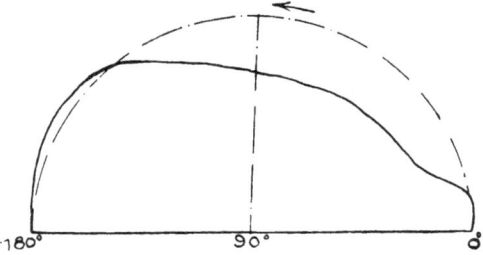

Fig. 234.

ventile«, daß auch dieses Diagramm die Entnahme des Ventileröff-
nungsdruckes nicht ohne weiteres gestattet, da der Indikator bei plötzlichen Pressungsänderungen mit seinen Angaben nacheilt. Er verfuhr
deshalb folgendermaßen: Unter das Kugelgelenk am Ende der Indi-
katorkolbenstange wurde eine keilförmige Gabel gesteckt, wodurch
der Kolben in einer beliebigen Höhenlage festgehalten und die Feder

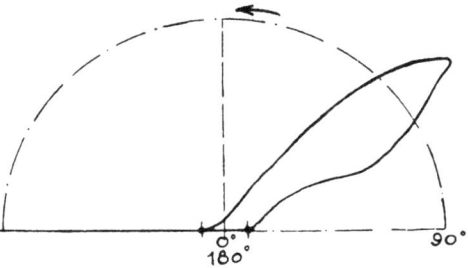

Fig. 235.

entsprechend vorgespannt werden konnte. Die Bohrung des Indikator-
hahnes war sehr kurz und von gleicher Weite wie der Indikatorzylinder, um den Druckverlust beim Übertritt der Flüssigkeit aus
dem Pumpen- in den Indikatorzylinder möglichst zu vermindern.
Infolge der Vorspannung der Indikatorfeder konnte eine Bewegung
des Schreibzeuges nur eintreten, wenn die Spannung unter dem

Indikatorkolben größer wurde als die Federvorspannung. Der Schreibstift vollführte daher Zuckungen, welche um so kleiner wurden, je
weiter der Keil vorgeschoben wurde. In dem Moment, wo sie ganz
verschwanden, mußte die Federvorspannung gleich dem höchsten
unter dem Indikatorkolben auftretenden Druck sein; dieser aber entspricht dem Ventileröffnungswiderstand (Fig. 233, nach v. Bach). Daß
der Indikator auch die Kontrolle der Ventilbewegung durch Entnahme von Ventilerhebungsdiagrammen gestattet, wurde schon
früher erwähnt. Auch diese Diagramme können zur Ermittelung der
Ventilverspätung als verschobene Diagramme entnommen werden
(Fig. 234, 235). Die Übertragung der Bewegung des Ventiltellers auf
das Indikatorschreibzeug muß jedoch so geschehen, daß die Ventilbelastung dadurch nicht verändert wird, was nur bis zu einem gewissen Grade möglich sein wird.

Sachverzeichnis.

Illustrierte Technische Wörterbücher in sechs Sprachen

Herausgegeben von den Ingenieuren Kurt Deinhardt und Alfred Schlomann

Vor Kurzem erschien

Band II:

DIE ELEKTROTECHNIK.

Unter redaktioneller Mitwirkung von

Ingenieur **C. Kinzbrunner.**

Der Band enthält etwa 15000 Worte in jeder Sprache, nahezu 4000 Abbildungen und zahlreiche Formeln.

In Leinwand gebunden Preis **M. 25.—**.

"Die Elektrotechnik" ist von den Herausgebern in der Weise angeordnet, daß zunächst die Entstehung des Stromes sowohl in den chemischen Stromquellen wie in den Maschinen, die Verteilung und Messung des Stromes, sodann die Fortleitung und die Anwendung desselben behandelt worden sind. Einen besonders starken Raum nimmt auch die Schwachstromtechnik in den Kapiteln Telegraphie, drahtlose Telegraphie und Elektromedizin ein. Die Elektrochemie ist soweit bearbeitet worden, wie sie für den Elektrotechniker hauptsächlich in Frage kommt. Ein großer Teil der theoretischen Elektrochemie ist bei den Primär- und Sekundärbahnen auffindbar.

Die Starkstrom- und Schwachstromtechnik dürfte in der Ausführlichkeit, wie es in dem zweiten Bande der „I. T. W." — Die Elektrotechnik — geschehen ist, bisher nirgends lexikalisch behandelt sein. Daß dies von den Herausgebern bewerkstelligt werden konnte, hat seine Ursache lediglich in der von ihnen angewandten Methode (Skizze und Fachgruppenbearbeitung), die an sich schon eine erschöpfende und gründliche Bearbeitung bedingt.

Inhaltsverzeichnis.

Im Jahre 1908 werden erscheinen:

Band III: **Dampfkessel, Dampfmaschinen und Dampfturbinen.** — Band IV: **Verbrennungsmaschinen** — Band V: **Kraftfahrzeuge** — Band VI: **Eisenbahnen und Eisenbahnmaschinenbau.**

Zu beziehen durch jede Buchhandlung.